プロセスバイオテクノロジー入門

工学博士　太田口 和久　著

コ ロ ナ 社

ま え が き

本書のテーマは，プロセス工学的視点に立ったバイオテクノロジーである。バイオテクノロジーは，生物科学と技術との合成語であり，生物科学の知識をもとにし，実社会に有用な利用法をもたらす技術の総称である。プロセスとは，変化する過程，または変化させるための一連の操作を指している。バイオテクノロジーが貢献している各種専門分野では，プロセス工学的視点に立ったものの見方が基本的骨格の一つとなっている。DNA の塩基配列がコードする遺伝情報が mRNA に転写され，さらにペプチド配列，高次構造タンパク質へと翻訳され，翻訳後修飾を受けて機能発現する過程は，生命の設計図から細胞機能を発揮するための細胞が営む分子レベルでのプロセスを表している。細胞は，細胞外環境から栄養物質を細胞内へ輸送し，生命維持のために代謝によって物質を変換しエネルギーを獲得している。この輸送と代謝は，各種分子レベルのプロセスと機能的に連関し，反応現象レベルでのプロセスを提示している。細胞分裂によって誕生した新生細胞は，年齢の進行に伴って，代謝制御シグナルを受容し事象駆動式にシグナル応答して代謝機能を変更し，自己組織化を進め，母細胞となって細胞を分裂させる成長・分裂のプロセスをたどったり，増殖停止細胞となって加齢のプロセスを進める。個体レベルの動的なプロセスである。複数の生物種が環境を共有する場合，生物間相互作用が生じるため，生態代謝レベルのプロセスが登場する。自然界の原料を調製し生物反応器に供給，変換し，生成物を分離し製品へと向けるプラントは製造プロセスと呼ばれる。プロセスを対象とするものの見方は，現在の社会生活を支えている学識であるプロセス工学の中で磨き上げられ体系化されている。プロセスバイオテクノロジーは，プロセス工学とバイオテクノロジーの融合領域を意識し 26 年前に提案した用語であり，生物現象を応用したプロセスの解析，設計，操作にかかわる工学知識体系化を狙いどころとしている。

本書で記述する生物現象の担い手である生物は，属性は列挙できても，現時点では，明確には定義ができない学術の対象である。プロセス工学は，他の専門分野と比較し，定義ができない対象を取り扱うことにたけている体系である。原油を原料とする化学プラントを例にとると原料に含まれる成分，成分の物性，成分間相互作用は 100 %が知識体系化されているわけではない。しかし，モデルという見方を導入することによって，化学プラントからは一定品質の化学製品が安定的に生産されている。生物と向き合う上でモデルを駆使したアプローチを磨き上げることは重要であり，単に工学だけでなく，医学，農学におけるアプローチに関しても同様な視点が成立している。

本書は，入門者を意識し，生物現象をプロセスバイオテクノロジーによって理解し，工学の対象として取り扱うための道筋の一つを伝えることを目的とした。入門者とは，大学で専門分野の授業を受講し始めた段階の学生，産業界で生物材料にかかわる専門業務に着手し始めた人など，バイオテクノロジー受講歴のない人を想定している。

本書の特徴点の第1は，生物にかかわる学識への学習意欲を引き出すように知識を記述した点にある。1章では，生命の記述にかかわる重要文献を紹介した。本書の記述をガイドとし名著を読破することを推奨したい。2～9章では，生物材料，分子レベル，反応器レベルのプロセスを取り扱うための工学について記述した。10章では，応用技術を紹介した。1章だけでなく2～10章においても文献を整理し紹介した。

本書の特徴点の第2は，持続的発展にかかわる工学を展開する上で必修条件となる基礎を提供した点にある。物質の循環，エネルギーの循環という観点から持続性を考えると，持続的発展社会を実現するためには，生物材料をコアに据(す)えた科学技術の推進が重要であることがわかる。プロセスバイオテクノロジーの研究対象は生物材料であり，その応用技術はカーボンニュートラル性を保証している。

本書の特徴点の第3は，プロセスバイオテクノロジーの重要事項を選別し記述している一方で学習内容に漏れが出ないように工夫した点にある。バイオテクノロジーのスキルを磨く上で実験を通じての生物との語り合い機会を厚くすることは重要である。一方で，先端の情報源としてインターネットを介して学習を深化させることも大切である。本書の数か所に重要なホームページのアクセスポンイトを紹介したが，見るだけでなく利用してほしい。

本書で記述した内容は，東京工業大学大学院化学工学専攻，工学部化学工学科，その他で講義してきた資料をもとに組み上げている。受講者の熱心な学習意欲が本書執筆の動機付けとなっている。

本書の出版に際しつぎの方々に謝意を表したい。まず，著者の学生時代，Research Associate 時代に生命現象および動的システムのとらえ方に関し，多くのことをご教授くださった東京工業大学井上一郎名誉教授，Professor Arnold G, FREDRICKSON, University of Minnesota，および Professor Katsuhiko OGATA, University of Minnesota，助手時代に生物反応器設計，組換え DNA 実験をご指導くださった東京工業大学（故）小出耕造名誉教授，（故）野宗嘉明名誉教授に深く感謝致したい。また，プロセスバイオテクノロジー研究を推進してくださった東京工業大学大学院理工学研究科化学工学専攻の当研究室の教員，大学院生，学部卒業生にお礼を述べたい。

本書が，プロセスバイオテクノロジーの入門書として役立ち，この体系を基礎にした科学技術の研究がさらに盛んに行われ社会貢献できることを祈っている。終わりに，本書の刊行に際し，絶えず著者を励まし，出版に至る多大な労をとってくださった株式会社コロナ社の皆様に謝意を表したい。

2014年2月

太田口　和久

目　　　　次

1. は じ め に

2. 生物科学の基礎

3. 生物材料の調製

4．酵素反応の解析

5．生物細胞増殖反応の解析

6.　生物細胞代謝反応の解析

7.　固定化生体触媒反応器の設計

8.　生物反応器の設計

9. 生成物成分分離技術

10. 応用技術

1. はじめに

1.1　プロセスバイオテクノロジーについて

プロセス（process）とは，変化する過程，または変化させるための一連の操作を指し，**バイオテクノロジー**（biotechnology）とは，**生物科学**（biological science）の知見をもとにし，実社会に有用な利用法をもたらす技術の総称を指している。生物科学とは生物学と同義であり，**生物**（organism，living systems），生命現象を研究する自然科学の一分野を指している。バイオテクノロジーの専門分野には，**生物化学工学**（biochemical engineering），**生物工学**（bioengineering），**遺伝子工学**（genetic engineering），**ゲノミクス**（genomics），**プロテオミクス**（proteomics），**バイオインフォマティクス**（bioinformatics），**遺伝子治療**（gene therapy），**再生医学**（tissue engineering），**ナノメディシン**（nanomedicine），**創薬**（drug discovery），**植物分子育種**（plant molecular breeding），**バイオレメディエーション**（bioremediation）などがある（付録参照）。

生物と無生物とを区別することはそれ程困難なことではないが，生物を定義することはきわめて難しい。生きているもの，**生命**（life）を営むものが生物である。生命とは生物の属性であり，属性を明確化することも困難である。科学の問題で科学者がまず行う行為は，問題とする世界を定義し，問題を明快に表現するという定義付けである。すべてが正確に定義されている項目から出発して記述できるような問題を**良定義問題**（well-defined problem）という。生物が提示する生命現象は，現時点においては，完全に定義されたものではなく不完全な知識で記述される研究対象である。すなわち，生物を科学する世界では，**不良定義問題**（ill-defined problem）を対象としている。このような対象を研究する場合，重要となる項目は，**モデリング**（modeling）である。定義し尽くされない部分に関し，科学者の“ものの見方”を導入する。モデリングによって，生命現象を単純化し，しかも観察している事項に関しては極力，正確に記述し，**モデル**（model）を用いて生物の挙動に関し理解を深め，真理を探究するという科学の方法論を導入する。このように，バイオテクノロジーの基本的骨格として，プロセス工学的視点を意識した知識体系を**プロセスバイオテクノロジー**（process biotechnology）と呼ぶ。

1.2 生物について

生物の定義は難しいが，生物の属性に関しては共通認識があるように思われる。約 0.2 ～ 0.03 Mya（M = 10^6 = 100 万；ya = 年前）に生存したヒト属類縁種（旧人）ネアンデルタール人（*Homo neanderthalensis*）は，生命の多くは生長し死滅することを知っていた。将来，不死という生命体が登場しないとは言い切れないが，生と死は，生物の重要な属性である。しかし，生死は現時点では定義できない。**ヒト**（Homo sapiens）の場合，出生時刻と死亡時刻は医師の認識によって異なっている。初めて自発呼吸を始めた瞬間，産道から頭部が出た瞬間，へその緒（お）を切った瞬間など誕生時刻は約束事を前提に決められている。全脳機能の不可逆的停止を脳死と呼んでいるが，心臓死の時刻が刑法上の死亡時刻である。ヒトの生死は，そのようなモデルを前提とした約束事として取り扱われている。生死の時刻が定まったとしても，その前後において脳，心臓以外のヒト構成部分の多くは生きている。古代の Aristotle（アリストテレス）は，生物は，物質に霊魂が結合した結果生じると仮定して自然発生説を提唱し，さらに生物を分類し，**生物多様性**（biodiversity）について議論している。

細胞（cell）とは，外界を隔離する**細胞膜**（cell membrane）に囲まれ，内部に自己再生のための遺伝情報と発現機構を有する生命体であり，生物体を構成する基本単位である。細胞から構成される点は生物属性の一つである。17 世紀中旬にコルクガシコルク層小片の中空構造（死細胞）が肉眼で観察され初めて細胞という専門用語が登場した[1)†]。肉眼でとらえ得る最小粒子は，0.2 mm 程度である。Leeuwenhoek（ルーウェンフック）は，その 10 年後，径 1 mm 程度の球形レンズを金属板中央にはめ込んだ 200 倍の倍率を有する単眼式顕微鏡を自作し，肉眼で観察困難な大きさの生きた細胞，**微生物**（microorganism）を発見した。18 世紀には，種の学名に二名法（属名と種小名の 2 語で表す）が採用され，属・種の上位分類として，綱・目が設けられ，階層的な分類体系としての生物系統的分類法が提示されている[2)]。**図 1.1** は，今日の生物分類を示す。超界という大分類では，生物界を**原核生物**（prokaryote）と**真核生物**（eukaryote）に 2 分している。つぎの分類がドメインであり，**古細菌**（archaebacteria），**真正細菌**（eubacteria），真核生物に 3 分類されている。真核生物は，菌界，植物界，動物界の三つに分類される。分類は，さらに界，門，綱，目，科，属，種と詳細化されている。ヒトを例にとると，動物界，脊椎動物門，哺乳網，サル目，ヒト科，ヒト（*Homo*）属，*sapiens* 種と分類される。

すべての生物は細胞から構成され，すべての細胞は，既存の細胞から再生産される。このものの見方は細胞説と呼ばれ，19 世紀前半に提唱され後半に完成した。全生活史を通じて単一の細胞から成る生物を**単細胞生物**（unicellular organism）と呼ぶ。細胞の中で，精子，卵子は生殖のために特別に分化した細胞でありまたは**胚細胞**，**生殖細胞**（germ cell）と呼ばれる。生殖細胞以外の生物体構成細胞を**体細胞**（somatic cell）という。多細胞生物であるヒトの 1 個体は，60 T（T = 10^{12} = 1

---

† 肩付き数字は，各章末の引用・参考文献番号を表す。

超界	原核生物帝		真核生物帝		
ドメイン	古細菌	真正細菌	真核生物		
界		なし	菌界	植物界	動物界
門		プロテオバクテリア門	担子菌門	被子植物門	脊椎動物門
綱		プロテオバクテリア綱	菌華綱	双子葉植物綱	哺乳綱
目		腸内細菌目	ハラタケ目	シソ目	サル目
科		腸内細菌科	キシメジ科	シソ科	ヒト科
属		*Escherichia* 属	エノキタケ(*Flammulina*)属	ローズマリー(*Rosemarinus*)属	ヒト属(*Homo*)
種		なし	*velutipes*	*officinalis*	*sapiens*

図 1.1　生物の分類

兆）個の体細胞から構成されるが，それらは半数体の精子と卵子の融合で形成される単一細胞（受精卵）に由来する。生殖細胞も受精卵に由来する。細胞説から生命は連続的なものであることが演繹される。地球上生物の生命の起源は，地球上の最初の細胞にあることがわかる。全生物の共通祖先は**コモノート**（始原細胞，commonote，common descent）[3] と呼ばれる。深海底熱水噴出孔付近の温度 353 K 以上の環境で生育する**超好熱菌**（hyperthermophile）のような生物がコモノートに近いといわれている。

Haeckel は 19 世紀後半に，共通祖先を有するだろう各種生物種の間の進化的関係を樹木状に表現し**系統樹**（phylogenetic tree）を考案した[4]。1859 年に Darwin は，生物の性状には個体間に差があり，性状の一部は親から子に伝えられ，環境収容力は繁殖力より小さいために子の一部しか生存・繁殖できないと論じ自然選択という視点を提示した。さらに自然選択によって生物は絶えず環境に適応するように変化し種が分岐して多様な種が生じるとし**進化論**（evolution theory）を提唱した[5]。

17 世紀中旬，Redi は自然発生説を否定する実験報告をし，1861 年，Pasteur（パスツール）は白鳥の首フラスコ実験を行い自然発生説を否定し[6]，生命は生命から生まれるという見解が支持されるようになった。親の形質が子孫に現れる現象を**遺伝**（heredity）という。遺伝は，生物の重要な属性である。Mendel は，遺伝情報を担う構造単位を**遺伝子**（gene）と呼び，親の形質は遺伝子によって子へ伝えられるが，子の代では，優性が発現され劣性が隠れてしまうが，孫の代に劣性も発現し得ると述べ分離の法則を提示した。また，二つの対立する形質はそれぞれ独立して親から子へ伝えられるとし独立の法則を提示している。

細胞の核に含まれる成分を研究していたMiescherは，1871年にリンを多量に含む酸性の大きな分子が含まれていることを発見し，**核酸**（nucleic acid）と名付けた。1940年代に，**大腸菌**（*Escherichia coli*）と**ファージ**（phage）から成るモデル系を用いて生命現象解明に尽力していたDelbrückは，**DNA**（**デオキシリボ核酸**，deoxyribonucleic acid）が遺伝子であるという観点を実証した[7)]。ファージとは，核酸であるが生命体ではない。核酸は，遺伝子の本体として親から子への情報伝達に関与するDNAとDNAに書き込まれた遺伝情報をもとにした**タンパク質**（protein）の生合成に関与する**RNA**（**リボ核酸**，ribonucleic acid）に分類されている。1933年にBohr（ボーア）は，生物学においては生命存在それ自体がそのまま受け取られなければならない基礎的事実であるが，生命は原子物理学では説明できないと述べている。

代謝（metabolism）とは，外界との絶え間なき疎通を計りながら生きている生物が，生命活動推進のために必要とする物質，外界から摂取した化合物から合成したり，外界から獲得したエネルギーを生体内化学反応で利用できるように変換する生命活動を指している。生きている細胞は，代謝の結果，自己を複製し，**細胞分裂**（cell division）させ，新生細胞を誕生させる。多細胞から成る個体では，個体全体が誕生したり死滅する速度は，個々の細胞が再生産したり死滅する速度と比べると小さく，個体内で個々の細胞の生と死とは第一次近似的には，均衡しているように観察される。1942年，Schoenheimer（シェーンハイマー）は，生命とは代謝の持続的変化であり，生命が**動的平衡**（dynamic equilibrium）状態にあるという見解を提示した[8)]。Nicolis–Prigogineは，**非平衡系**（nonequilibrium systems）にあっては，外界からエネルギー，物質を取り込み，一部を熱として外界に放出すると**自己秩序形成**（self–organization）が起こるとし，この構造を**散逸構造**（dissipative structure）と呼んだ[9)]。生物は，外部とエネルギー，物質を交換し散逸構造を作り自己を維持する開放系の性状を備えている。雪の結晶が生成する現象は自己組織化の一例であるが，雪の結晶は物質のフラックスの収支の中で動的に維持されている構造ではないので散逸構造とは呼ばれない。

動植物細胞が有糸分裂する際に出現し塩基性色素で染色される生体物質を**染色体**（chromosome）という。1944年にSchrödinger（シュレジンガー）は，染色体が遺伝情報を有することを予言した。彼はさらに生物は，生きていくために環境から**負エントロピー**（negentropy）を絶えず摂取し，生物が生存することによって生じるエントロピーをこの負エントロピーによって相殺しエントロピーの水準を維持しているという観点を提示した[10)]。細胞外から摂取した物質，エネルギーを使って秩序ある構造を創出するという生命の属性が表現されている。

1949年，Bertalanfy（ベルタランフィー）は，生物体とは**開放系**（open systems）の**階層構造**（hierarchy）を有し，エントロピー最小生産条件にもとづいて構成部分の交代を行うところのものであると記述している[11)]。代謝，開放系，階層構造，動的平衡は，生物の重要な属性である。

1953年，Watson，CrickはDNAの二重螺旋（らせん）構造を明らかにした[12)]。その後，遺伝子としてのDNAの研究は盛んに行われ，① すべての生物は生命の設計図（プログラム）がコードされているDNAを有し，② DNAは自己を**複製**（replication）することによって遺伝の不変性を荷っており，

③ DNA にはすべての生物に共通な暗号で書かれている部分と，生物種に依って異なる部分があり，④ DNA は変化を許容し生物は進化をすることなどが解明されている。遺伝の不変性に関し，DNA が完全な 100％受け継がれる分けではなく，DNA 自己複製時にミスコピーが生じたり，紫外線などの影響を受けて突然変異し，子の中に親とは異なる形質が生じ，これが進化につながり生物属性に結びついていると考えられている。

1967 年，Eigen，Schuster は RNA 分子の複製に注目し，タンパク質と核酸の相互作用にかかわる自己再生産触媒的ハイパーサイクルモデルを提唱し，たがいに相手の構成分子の合成を助け合う複数の反応系を描き上げた。なお，RNA がタンパク質合成に関与しているという説は，すでに 1939 年に Caspersson らが提示している。

地球上の**生命の起源**（origin of life）に関し，超自然的現象（例えば神の行為）として説明する見方，地球外生命に起点を置く**胚種交布説**（panspermia），**化学進化**（chemical evolution）の結果としてとらえる見方という三つの考え方がある。超自然的現象に関しては，他書に委ねる。

Arrhenius は，1911 年に地球生命は休眠胞子で隕石に乗ったり，太陽光線の光圧に押されたりして地球外からもたらされたと仮定し胚種交布説を提案した[13]。この説は，今なお理論的には否定されてはいない。地球外天体である隕石，彗星に生体関連物質や合成中間体が確認されている。2006 年に彗星から NASA の“スターダスト探査機”が帰還したが，彗星物質の中にグリシンがあったことが報告されている。2009 年，NASA の月面探査機は，クレーターに 6％の水が含まれアンモニアを検出したことを報告している。

一方で地球生命は，無機的な化学反応の積み重ねによって低分子有機物，高分子有機物が順次合成され，やがて自然発生したと見る観点もある。原子太陽系星雲から 4.6 Gya（$G = 10^9 = 10$ 億；ya ＝年前）に誕生した地球の一次原始大気は水素とヘリウムが主成分であり，その後，地球内部からの脱ガス現象に伴い，二次大気が生成した。二次大気としては，メタン，アンモニア，二酸化炭素，水蒸気などから成る還元的な大気を想定する見方もあるが，現在の主流は二酸化炭素，窒素，水蒸気などから成る酸化的な大気を想定する見方である。

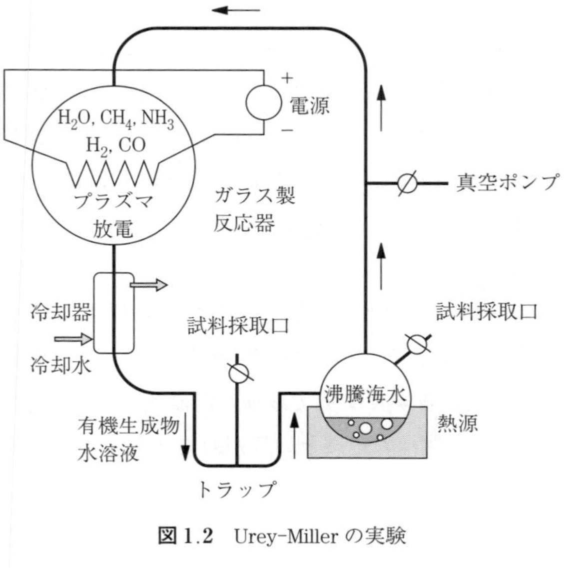
+
−
電源
H_2O, CH_4, NH_3
H_2, CO
プラズマ
放電
ガラス製
反応器
真空ポンプ
冷却器
冷却水
試料採取口
試料採取口
沸騰海水
熱源
有機生成物
水溶液
トラップ

図 1.2　Urey-Miller の実験

図 1.2 は，Urey-Miller が生物の関与なしで**アミノ酸**（amino acid）を合成した実験装置[14]を示す。アミノ酸は，官能基としてアミノ基とカルボキシル基を有する有機化合物であり α-アミノ酸はタンパク質の構成成分である。彼らは，原始大気は還元的であると想定し，メタン，アンモニア，水素，水蒸気の混合ガスを容器に封じ込め，この気体に対し 60 kV 加電しプラズ

マ放電を行った。その結果，グリシン，アラニン，アスパラギン酸，グルタミン酸という4種類のアミノ酸が生成し，乳酸，グリコール酸，蟻酸，酢酸，コハク酸，プロピオン酸などの有機酸も多数副成したと報告している。メタンの代わりに一酸化炭素または二酸化炭素を用い，アンモニアの代わりに窒素，プラズマ放電の代わりに紫外線照射を加えたところロイシン，トレオニン，リジン，セリンというアミノ酸が生成している。一酸化炭素，アンモニア，水素から成る気体を鉄隕石粉末と反応させるとアデニン，グアニン，シトシン，尿素が生成する。その後，タンパク質構成アミノ酸のほとんどすべて，**核酸塩基**（base），リボース，ピルビン酸，他の有機酸，炭化水素，糖類，血色素ヘム，ポリフィリンなどが化学的に合成されるに到っている。

1959年，Bernalは，粘土の界面上でアミノ酸重合反応が起きるとし**粘土説**を提唱した。界面は化学反応の触媒作用を担うということは，この頃から知られていた。上記実験系にモンモリロナイトまたはカオリナイトなどの粘土を加えると，アルキル基を側鎖とするアラニン，バリンなどが多数生成する。低分子有機物質，高分子有機物質が，有機的スープとして原子の海に蓄積されていく一方で，それらは量的にはきわめて希薄であったが，水分の蒸発，凍結，粘土物質への吸着を受け局所的に濃度が高い状態が生じたと考えられている。

赤堀は，グリシンを含む4種類のアミノ酸を353Kで加熱したり，仮想原子海水中で9種類のアミノ酸を378Kで加熱することにより，膜上のタンパク質，球形のタンパク質を生成し，後者を**マリグラヌール**（marigranule）*と名付けている。Fox-Haradaは，グルタミン酸やリジンを主成分とするアミノ酸混合液を423～453Kで縮重合させ分子量10k以上を含むポリペプチドを合成しプロテノイドと名付けている。1977年以降，世界各地で深海火山の付近に623Kにも至る熱水を噴出する孔が多数発見され，熱水にはメタン，硫化水素，鉄イオン，マグネシウムイオンが含まれていることより，熱水噴出口は地球生命の起源を探索するうえで重要なヒントを提供すると考えられている。柳川らは，熱水噴出孔をモデル化した実験を行いポリアミン膜に包まれたマリグラメールを合成している。

高分子有機物質水溶液中で脂質がミセル化し液中にコロイドゾルに富む高分子集合体微小液滴相が生成するがDe Jongは，この液滴相を**コアセルベート液滴**（coacervate droplet）と名付けた。液滴の直径は1～500 μmである。このような物質群から成る原始の海で生命体が誕生したと考える科学者が多い。最初の生命体は**プロトピオント**（protobiont）と名付けられている。最初の生命体プロトビオントは共通の祖先コモノートと等価である必要はない。山岸は，化学進化でRNA合成は障壁の高い反応であるため，コモノート出現以前に，プロティノイドからRNAやDNAではない核酸以外の物質を遺伝子とする始原生物が出現し，そこからRNAゲノムを有するRNAゲノム生物，DNAゲノム生物が出現し，そこから低温菌，常温菌，超好熱菌，好熱菌が分化し，その後，隕石の衝突によって地球が高温化し，超好熱菌だけが生き残り，コモノートとなったと仮定している[3)]。他種の絶滅という視点を入れるとプロトビオントとコモノートは異なることが推論できる。

有機物質と無機リン酸を原料とし，有機物質をリン酸化する酵素を**ホスホリラーゼ**

(phosphorylase) というが，Oparin は，ヒストン，アラビアゴム水溶液中にホスホリラーゼを添加するとコアセルベート中にホスホリラーゼが濃縮し，水溶液にグルコース 1-リン酸を加えると，これもコアセルベートの中に移動し，ホスホリラーゼの作用を受けて**デンプン** (starch) を重合し，リン酸をコアセルベート外に放出することを発見し，コアセルベートをプロトビオントのモデルとして採用[15] し化学進化説を提案している。デンプンを蓄積したコアセルベートは成長し，やがて自然に小さなコアセルベートに分裂したが，彼は，アセルベート液滴のアメーバ状合一，分裂の進行，有機物取り込みによって最初の原始生命が自然発生し，適者生存による優れた代謝系を有するものが残留したと推論している。このコアセルベートには遺伝プログラムが組み込まれていないためプロビオントには至らないが挙動の一面は生命体を模擬している。

1988 年，Wächtershäuser は**表面代謝説**を唱え，単位膜に覆われていない黄鉄鉱 (FeS_2) 表面の反応系が生命の前駆体であり，やがて無機物を電子受容体として栄養増殖する生物である**独立栄養生物** (autotroph) あるいは**古細菌** (archaea) が誕生したと見立てている。古細菌は，水素をエネルギー源，二酸化炭素を電子受容体としメタンを生成するメタン細菌，高度好塩菌，硫黄を硫酸に酸化したり，硫化水素に還元する高度好熱性好熱菌，超好熱菌などの総称である。黄鉄鉱上では二酸化炭素と硫化水素から蟻酸が生成し，正に帯電している黄鉄鉱表面にグリセルアルデヒド 3-リン酸，ジヒドロキシアセトリン酸のリン酸基（負に荷電）が吸着すると，配向を保った分子同士が重合し DNA，RNA の材料となる糖新生が起こる。単位膜系を持たず，自己複製能力を有しないことからこの説が想定する前駆体は生命体ではないが，黄鉄鉱界面上で形成したイソプレノイドアルコールは古細菌脂質を構成する成分であるため，関心を集めている。

無生物の結晶は，自らの分子パターンを周囲物質に転写し結晶自身を複製し成長する。Cairns-Smith は，結晶の転写現象が炭素系の化合物を含んだ粘土に転移したのが生命の起源であると考察し**遺伝子乗っ取り** (genetic takeover) 説を提示している。結晶から遺伝子への転写という視点には大飛躍があるが，無生物のタバコモザイクウィルスは，不活性状態では結晶化していることが知られているため関心を寄せる人も少なくない。

1966 年，木村は**中立進化説** (neutral theory of evolution) を提唱し，分子レベルでの遺伝子の変化は大部分が自然淘汰に対して有利でも不利でもなく，突然変異と遺伝的浮動が進化の主因であると考察した。進化生物学者 Williams は，適応は必要であるときに，一般には個体や遺伝子に対する自然選択の説明のために望ましいときだけ援用されるべき“やっかいな”概念であることを述べ，自然選択や生物進化は遺伝子中心の視点で理解することが重要であると指摘し，**利己的遺伝子論** (selfish gene) を提唱した。動物行動学者 Dawkins は利己的遺伝子論を解説し，生物は遺伝子によって利用される“乗り物”に過ぎないと述べ，遺伝子に含まれる情報は，自らを複製し拡大しようという意志をもった自己複製子なのであり，進化とはこの情報の複製や転移に関わる巨大な過程そのものにほかならないと記述している[16]。

Dyson は，最初の原始生命は複製能力が低かったという大胆な仮説をたて，生命の起原は，代謝系と複製系と 2 回に分けて起こったと説き，代謝系に注目している[17]。原始海洋中で Oparin のコアセルベートが誕生し原始細胞状構造体ができ garbage-bag world が形成し，その中に有機分子が取り込まれ，その中の触媒分子の作用を受けてさまざまな分子が生成したと仮定している。初期生物はタンパク質が中心で核酸が後に侵入したと述べている。Dyson は，さらに木村の中立説に関する数式を導入し，原始生命誕生のモデルを描き出している。

Cech は 1982 年に，RNA は遺伝情報をコードしているだけでなく**触媒活性**（catalytic activity）を有するものがあることを発見し，触媒活性を有する RNA を**リボサイム**（ribozyme）と名付けた[18)]。RNA ワールド仮説が登場した。RNA ワールド仮説では，RNA の触媒活性に注目し RNA 中心の生命像が描き出されている。RNA が生物の関与なしに合成される筋道が示されていない点，熱的安定性の低い RNA が，コモノートが誕生したと推定される海底熱水系において安定に保たれた機構が未知であるため，この説を疑問視する意見も少なくない。

生命現象をとらえるためには構成要素の起源を辿ることも大切であるが，要素が有機的に結合し全体として“生きている”状態を発現する実体を捉えることも重要である。Monod（モノー）は，1971 年，生物の特徴は，**合目的性**，**自律的形態発生**，**不変性**にあると論じている[19)]。不変性の内容とは，世代から世代へと伝達され，その種にとって特異的な標準となる構造を決める情報の量に等しいとし，遺伝の不変性は核酸が担っていると記述している。合目的性とは種の特徴をなす不変性の内容を世代から世代へと伝達することであるとしている。タンパク質は合目的な構造と働きのほとんどすべてを司っている分子的因子とした上で生物は，自分自身を造り上げる化学的機械であり，全体として統合された機能単位を構成している。また，タンパク質は，化学機械の活動を一定の方向に導き，首尾一貫した機能を果たさせ，その機械自身を組み立てるものであり，これらの合目的的性能は，すべてタンパク質の持つ立体的特異性に基づくとしている。細胞は不変性を確保するために分裂後，再びもとの状態にリセットされる。この属性を**再帰性**という。

その振る舞いが数学的に記述可能な自動機械をオートマンと呼ぶが，前世紀中頃に Neumann は，生物はオートマンであると述べた。

システム（systems）は，“A system is a combination of components that act together and perform a certain objective.” と定義される[20)]。生物の属性を的確に捉えているように思われる。1978 年，システム科学的観点から開放系システムとしての細胞機能の全体像を把握するために，**出芽酵母** *Saccharomyces cerevisiae*，酸化菌 *Pseudomonas fluorescens* の実験系を対象とし，細胞の**増殖**（growth），**原料成分消費**（reactant consumption），**呼吸**（respiration），**生成物成分生成**（product production）などの**機能**（function）をシステム解析し，代謝（metabolism）のフラックス連関を把握することで全体像を推論しようとする試みがなされている[21)]。

NASA では，生命とは，Darwin 進化をすることができる自己保存的な化学システムであると定義している。Ruiz-Mirazo らは，生きているものとは，終わりのない進化を営むことができる**自律システム**（autonomic systems）であると述べている。Korzeniewski は，生命とは**フィードバック**（feedback）機構のネットワークであると定義した。Oliver および Perry は，生命とは自律システムが外的変化，内的変化に応答できるようにし，さらに自己の持続を促すような方法で自己更新を行えるようにする事象全体の総和であると述べている。

生物は，外界から閉ざされた系ではなく，外界と相互作用を行いながら，自己の内部環境を一定に保とうとする。Cannon は，この現象を**恒常性**（homeostasis）と名付けた[22]。ヒトを例にとると，毎日摂取する食物の組成は変動しているが，血中の物質組成はつねに略一定である。体温，体内の水分，酸素分圧，原料成分供給速度も略一定である。

1980 年代後半から 1990 年代始めにかけて**シグナル伝達経路**（signal transduction pathway）が存在していることが証明された。シグナル伝達経路とは，細胞が周囲の環境に適応する際には，シグナル分子が担う情報伝達し応答する機構の道筋を示している[23]。ある刺激に対する応答を記憶した細胞は，僅かな刺激にも同様に応答し**可塑性**（plasticity）を示す。

ある生物をその生物たらしめるのに必須な遺伝子情報を**ゲノム**（genome）という。gene と ome（総体）から作られた用語である。21 世紀に入るとコンピューター技術の著しい進展とともに網羅的情報の取り扱いに関わる科学の基盤が整い，生物に対するものの見方が一段と磨き上げられている。2003 年，**ヒトゲノム計画**（human genome project）[24] が終了し，ヒト全ゲノムが解読された。網羅的情報を用いた生命の科学がスタートした。中村はゲノムを DNA の基本単位，生命子と名付けている。

2010 年，Venter らはデータベース上に登録されている細菌 *Mycoplasma mycoides* のゲノム DNA 配列情報を下敷きとして全ゲノム DNA を化学合成し，これを別種の *M.capricolum* に導入し，*M..capricolum* のゲノム DNA を人工合成ゲノムで置き換えることに成功している。このような生命現象の研究分野は，**合成生物学**（synthetic biology）と呼ばれている。その生物たらしめている遺伝情報が置き換わったため，バイオテクノロジーの新たな局面が登場したと受け取られている[25]。

柳川[26]，丸山[27] は，生命の基本的性質，特徴を記述し，柳田[28] は，生物体を構成する基本単位である細胞について特性を抽出している。既往の研究を概観すると生物について以下の特徴点を列記でき，要点を**図 1.3** に模式化する。

① 生物の生命活動を担う基本単位は細胞である。

② 細胞は生と死にはさまれた時間内で生命活動を発現する。

③ 細胞は要素から構成されており，要素はたがいに連結し，全体として統合された機能単位となり，寿命の制限内で，生きるための行動を成す**生体システム**（living systems）である。当該システムは**階層性**（hierarchy）を特徴としている。

④ 生物は，自己の恒常性維持を生きるための目的関数の一つとしているかのように生命体システム挙動を発現する。

⑤ 細胞を構成する物質の中には，無機物を出発原料とし，生物の関与しない反応で合成できるものもある。すべての細胞要素が生物の関与なしに合成できるか否かは現時点では未解決である。

⑥ すべての細胞はゲノム DNA を有し，ゲノム DNA はその細胞をその細胞たらしめている生命の設計図（プログラム）を遺伝子としてコード化し情報を集積し，ゲノム DNA を構成する

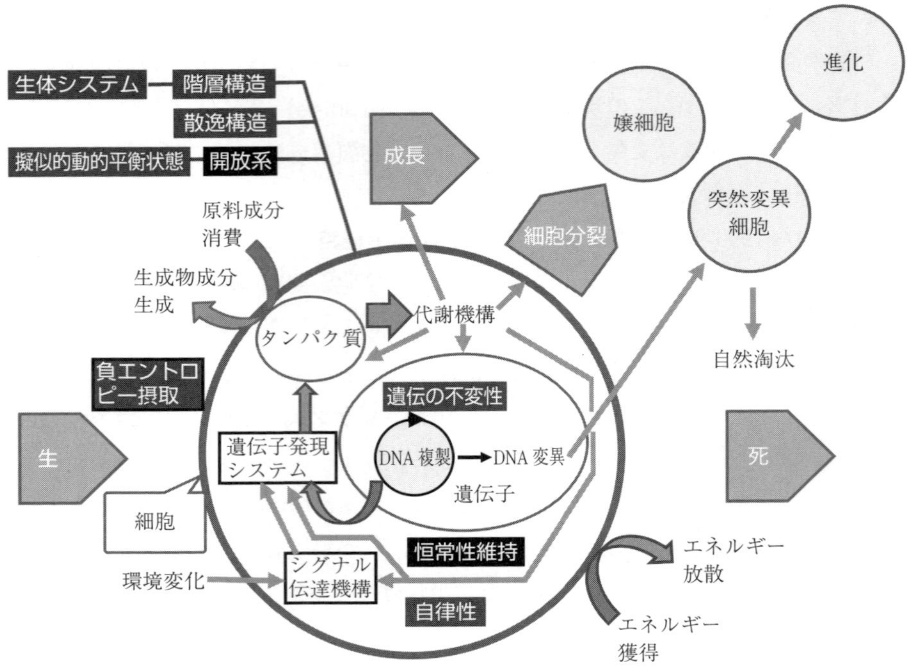
生体システム
階層構造
散逸構造
擬似的動的平衡状態
開放系
原料成分
消費
生成物成分
生成
負エントロピー摂取
生
細胞
環境変化
タンパク質
代謝機構
遺伝の不変性
遺伝子発現
システム
DNA 複製
DNA 変異
遺伝子
シグナル
伝達機構
恒常性維持
自律性
成長
細胞分裂
嬢細胞
突然変異
細胞
進化
自然淘汰
死
エネルギー
放散
エネルギー
獲得

図 1.3　生命体の基本単位としての細胞

DNA は遺伝の不変性を担っている。

⑦ 生命の設計図には，すべての生物に共通な暗号で書かれている部分と，生物種によって異なる部分がある。

⑧ 親子関係のない合成ゲノム DNA および DNA の情報を発現するための生体システムがあれば，当該合成ゲノム DNA の情報で管理された細胞を誕生させることが可能である。

⑨ DNA の自己複製によって，種の特徴を成す不変性の内容は，合目的的に母細胞から嬢細胞へ受け渡される。タンパク質が合目的的な構造と働きを司っている。

⑩ 生物は開放系，階層構造を成しており，負エントロピーを摂取し，代謝によって，擬似的な動的平衡状態を達成している散逸構造体である。

⑪ 細胞は，周囲環境の変化に応じてシグナル伝達経路を作動させ応答を行い，代謝機能を変化させる。

⑫ DNA は変化を許容し生物は進化をする。生物は多様化する。

RNA は，① を欠くため無生物の範疇に入れられる。1995 年当時，すべての細胞は分裂によって生じ，親細胞のない細胞は存在しないと記述されていたが，2010 年以降は ⑧ のように状況が変わりつつある。図 1.3 に示すように細胞の各属性は相互に関連しており，細胞全体の挙動を見渡すことが生物現象を把握する上で重要であることがわかる。

図 1.4 は Woese らの系統樹[3),29)] を示す。図 1.1 の 3 ドメインが描かれている。進化は遺伝の不変性とは相反する生物の属性であるが，変異が生じる確率は 0 ではないため，進化は，生命の系譜

を描き出すための重要な生物属性と考えられている。

生物の営む生命現象を理解するためには，生命を科学する医学，農学，普遍的法則を探求する物理学，経験則，ヒューリスティクス（heuristics）を総動員し，不良定義問題に対する理解力の強化が必要であり，本節で紹介したモデルはその助けになると思われる。しかし，開放系の生物には変化に富む要因が多く，膨大な多様性に支配されている。このため生物のモデルには，絶えず加筆作業が必要である。このため，本書では，生物の定義付けは留保し，個別の事例ごとにモデルを登場させて理解を深めることとしたい。

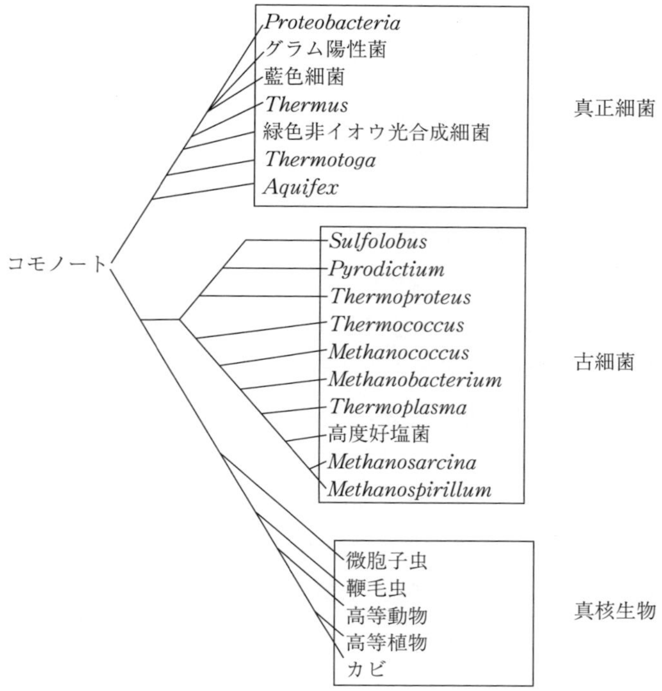
コモノート
Proteobacteria
グラム陽性菌
藍色細菌
Thermus
緑色非イオウ光合成細菌
Thermotoga
Aquifex
真正細菌
Sulfolobus
Pyrodictium
Thermoproteus
Thermococcus
Methanococcus
Methanobacterium
Thermoplasma
高度好塩菌
Methanosarcina
Methanospirillum
古細菌
微胞子虫
鞭毛虫
高等動物
高等植物
カビ
真核生物

図 1.4　系統樹[3),29)]

1.3　生物材料を用いた化学プロセス

生物に由来する材料を**生物材料**（biological material）と呼ぶ。**生体材料**（biomaterial）とは一部重なるが別の概念である。プロセスバイオテクノロジーの実学的研究対象は，生物材料を用いた化学プロセスである。生物の細胞，**個体**（organism），**ポピュレーション**（population；個体集団），**酵素**（enzyme），核酸，**細胞小器官**（organelle）などが生物材料の典型例である。ほかにも木材，草，竹，海中林，藁，トウ，細胞を構成する細胞膜，多糖類，キトサン，べっ甲，骨，毛皮，甲羅，蝋，木蝋，ラッカー，油脂，脂質，脂肪酸，蕎麦殻，天然繊維，天然樹脂，天然ゴム，バイオプラスチック，皮革，煤竹，貝殻，象牙，絹糸，綿，羊毛，皮革，細胞構成素材由来の紙，セロファン，筵などが生物材料として例示できる。

生物材料を用いた物質生産の起点は古代農業に見ることができる。今から 11 k（$k=10^3$）年前のメソポタミア地方 Tell Abu Hureyra 遺跡からは，人類最古の農業実施例である穀物栽培の跡が見つかっている。エジプト，インドでは BC 7000 年に小麦や大麦の生産が始まり，東アジアでは BC 6000 年に米の生産が始まっている。アメリカでも BC 5200 年頃にトウモロコシ，キャサバの栽培が開始している。このように生物材料を用いた人類の営みは長く 11 k 年以上の歴史を有している。一方，5 k 年前には発酵によるもの造りが始まっている。BC 3500 年頃の古代メソポタミアのシュメール遺跡より出土した粘土板（モニュマン・ブルー）にはパンの発酵を生かしたビールの醸造法がくさび形文字により記されている。BC 3000 年頃のメソポタミア，エジプトの遺跡や石板には当時，潰した葡萄の皮，種子，茎を発酵させワインを造ったとの記録があり，BC 1800 ～ 1500 年頃のギリシャでは摘み取ったブドウを入れた袋を足で踏みジュースを絞り取り自然発酵させていた。わが国でも 8 世紀には，現在コウジカビと呼ばれる伝統的な材料を用い，酒，酢，醤油，味噌造りが行われていた。発酵が微生物の営みによることがわかったのは，Leeuwenhoek による微生物の発見，Pasteur による酵母アルコール発酵の確認を経た 19 世紀中旬である。微生物を用いたもの造りは，その後盛んに研究され，生物材料を用いた化学プロセスは**表 1.1** に例示されるように多分野に及んでいる。ビール，ワイン，酒，酢，醤油，味噌以外に，20 世紀に至ってからはパン酵母，飼料用酵母の製造，エタノール（ethanol），ブタノール，アセトンなどの溶剤製造，乳酸（lactic acid），酢酸（acetic acid），クエン酸（citrate）などの有機酸製造，グルタミン酸（glutamic acid），アスパラギン酸（aspartic acid）などのアミノ酸生産，酵素生産，ペニシリン（penicillin），ストレプトマイシン（streptomycin）などの抗生物質（antibiotics）生産，ビタミン（vitamin）B_2，B_{12}，C などの生理活性物質生産が行われている。

表 1.1　生物材料を用いた化学プロセスの例

生物材料	製品または利用目的
微生物	発酵食品（味噌，醤油，食酢等），醸造製品（清酒，ビール，ブドウ酒等），デンプン・糖（グルコース，飴等），発酵乳製品（ヨーグルト，チーズ等），酵母製品（パン酵母，飼料酵母等），有機溶剤（エタノール，アセトン，ブタノール等），酵素剤（タカジアスターゼ，アミラーゼ，プロテアーゼ等），生理活性物質（ビタミン B_{12}，カロチノイド，ジベレリン），有機酸（乳酸，クエン酸，グルコン酸，コハク酸等），抗生物質（ペニシリン，カナマイシン等）等
遺伝子組換え菌	ヒトインスリン，ヒト成長ホルモン，トリプトファン等
動物細胞	モノクローナル抗体，腫瘍壊死因子（TNF），B 型肝炎ワクチン，血栓溶解酵素（TPA），造血ホルモン（EPO），インターフェロン（INF-α，INF-β，INF-γ），コロニー刺激因子（CSF），血液凝固第Ⅷ因子，インターロイキン（IL 1，IL 2），エイズワクチン等
植物細胞	アントシアニン，食用色素，アルカロイド，ユビキノン，シコニン，サポニン等
海中林，森林	水産資源，バイオマス
養殖水生生物	水産資源
飼育動物	医薬品
酵素	デンプンの糖化，廃セルロースの糖化，乳糖分解，転化糖生産，油脂類改質，アスパラギン酸生産，リジン生産，トリプトファン，セリン生産，グルコン酸生産，合成ペニシリン生産等
活性汚泥，嫌気性消化菌	環境保全

Watson，Crick の 1953 年研究論文をきっかけとし，Cohen と Boyer は，1973 年に**組換え DNA**（recombinant DNA）技術を完成させている[30]。組換え DNA 技術を応用したもの造りが発展をし，**遺伝子組換え菌**（genetically modified microorganism）を用いた**ヒトインスリン**（human insulin），**ヒト成長ホルモン**（growth hormone）などの製造が工業化されるようになった。

20 世紀中旬以降，培地成分研究が盛んに行われ，血清や組織抽出液に無機塩類，アミノ酸，ビタミンなどを加えた培地が開発され，1950 年代後半には，Morgan の 199 培地[31]，Eagle MEM

(Eagle's minimum essential medium)[32] などが出そろい，血清培地，**無血清培地**（serum-free medium）上で動物細胞が生育されている。**モノクローナル抗体**（monoclonal antibody），腫瘍壊死因子など医薬製造に応用されている。

植物細胞の組織培養は19世紀末より試行され，植物体の成分分析の結果作られたKnop液に起点を置くWhite培地，汎用性の高いMurashige-Skoog（MS）培地が開発されている[33]。植物培養細胞を用いたアントシアニン，食用色素などの製造が行われている。

海中林は，藻場とも呼ばれ，水深20 mまでの岩礁地上の海中でコンブ，アラメ，カジメなどの比較的大きな**海藻類**（sea grass）が密生し魚介類に富んだ場所を指しているが，人為的に藻類を植え付け，人工海中林を栽培し水産資源を生産する営みが検討されている。海中林はプロセス工学の研究対象といえよう。バイオマス乾燥質量は温帯の陸上植物が最大値200 $kg \cdot m^{-2}$，イネ科植物が5 $kg \cdot m^{-2}$であるのに対し海中林は最大値3 $kg \cdot m^{-2}$と低い。しかし，生産性は，陸上植物が温帯で3 $kg \cdot m^{-2} \cdot y^{-1}$，熱帯で4 $kg \cdot m^{-2} \cdot y^{-1}$であるのに対し海中林は3−8.3 $kg \cdot m^{-2} \cdot y^{-1}$と高い[34]。バイオマス供給源として注目される。

養殖水生生物の品種改良の歴史は栽培植物や家畜類と比べて著しく短いが，成長速度，外観，肉質，環境ストレスおよび病気に対する耐性の向上など品種改良への要請は大きい。動物細胞核内には2対の染色体があるが，3対の染色体を持つ魚は3倍体魚と呼ばれている。3倍体魚は，魚の受精卵に圧力，温度の刺激を加えることで調製できるが魚体が大きくなり，サクラマス，ニジマスなどで実用化されている。

生物材料としては，細胞から抽出される酵素を用いた工業も行われている。産業用酵素製剤の最初の事例は，1874年にさかのぼることになる。デンマークで子牛の乾燥した胃袋から食塩水を用いてレンネットを抽出しチーズ製造用酵素剤として使用したことが起点となっているようである。今日，デンプンの糖化，廃セルロースの糖化などに応用されている。

1.4 次 元 と 単 位

プロセスバイオテクノロジーの対象とする生物現象を工学的に記述するためには，状態の変化をとらえるための量的尺度の導入が必要である。状態が，n個の独立した実数で決まるとき，nをその状態が変化する範囲の持つ**次元**（dimension）という。長さ，質量，時間，温度，光度，物質量，電流は七つの基本次元と呼ばれている。**国際単位系**（The International System of Units, SI）では，**表1.2**のように七つの基本単位を定義している。単位には，**表1.3**に示す接頭辞を冠し簡略表現することが多い。

表1.2　物理量と基本単位

量	長さ	質量	時間	温度	光度	物理量	電流
基本単位	m	kg	s	K	cd	mol	A

表 1.3　単位の接頭辞

規模	接頭辞	読み	規模	接頭辞	読み
10	da	デカ	10^{-1}	d	デシ
10^2	h	ヘクト	10^{-2}	c	センチ
10^3	k	キロ	10^{-3}	m	ミリ
10^6	M	メガ	10^{-6}	μ	マイクロ
10^9	G	ギガ	10^{-9}	n	ナノ
10^{12}	T	テラ	10^{-12}	p	ピコ
10^{15}	P	ペタ	10^{-15}	f	フェムト
10^{18}	E	エクサ	10^{-18}	a	アト
10^{21}	Z	ゼタ	10^{-21}	z	ゼプト
10^{24}	Y	ヨタ	10^{-24}	y	ヨクト

SI 併用単位として，長さに関しÅがある。1 Å = 0.1 nm = 10^{-10} m である。屋外の面積単位として ha が使用される。1 ha = 10^2 a = $(10^2)(10\ \mathrm{m})^2 = 10^4\ \mathrm{m}^2 = (10^4)(10^{-3}\ \mathrm{km})^2 = = 10^{-2}\ \mathrm{km}^2$ である。容積単位 1 L は 1 L = 1 $\mathrm{dm}^3 = 10^3\ \mathrm{cm}^3 = 10^{-3}\ \mathrm{m}^3$，$(1\ \mu\mathrm{m})^3$ は，$(1\ \mu\mathrm{m})^3 = (10^{-5}\ \mathrm{dm})^3 = 10^{-15}\ \mathrm{dm}^3 = 10^{-9}\ \mu\mathrm{L}$ である。質量 t（トン）は 1 t = 10^3 kg である。基礎次元の時間単位 s 以外に min，h，d，y が併用される。1 d = 24 h; 1 h = 60 min; 1 min = 60 s であり，大略 1 y = 365 d である。過去の時間単位として ya（year ago）がある。20 億年前を 2 Gya と記す。単位容積当りの物質量を表す濃度は $\mu\mathrm{mol}\cdot\mathrm{mL}^{-1} = \mathrm{mmol}\cdot\mathrm{L}^{-1} = \mathrm{mol}\cdot\mathrm{m}^{-3}$，単位容積当りの質量を表す質量濃度，あるいは密度は $\mathrm{mg}\cdot\mathrm{mL}^{-1} = \mathrm{g}\cdot\mathrm{L}^{-1} = \mathrm{kg}\cdot\mathrm{m}^{-3}$，流速は $\mathrm{m}\cdot\mathrm{h}^{-1} = 0.278\ \mathrm{mm}\cdot\mathrm{s}^{-1}$，流量は $\mathrm{dm}^3\cdot\mathrm{h}^{-1}$ である。分子量は，物質 1 分子の質量を表す物理量であり，1 Da（ダルトン）は静止し基底状態にある自由な ^{12}C 原子の質量の 1/12 と定義されている。1 Da = 1.660 540 2(10) × 10^{-27} kg である。力の単位である N は $\mathrm{kg}\cdot\mathrm{m}\cdot\mathrm{s}^{-2}$，圧力の単位である Pa は，$\mathrm{Pa} = \mathrm{N}\cdot\mathrm{m}^{-2} = \mathrm{kg}\cdot\mathrm{m}^{-1}\cdot\mathrm{s}^{-2}$ である。圧力の単位として bar が使用されることも多い。1 bar = 0.1 MPa = 10^5 Pa である。エネルギーの単位である J は，$\mathrm{J} = \mathrm{N}\cdot\mathrm{m} = \mathrm{kg}\cdot\mathrm{m}^2\cdot\mathrm{s}^{-2}$ である。動力（仕事率）の単位である W は，$1\ \mathrm{W} = 1\ \mathrm{kg}\cdot\mathrm{m}^2\cdot\mathrm{s}^{-2}$ である。基本次元では光の単位として光度を掲載したが，本書では，光の単位として**光合成光量子束密度**（photosynthetic photon flux density，PPFD）を採用する。光量子束密度は，時間 1 s 当り受光面積 1 m^2 当りの光量子の数として定義され，アボガドロ数（6.03 × 10^{23}）個の光量子を 1 mol とし，光の単位として，$\mu\mathrm{mol\ m}^{-2}\ \mathrm{s}^{-1}$ を採用する。光合成光量子束密度は，クロロフィルが吸収できる 400 nm から 700 nm までの波長領域だけの光量子束密度を指している。光度は lx（ルクス）を単位とする**照度**（illuminance）の一つであり点光源からの立体角当りの光束として定義され，視感度で補正していない時の放射強度に相当する物理量である。光度は，対象とする光の波長，光源が定まれば光合成光量子束密度に変換可能である。1 cd は 10.8 lx である。太陽光では，1 lx = 1.84 × $10^{-2}\ \mu\mathrm{mol}\cdot\mathrm{m}^{-2}\cdot\mathrm{s}^{-1}$ = 3.97 × $10^{-3}\ \mathrm{J}\cdot\mathrm{m}^{-2}\cdot\mathrm{s}^{-1}$，白色蛍光灯では 1 lx = 1.31 ～ 1.38 × $10^{-2}\ \mathrm{mol}\cdot\mathrm{m}^{-2}\cdot\mathrm{s}^{-1}$ = 2.83 ～ 2.98 × $10^{-3}\ \mathrm{J}\cdot\mathrm{m}^{-2}\cdot\mathrm{s}^{-1}$ である。

本書では，質量，容積，物質量の単位として，2 ～ 7 章では mg，mL，μmol，8 ～ 10 章では kg，m^3，mol を多用する。

1.5　現在の科学技術が抱える問題点

図 1.5 は，西暦 950 年から現在までの地球大気中の CO_2 濃度（図（a））と平均温度（図（b））の経年変化を示す[35)〜40)]。CO_2 濃度は南極の氷床コア分析結果である。図（a）を見ると 950 年から 1800 年の長期にわたり，大気中の CO_2 濃度は 280 ppm（＝0.028 0％）で一定であるが，その後，急激に濃度が向上し，2013 年 12 月時点の報告では 396.81 ppm に達している[38)]。イギリスの産業革命は，1760 年代から 1830 年代までという比較的長い期間に渡って漸進的に進行している。1769 年に James Watt が復水器を付設した蒸気機関を発明している。蒸気機関は，燃料である石炭が大量に消費され産業革命推進，工業化社会形成の原動力となった。産業革命開始時の 1750 年と比べると大気中の CO_2 濃度は，2000 年では 31％上昇している。CO_2 濃度が急上昇し始めている時期と蒸気機関の登場時期とが略一致している。図（b）を見ると CO_2 濃度上昇に伴い，地球表面の大気や海洋の平均温度は長期的に見て上昇する傾向を示しているように見える。この現象は**地球温暖化**（global warming）と呼ばれている。1906 ～ 2005 年の 100 年間で気温は 0.74±0.18℃上昇している。温暖化が継続すると海水面上昇や気象変動が観測され生態系や人類の活動への悪影響を及ぼすことが懸念されている。

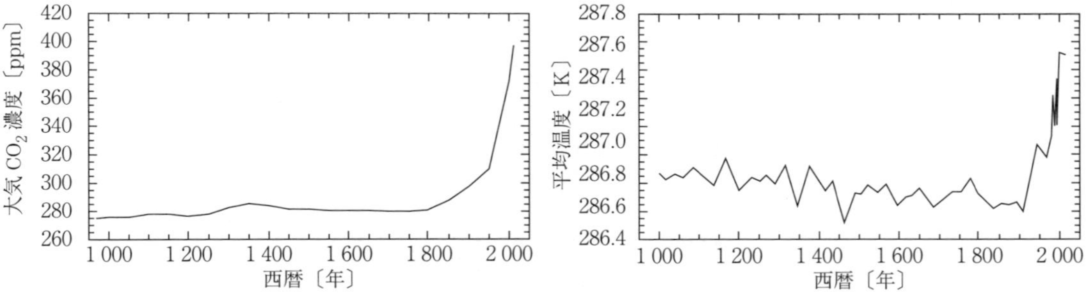

大気 CO2 濃度〔ppm〕
420
400
380
360
340
320
300
280
260
1 000
1 200
1 400
1 600
1 800
2 000
西暦〔年〕
平均温度〔K〕
287.8
287.6
287.4
287.2
287.0
286.8
286.6
286.4
1 000
1 200
1 400
1 600
1 800
2 000
西暦〔年〕

（a）　CO_2 濃度　　　　（b）　平均温度

CO_2 濃度：IPCC（1996）に掲載された南極氷床コア分析データの 100 年移動平均値および 1958 年以降のマウナロア観測値，2013 年計測値を統合化[35),37),38)]。
大気温度：世界の平均気温データ文献値を統合化[36),39),40)]。

図 1.5　大気 CO_2 濃度（a）と平均温度（b）の経年変化

地球生命の起源に関し胚種交布説[13)]を提案した Arrhenius は，1896 年に科学者として初めて大気中の CO_2 濃度の変化が温室効果によって地表の温度に影響を与えるという見解を示した[41)]。Arrhenius の学説は，CO_2 の赤外線吸収率が過大であるなどの非難を受け，1960 年代までは，この説は学界から信じがたい説として退けられていた。Milankovitch は，氷期と間氷期の周期的繰り返しは地球の軌道変化によるという見解を提出した[42)]が，現在では，地球の軌道変化が氷期の訪れる時期を決定し，同時に CO_2 が本質的ポジティブ フィードバックとして働いていると解釈されている。大気圏にあって，地表から放射された赤外線の一部を吸収することにより温室効果をもたらす気体を**温室効果ガス**（greenhouse gas）と呼んでいるが，CO_2 は量的に最も大きい温室効果ガスの一つである。大気中の CO_2 蓄積が温度上昇を齎し気候変動を誘起するのではないかということが各方面で指摘されている。

表 1.4 は地球が誕生した 4.6 Gya から現在までの地質年代各時期における大気中 CO_2 分圧，現在を基準とした相対温度を示している。地球誕生時には，微惑星に含まれていた岩石や金属が原料となり，微惑星の衝突・合体の繰り返しによって小さい宇宙塵は大きい宇宙塵や微惑星に吸収され，徐々に一つの惑星を形成，原始地球が形成されたといわれている。地球の核は鉄，ニッケルで構成され，その外側を水を含んだ硅酸塩岩石のマントルが包み込んでいた。原始地球を覆っていた初期の原始大気は散逸し，その後，火山爆発などの理由で地球内部より噴出した気体が地表に蓄積し第 2 次原始大気が形成された。水蒸気（H_2O）や CO_2 などの含酸素化合物に富んではいたが分子状の酸素（O_2）は反応性に富んでるため，水素と反応し H_2O を形成，炭素と反応し CO，CO_2 を形成，鉄と反応し酸化鉄を形成，硅素と反応し硅酸を形成したために，この段階では遊離ガス成分としてはほとんど残らなかった。

表 1.4　地質年代各紀における大気中の CO_2 分圧

10 億年前（Gya）	代（EON）	代（Era）	期（Period）	大気 CO_2 分圧	ΔT	事象
4.6				5.1 ～ 6.1 MPa		地球，月の誕生
4.0	始生代					
2.7			始生代後期	10 kPa		ストロマトライト
2.5	原生代					真核生物の登場
0.59			カンブリア紀	27 kPa	7.5	無脊椎動物の登場
0.505			オルドビス紀	16 kPa	6.4	
0.438		現生代	シルル紀	13 kPa	5.4	陸上植物の登場
0.408			デボン紀	14 kPa	10.1	
0.360			石炭紀	43 kPa	10.6	
0.286			二畳紀	37 kPa	9.2	
0.248	顕生代		三畳紀	11 kPa	6.2	
0.213		中生代	ジュラ紀	19 kPa	8.3	
0.144			白亜紀	19 kPa	8.8	
0.065			古第 3 紀	12 kPa	7.6	
0.009		新生代	新第 3 紀	5 600 Pa	3.6	
0				40 Pa	0	

現在，月面クレーターを形成させるような巨大隕石の衝突は 4.2 Gya，小規模な隕石の衝突は 3.9 Gya に終わったとする見解が有力になっている。グリーンランドで地球最古（約 3.8 Gya）の地層岩石が発見され，枕状溶岩から海の存在と海底での溶岩噴出が演繹されている。堆積岩も発見されている。3.8 Gya ～ 3.5 Gya の岩石中の炭素原子の同位体組成を調べることにより，地球生命は 3.8 Gya 前までに存在したと推論されている。第 2 次原始大気生成後，太陽光紫外線などの影響

を受けてCO_2，H_2Oは還元され分子状の酸素（O_2）の蓄積が始まったが，地球誕生後2G年間の酸素分圧は現在の0.01％以下であったと見積もられている[43)]。初期の大気，海洋は無酸素状態に近く，この頃の微生物は**嫌気性菌**（anaerobic bacteria）である。約2.7 Gyaの地層からは**藍色細菌**（cyanobacteria）と石灰付着物からできた堆積層である**ストロマトライト**（stromatolites）が発見されている。藍色細菌は最古の**光合成**（photosynthesis）を営む生物である。当時の大気中のCO_2量は現在より270倍高い10 kPa程度と推論されている。2.5 Gyaには，それ以前の生物界を占めていた原核生物のほかに真核生物が登場している。

藍色細菌に起点を置く光合成生物の光合成によって大気中のO_2濃度は徐々に向上し，いまから0.59 Gyaのカンブリア紀では現在の大気O_2濃度の1/10であるパスツール・ポイントを超えるに至っている。この時期，三葉虫をはじめ体制的に進化した動物が出現している。カンブリア紀，オルドビス紀には現存する動物のほとんどすべてが登場している。脊椎動物の祖先である無顎類も登場している。0.4 Gyaのデボン紀の直前に陸上植物の進化，魚類の進化が始まっている。両生類，翼のない昆虫類も登場している。石炭紀には，シダ植物や松柏類が大森林を成し，後半には爬虫類の進化が始まっている。0.248 Gyaから0.065 Gyaにかけての三畳紀，ジュラ紀，白亜紀では，陸上では恐竜，シダ，イチョウ，ソテツが大発展し，海洋ではアンモナイトが栄えている。0.2 Gyaには，哺乳類が登場している。顕花植物が発達し始めたもこの時期である。0.065 Gya，恐竜，アンモナイトが滅亡し哺乳類の進化がめざましくなり，植物ではシダ類，松柏類が衰退，2.0 Mya（200万年前）にヒト属が誕生している。

表1.4を見ると，CO_2量が高い時期に温度は高く，CO_2量が低い時期に温度は低いという特徴があることが読み取れる。地球史スケールで観察したCO_2量と温度との関係は，短期的に観察したCO_2量と温度との関係（図1.5）と類似している。

CO_2濃度の上昇と石炭，原油，天然ガスの消費とのかかわりについて考察したい。**図1.6**は太陽と地球との関係を示す。

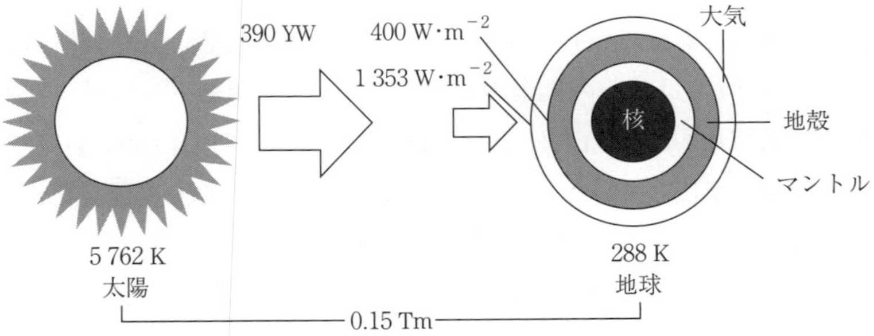
390 YW
400 W・m⁻²
1 353 W・m⁻²
大気
核
地殻
マントル
5 762 K
太陽
288 K
地球
0.15 Tm

図1.6 太陽と地球の関係

太陽の周囲軌道を公転する地球の回転半径は一定ではないが，平均的には0.15 Tmといわれている。太陽は太陽中心部で水素の核融合が起こりγ線を発しているが，太陽中心部は15 MKという高温のために電子，陽子は固定されずに飛び交っており，これらがγ線の直進を阻害するため外に放射されず，近くのガスに吸収されてX線として放出されるが，X線も電子や陽子に直進を阻害され，再びガスに吸収され放出されることを繰り返し，だんだんと波長が長い電磁波に変わり，紫外線，あるいはより波長の長い可視光線，赤外線に変わると，太陽の外側部（光球）に到達でき，太陽光として放射している。太陽から放出された直後の太陽光は，極微量のγ線，極微量のX線，約7%の紫外線（～0.4 μm），約47%の可視光線（0.4～0.7 μm），約46%の赤外線（0.7～100 μm），極微量の電波（100 μm～）等から構成されており，太陽光スペクトルを**図1.7**に示す。太陽放射のスペクトルから，太陽の黒体放射温度は約5 762 Kと見積もられている。太陽から見た地球の角直径，立体角を考慮すると太陽が放出しているエネルギーの総量は約390 YWと見積もれる。この太陽光は，地球軌道付近で約1.353 kW·m^{-2}（**太陽定数**）のエネルギーを有している。光子にして6 Zm^{-2}以上である。これが地球が獲得できる太陽光エネルギーの最大値である。年間スケールに換算すると地球が受光するエネルギーは3.34 YJ·y^{-1}である。

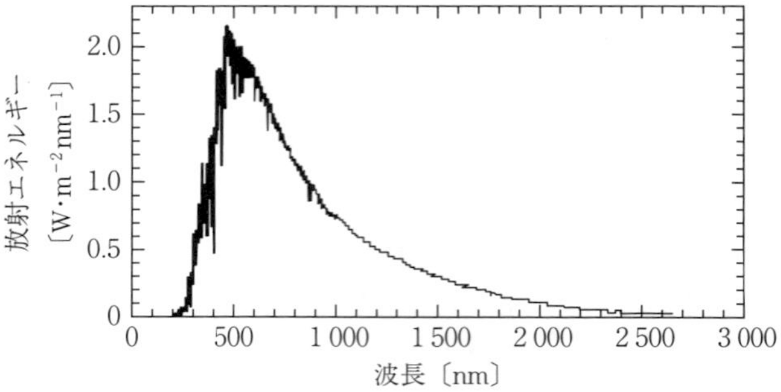
2.0
1.5
1.0
0.5
0
放射エネルギー〔W·m⁻²nm⁻¹〕
0
500
1 000
1 500
2 000
2 500
3 000
波長〔nm〕

NREL Solar spectra Air mass zeroのデータをプロット[44)]

図1.7　太陽光スペクトル（大気圏外）

地球は，核，マントルの周囲に地殻を有し地表上には大気を抱えている。太陽光のX線はほとんどが大気で遮断され，紫外線も成層圏オゾン層で90%以上がカットされ，さらに可視光線，赤外光も，大気圏中の反射，散乱，吸収作用によって40%以上減衰し地表で受け取るエネルギーは400 W·m^{-2}といわれている。波長が400～700 nmの光を光合成光量子束と呼んでいるが，正午に地表で受光する光合成光量子束密度は1 800 μmol·m^{-2}·s^{-1}程度である。大気の平均温度は288 Kである。第2次原始大気では，大気中のCO_2は火山活動によって地下から地上に噴き上げられる火山ガスが主たる生成源であった。火山ガスの6～15%がCO_2といわれている。火山ガス中のCO_2は地球規模の**炭素循環**（carbon cycle）への貢献は大きくはない。

図1.8は，地球上での炭素循環（文献35）を参照）を示す。炭素の所在を，大気，地殻，海洋，植生，土壌，有機堆積物に区分した。（a）が石炭紀，（b）が産業革命前，（c）が現在を示す。（　）内の数値は年間の炭素の移動量〔Pg·y^{-1}〕であり，1990～1999年の平均値である。石炭紀では，大気中のCO_2濃度は2 990 ppmと高く，光合成活動は活発であり高さ20～30 mの巨大なシダ植物が繁茂していた。これらの植物は大気中のCO_2を固定化しバイオマスを形成していた（図①)。海洋中にも光合成を営む藻類が繁殖し，陸上，海洋の光合成生物はやがて地中に堆積し，長い年月の中で化石となり（図②)，現在の石炭，原油，天然ガスを生成したといわれている。産業革命以前はCO_2の移動量の総和は0となっており，大気中のCO_2レベルは280 ppmで一定である。この状態を自然状態の炭素循環と呼ぶ。自然状態の炭素循環では，植生，土壌および有機堆積物は光合成によって炭素を120 Pg·y^{-1}固定し，119.6 Pg·y^{-1}呼吸で大気に放出している。正味の固定量は0.4 Pg·y^{-1}である。海洋が大気より吸収するCO_2量は70.0 Pg·y^{-1}，放出するCO_2量は70.6 Pg·y^{-1}である。現在は，自然状態の炭素循環と比べ，陸上生物圏のCO_2吸収量が炭素重量にして2.6 Pg·y^{-1}向上している。焼畑など土地利用の変化は，大気中に1.6 Pg·y^{-1}の炭素を余計に放出

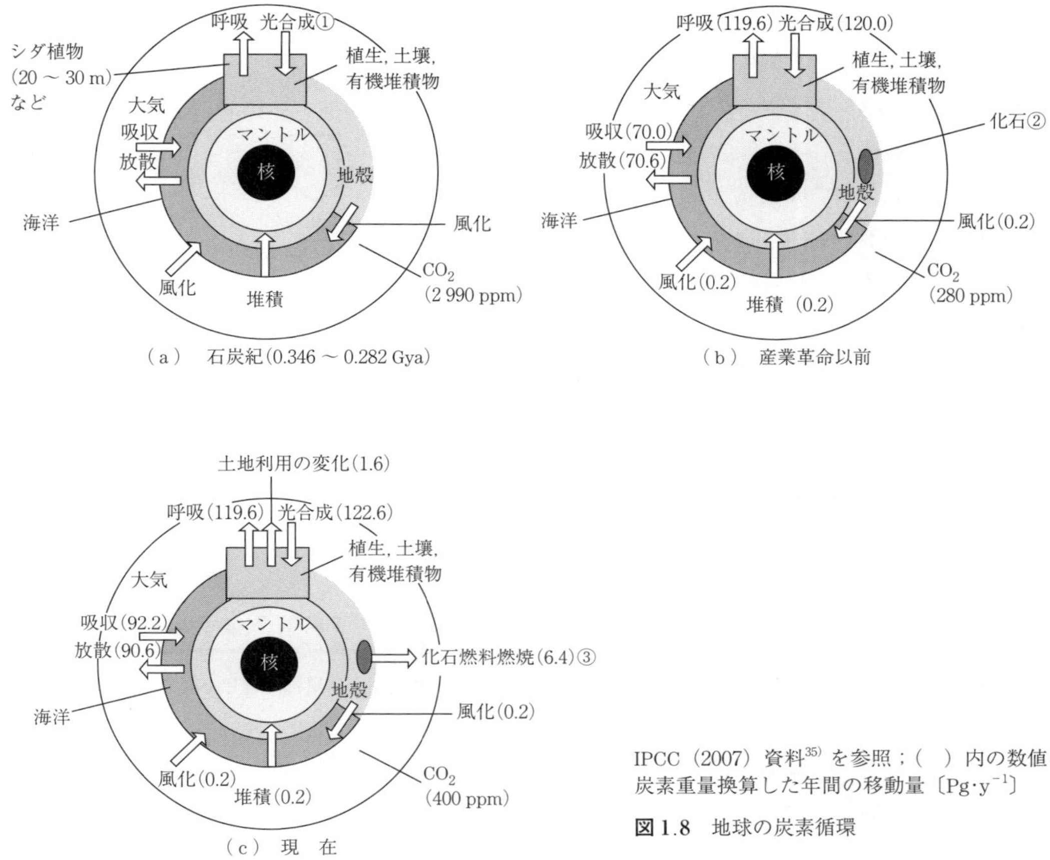

呼吸　光合成①
シダ植物
（20 ～ 30 m）
など
植生，土壌，
有機堆積物
大気
吸収
放散
マントル
核
地殻
海洋
風化
風化
堆積
CO_2
（2 990 ppm）
（a）　石炭紀（0.346 ～ 0.282 Gya）
呼吸（119.6）光合成（120.0）
植生，土壌，
有機堆積物
大気
化石②
吸収（70.0）
放散（70.6）
マントル
核
地殻
海洋
風化（0.2）
風化（0.2）
堆積　（0.2）
CO_2
（280 ppm）
（b）　産業革命以前
土地利用の変化（1.6）
呼吸（119.6）光合成（122.6）
植生，土壌，
有機堆積物
大気
吸収（92.2）
放散（90.6）
マントル
核
化石燃料燃焼（6.4）③
地殻
海洋
風化（0.2）
風化（0.2）
堆積（0.2）
CO_2
（400 ppm）
（c）　現　在

IPCC（2007）資料[35] を参照；（　）内の数値は炭素重量換算した年間の移動量〔$Pg \cdot y^{-1}$〕

図 1.8　地球の炭素循環

している。海洋の表層，深層の生物も増加し海洋の吸収量は自然状態よりも 22.2 $Pg \cdot y^{-1}$，放出量は 20.0 $Pg \cdot y^{-1}$ 増加している。陸上と海洋の生物量変化だけで収支をとると現在は，産業革命前と比べ，大気中からの炭素固定量は 3.2 $Pg \cdot y^{-1}$ 増加している。現在は図中の番号③が示すように，産業革命までは地中に蓄えられていた化石を燃料とし燃焼し，6.4 $Pg \cdot y^{-1}$ の炭素を余計に大気中に放出している。正味，3.2 $Pg \cdot y^{-1}$ の炭素が大気中に蓄積している。図①，②，③を総合すると，0.346 ～ 0.282 Gya の大気中にあった CO_2 が現在の大気中に 6.4 $Pg \cdot y^{-1}$ の速度で移動していることがわかる。2001 ～ 2010 年の 10 年間における CO_2 モル分率の年増加率は 2.04 $ppm \cdot y^{-1}$ と報告されている[40]。

1.6　持続的発展とプロセスバイオテクノロジー

図 1.9 は，地球上のバイオマス中の炭素移動過程を表している。海洋の吸収と放散，風化，化石燃料の消費，土地利用の変化は省略した。太陽から地球が受けるエネルギー（120 PW）の 0.03％である 40 TW が，地球上で**高等植物**（higher plant），**緑藻類**（green alga），藍色細菌などの光合成

1 2 3 4 5 6 7 8 9 10

で利用される。光合成生物が受光した光エネルギーは，大気環境中 CO_2 の糖化反応で化学エネルギーとして蓄積される。陸上，海洋では，光合成で成長した植物を草食性生物（herbivore；セルロース分解酵素を有する動物）が食べ，これを肉食性生物（carnivore；動物の体に起源する食物を主として摂取する動物）が捕食する。捕食・被食に従う**食物連鎖**（food chain）によって大気中 CO_2 から植物界，動物界の個体が順次，生産される。特に生きた光合成生物を食べることから始まる食物連鎖を**生食連鎖**（grazing web）という。光合成生物の枯葉，倒木等の死滅細胞，動物の糞，死体は菌類，細菌類に依って分解され，分解生成したリン，窒素，アルカリ土類金属イオンなどを含む無機化合物は，CO_2 を原料とする光合成生物の副原料として消費されたり，土壌成分として蓄積される。この食物連鎖を**腐食連鎖**（detrital web）と呼ぶ。腐食連鎖では菌類，細菌類は有機化合物を分解し含炭素化合物の一つとして CO_2 を生成し大気中に放出する。菌類，細菌類の中には，光エネルギーに依存しない CO_2 消費反応を営む生物がいる。この反応を**化学合成**（chemosynthesis）と呼ぶ。食物連鎖の中でヒトが摂取するエネルギーは 9.61 $PJ \cdot y^{-1}$ である。光合成生物の暗呼吸，草食動物，肉食動物の呼吸でも CO_2 が生成し大気中に放出される。

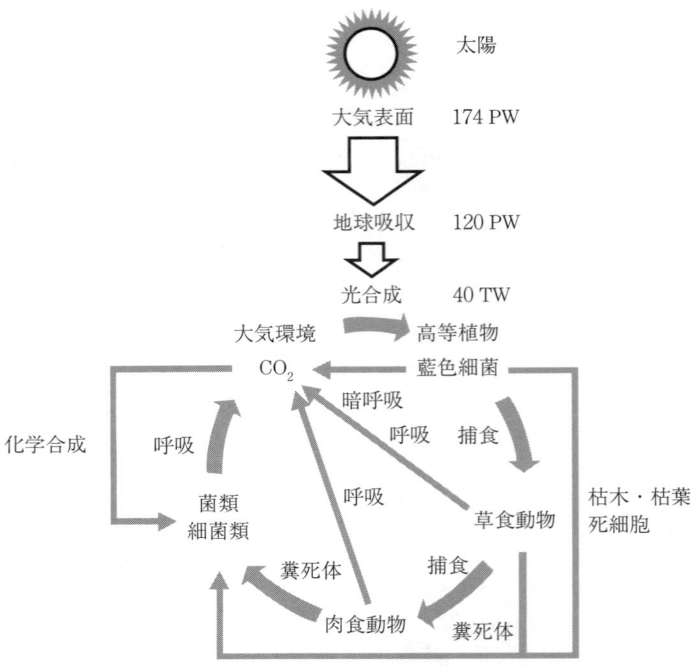
太陽
大気表面　174 PW
地球吸収　120 PW
光合成　40 TW
大気環境
CO2
高等植物
藍色細菌
暗呼吸
呼吸
捕食
化学合成
呼吸
菌類
細菌類
呼吸
草食動物
枯木・枯葉
死細胞
糞死体
捕食
肉食動物
糞死体
図 1.9　地球上の生物間相互作用に注目した炭素の移動

食物連鎖から生成される CO_2 の炭素は，食物連鎖をたどると，もともと大気中に存在した CO_2 を光合成生物が消費した反応に由来しており，正味の収支を考えると，大気中の CO_2 は減少していることがわかる。全体を駆動しているエネルギーは太陽光である。

本書は，生物材料を用いた化学プロセスプラント関連学識への貢献を意識している。生物材料と生物材料を生産するために要する原料は図 1.9 の中に描かれている。以上を概観すると，プロセスバイオテクノロジーは**カーボンニュートラル**（carbon neutral）を保証する**持続的発展**（sustainable development）基盤技術にかかわる工学体系であることがわかる。

【引用・参考文献】 †

1) Hooke R. 1665. Micrographia: or some physiological descriptions of minute bodies made by magnifying glasses with observations and inquiries thereupon. Royal Society, London.
2) Linnaeus C. 1735. Systema Naturae. Netherlands.
3) 山岸明彦ら. 2013. アストロバイオロジー, 118-131. 化学同人, 東京.
4) Hitchcock E. 1840. Elementary geology, 1st ed. Mark H. Newman & Co. , New York.
5) Darwin C. 1859. On the origin of species. John Murray. London.
6) Pasteur L. 1848. Ann Chim Phys. 24:442-459.
7) Luria SE, Delbrück M. 1943. Mutations of bacteria from virus sensitivity to virus resistance. Genetics. 28:491-511.
8) Schoenheimer R. 1942. The dynamic state of body constituents. Harvard Univ. Press, Cambridge, MA.
9) Nicolis G, Prigogine I. 1977. Self-organization in non-equilibrium systems: From dissipative structures to order through fluctuations,Wiley, New York.
10) Schrödinger E. 1944. What is life?, Cambridge Univ. Press, Cambridge. http://whatislife.stanford.edu/LoCo_files/What-is-Life.pdf
11) von Bertalanffy, KL. 1968. General system theory: Foundations, development, applications, George Braziller, New York.
12) Watson JD, Crick FHC. 1953. A structure for deoxyribose nucleic acid. Nature. 171:737-738.
13) Arrhenius SA. 1911. Das schicksal der planeten, Akademische Verlagsgesellschaft MBHLeipzig. http://upload.wikimedia.org/wikipedia/commons/b/b7/Das_Schicksal_der_Planeten.pdf
14) Miller SL 1953. A production of amino acids under possible primitive earth conditions. Science. 117:528-529.
15) Oparin AI. 1938. The origin of life, The Macmillan Co., New York.
16) Dawkins CR. 1976. The selfish gene, Oxford Univ. Press, Oxford.
17) Dyson F. 1986. Origins of life, Cambridge Univ. Press, Cambridge.
18) Cech TR, Bass BL. 1986. Biological catalysis by RNA. Ann Rev Biochem. 55:599-629.
19) Monod J. 1970. Chance and Necessity: An essay on the natural philosophy of modern biology, Vintage, London.
20) Ogata K. 1970. Modern control engineering, Printice-Hall Inc., N.J.
21) 太田口和久. 1978. 酵母菌・バクテリアの回分混合培養システムに関する基礎研究, 博士論文, 東京工業大学, 東京.
22) Cannon WB. 1932. The wisdom of the body, Norton, New York.
23) 新井賢一. 1989. 細胞内シグナル伝達機構, 秀潤社, 東京.
24) Collins FS, Patrinos A, Jordan E, Chakravarti A, Gesteland R, Walters L. 1998. New goals for the U.S. human genome project. Science. 282: 682-689.
25) Gibson DG, Glass JI, Lartigue C, Noskov VN, Chuang RY, Algire MA, Benders GA, Montague MG, Ma L, Moodie MM, Merryman C, Vashee S, Krishnakumar R, Assad-Garcia N, Andrews-Pfannkoch C, Denisova EA, Young L, Qi ZQ, Segall-Shapiro TH, Calvey CH, Parmar PP, Hutchison III CA, Smith HO, Venter JC. 2010. Creation of a bacterial cell controlled by a chemically synthesized genome. Science. 329:52-56.
26) 柳川弘志. 1990. RNA 学の進め, 講談社, 東京.

† 文献番号後の様式は American Society for Microbiology の投稿手引きに従った。

27) 丸山工作. 1994. 新しい生物学, 培風館, 東京.

28) 柳田充弘. 1995. 細胞から生命が見える, 岩波書店, 東京.

29) Woese CR, Kandler O, Wheelis ML. 1990. Towards a natural system of organisms: Proposal for the domains archaea, bacteria, and eucarya. Proceedings of the atural Academy of Sciences of the USA. 87: 4576-4579.

30) Cohen SN, Boyer HW. 1973. Process for producing biologically functional molecular chimeras. US Patent 4237224.

31) Morgan JF, Morton HJ, Parker RC. 1950. The nutrition of animal cells in tissue culture. I. Initial studies on a synthetic medium. Proc Soc Exp Biol Med. 73: 1-8.

32) Eagle H. 1959. Amino acid metabolism in mammalian cell cultures. Science. 130: 432-437.

33) Murashige T, Skoog F. 1962. A revised medium for rapid growth and bioassays with tobacco tissue cultures. Physiol Plant. 15:473-497.

34) 横浜康継. 2001:海の森の物語, 111-115, 新潮社.

35) IPCC (Intergovernmental Panel on Climate Change). 2007.Climate Change 2007: The Physical Science Basis. Working Group I Contribution to the Fourth Assessment Report of the IPCC, p.966, Cambridge University Press, Cambridge, UK, New York, NY, USA

36) Goddard Institute for Space Studies. 1999. Surface air temperature analyses, New York.

37) Scripps Institution of Oceanography. 1999. Atmospheric concentration of carbon dioxide, 1958-98.

38) CO_2Now.org. 2014. NOAA Mauna Loa CO_2 Data.
http://co2now.org/Current-CO_2/CO_2-Now/noaa-mauna-loa-co2- data.html

39) 気象庁. 2014. 世界の年平均気温.
http://www.data.kishou.go.jp/climate/cpdinfo/temp/an_wld.html

40) Hanse J, Sato M, Ruety R. 2012.Global temperature update through 2012.
http://www.nasa.gov/pdf/719139main_2012_GISTEMP_summary.pdf

41) Arrhenius S. 1896. On the influence of carbonic acid in the air upon the temperature of the ground. Phil Magazine and J of Sci. 41: 237-276.
http://www.rsc.org/images/Arrhenius1896_tcm18-173546.pdf

42) Milankovitch M. 1920. Theorie mathematique des phenomenes thermiques produits par la Radiation Solaire, Gauthier-Villars Paris.

43) Loomis DP, Burbank DW. 1988. The stratigraphic evolution of the El Paso Basin, Southern California; implica tions for the Miocene development of the Garlock Fault and uplift of the Sierra Nevada. Geological Soc of America Bulletin. 100: 12-28.

44) NREL (National Renewable Energy Laboratory). 2013. Solar spectra.
http://rredc.nrel.gov/solar/spectra/

2. 生物科学の基礎

2.1 細胞：生物の構成単位

生物体を構成する基本単位である細胞は，**細胞膜**（cell membrane；形質膜）に覆われ，外部環境から隔離されている（**図 2.1**）。細胞膜は，厚さ 5 nm 程度の**リン脂質**（phospholipid）の二重層から成り，リン脂質のリンを含む親水性部位（頭部）の一方は外部環境，他の一方は細胞内の水溶性内容物に面している。頭部は荷電しており極性のある水分子と結合している。リン脂質の長い非極性部位（尾部）は，他の非極性部位と結合している。膜脂質にはタンパク質および他の分子が点在している。膜脂質タンパク質分子は，酵素，物質の運搬体，受容体，抗原，イオンチャンネルとして機能する。このため，細胞膜は，細胞を外界から区別しているだけでなく，栄養成分の摂取，イオン透過，生理活性物質の分泌，食作用，抗原性にとって重要な役割を担っている。細胞は，内部に自己再生機能を備えた遺伝情報とその発現機構を有する生命体である。単細胞生物では，細胞は個体と同義であるが，多細胞生物では，細胞は組織の構成単位を意味している。

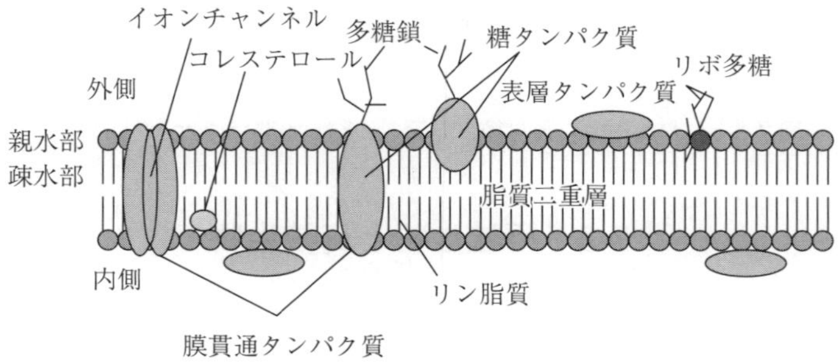
イオンチャンネル
多糖鎖
糖タンパク質
コレステロール
リポ多糖
外側
表層タンパク質
親水部
疎水部
脂質二重層
内側
リン脂質
膜貫通タンパク質

図 2.1 細胞膜

図 2.2 は，細胞の大きさ，および分子，細胞内小器官の大きさを示す。細胞の容積 v は，0.012 6 μm^3 ～ 22 400 mm^3 程度であることがわかる。本書では，細胞容積を**細胞径**（cell size）と呼ぶ。図中のゾウリムシは，目を凝らせば肉眼でも見える大きさである。**マイコプラズマ**（mycoplasma）は，既知生物の中では最も小さい微生物である。**ウィルス**（virus），ファージは RNA または DNA をゲノムとして有し，宿主細胞内でのみ複製する分子であり，それ自身は細胞ではない。図中，ラムダファージの上位に掲載された項目は，分子を指している。

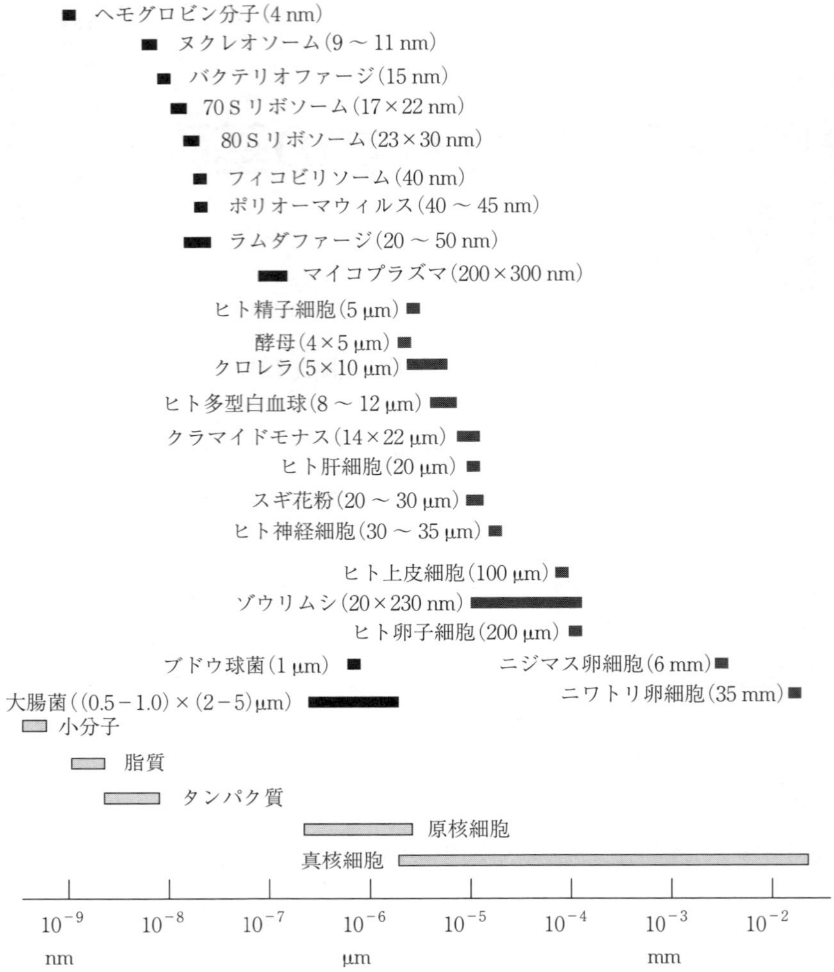
ヘモグロビン分子(4 nm)
ヌクレオソーム(9 ～ 11 nm)
バクテリオファージ(15 nm)
70 S リボソーム(17×22 nm)
80 S リボソーム(23×30 nm)
フィコビリソーム(40 nm)
ポリオーマウィルス(40 ～ 45 nm)
ラムダファージ(20 ～ 50 nm)
マイコプラズマ(200×300 nm)
ヒト精子細胞(5 μm)
酵母(4×5 μm)
クロレラ(5×10 μm)
ヒト多型白血球(8 ～ 12 μm)
クラマイドモナス(14×22 μm)
ヒト肝細胞(20 μm)
スギ花粉(20 ～ 30 μm)
ヒト神経細胞(30 ～ 35 μm)
ヒト上皮細胞(100 μm)
ゾウリムシ(20×230 nm)
ヒト卵子細胞(200 μm)
ブドウ球菌(1 μm)
ニジマス卵細胞(6 mm)
ニワトリ卵細胞(35 mm)
大腸菌((0.5－1.0)×(2－5)μm)
小分子
脂質
タンパク質
原核細胞
真核細胞
10^-9
10^-8
10^-7
10^-6
10^-5
10^-4
10^-3
10^-2
nm
μm
mm

図 2.2　おもな生物の細胞径（分子，細胞内小器官の大きさも併記）

2.2　原核生物と真核生物

生物界の三つのドメイン（古細菌，真正細菌，真核生物）の中で古細菌と真正細菌を一括して**原核生物**と呼ぶ。原核生物は**細胞核**（nucleus）を持たない生物（**図 2.3**），真核生物は細胞核を有する細胞を指している（**表 2.1**）。真正細菌とは，細菌類，藍色細菌類を指している。古細菌としては，メタン菌が著名である。真核生物には，**菌**

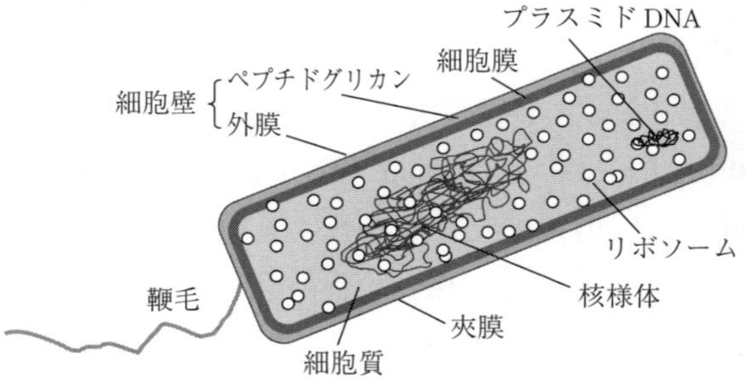
プラスミド DNA
細胞膜
細胞壁
ペプチドグリカン
外膜
リボソーム
核様体
鞭毛
夾膜
細胞質

図 2.3　原核生物

表 2.1　原核生物と真核生物の特徴点

	原核生物		真核生物
	真正細菌	古細菌	
核	なし	なし	あり
DNA	環状	環状	線状
翻訳開始アミノ酸	フォルミルメチオニン	メチオニン	メチオニン
リボソーム	70 S	70 S	80 S
細胞壁	*N*-アセチルムラミン酸を含む	*N*-アセチルムラミン酸を含まない	
例	細菌類，藍色細菌類	メタン菌	菌類，藻類，高等植物，原生動物，動物

類（fungi），藻類，高等植物，**原生動物**（protozoa），**動物**（animal）が含まれる。これら生物細胞の顕微鏡写真は，インターネット上に公開されており，菌名で検索すれば容易にアクセスできる。学術書にも掲載されている。参照いただきたい。原核生物，真核生物全般にわたり，細胞は遺伝情報の担体として DNA を有している。原核生物 DNA は環状，真核生物 DNA は線状である。

原核生物では，細胞膜内の**細胞質**（cytoplasm）はほとんどが水であり，イオン，低分子成分，可溶性タンパク質を含んでいる。細胞質は半透膜の機能を有する細胞膜に囲まれている。細胞の最外部を覆う膜を**細胞壁**（cell wall）という。細胞壁は真正細菌の場合，**ペプチドグリカン**（peptidoglycan）および外膜から成っている。ペプチドグリカンは，*N*-アセチルムラミン酸または *N*-グリコリルムラミン酸，D-アミノ酸を含み，細胞壁の機械的強度を保つ主成分として細胞内の浸透圧を支えている。古細菌の場合，*N*-アセチルムラミン酸を含まない。原核細胞ゲノム DNA は，細胞内集積部位である**核様体**（nucleoid）として存在する。原核生物では，**プラスミド**（plasmid）DNA を保持する場合もある。プラスミド DNA とは，分子量が核様体と比べて小さく，染色体とは物理的に独立して自己複製し，安定に遺伝することのできる染色体外遺伝因子である。細胞質内物質は動的に流動しているが，タンパク質は 1 min 以内で細胞質内全域を動き回り細胞質に含まれる 10 k 種以上の物質と接触している。古細菌と真正細菌は，mRNA からタンパク質への翻訳開始アミノ酸が古細菌ではメチオニンであるのに対し，真正細菌ではフォルミルメチオニンである点で識別される。タンパク質合成の場として機能するリボ核タンパク質粒子は，RNA，タンパク質の複合体で**リボソーム**（ribosome）と呼ばれる。原核生物リボソームは，17×22 nm の大きさで 70 S（S は分子量相当の単位，9 章参照）リボソーム（分子量，2.7 M）と呼ばれる。細菌の多くは大きさが 0.5 ～ 2 μm，単細胞または単純な細胞集合体となっている。増殖は通常均等な 2 分裂による。中には不均等分裂，発芽をするものもいる。大部分が化学栄養性である。藍色細菌は，単細胞または繊維状の細胞連鎖体を形成，光化学系 I，II を持ち，酸素発生型の光合成を行う生物である。古細菌は，原核生物であるが，いくつかの RNA やタンパク質の 1 次配列に真核生物のものと相同性が見られ真核生物の祖先といわれている。

真核生物細胞質内では膜系が発達し，**核**（nucleus），**滑面小胞体**（smooth-surfaced endoplasmic reticulum），**粗面小胞体**（rough-surfaced endoplasmic reticulum），**ゴルジ体**（Golgi body），**リソソーム**（lysosome），**液胞**（vacuole），**ペルオキシゾーム**（peroxisome），**ミトコンドリア**（mitochondrion），**葉緑体**（chloroplast），**微小管**（microtubule）などの**細胞小器官**（organelle）を有している。核，ミトコンドリア，葉緑体には，DNAが存在している。真核生物DNAは，線状である。核膜によって仕切られた核構造を核という。核膜は，脂質二重膜である。核では，遺伝情報を有するゲノムDNAがヒストンなどのタンパク質とともに染色糸体構造を成している。染色糸は不鮮明な状態で存在するが，細胞分裂のときに集まり，棒状となる。真核生物ではDNAがヒストンに巻き付くように折り畳まれ染色体を形成している。翻訳開始アミノ酸は，古細菌と同様，メチオニンである。真核生物リボソームは，23×30 nmの大きさで80 Sリボソーム（分子量，4.5 M）と呼ばれる。核には**核小体**（nucleolus）が1～2個あり，染色体の働きに関係し，リボソームRNAの合成とリボソームの組立てを行っている。細胞分裂時には染色糸は染色体となり有糸分裂を行う。出芽酵母の場合，分裂した回数が刻み込まれた**出芽痕**（bud scar）を有す。核と細胞質間の物質輸送は，核膜に空いた多くの核膜孔を通して行われる。核膜の外膜とつながり，一重の生体膜を有し，板状または網状の膜系を小胞体と呼ぶ。小胞体の中でリボソームが付着していない網目状の小胞体を滑面小胞体という。滑面小胞体は，**トリグリセリド**（triglyceride），**コレステロール**（cholesterol），**ステロイドホルモン**（steroid hormone）などの脂質合成，Ca^{2+}の貯蔵を担っている。リボソームが付着した小胞体は粗面小胞体と呼ばれる。粗面小胞体は核膜の外膜と連続している。分泌タンパク質，膜タンパク質，リソソーム酵素は粗面小胞体で生合成される。ゴルジ体は，扁平な嚢状の重層した小器官である。合成した物質を細胞外に出す役割を担っている。ミトコンドリアは，固有のミトコンドリアDNA（mtDNA），ミトコンドリアリボソーム，tRNAなどがそろっており，半独立の増殖系を形成している。mtDNAは環状二本鎖DNAである。ミトコンドリアリボソームRNAは12Sと16Sから成っている。ミトコンドリアには呼吸関係酵素が含まれ，有機物の酸化によるエネルギーを用い，ATPを合成する酸化的リン酸化を行っている。長さ0.5～1 μmである。リソソームは，1枚のリン脂質二重膜で包まれた小胞で加水分解酵素を含んでおり，異物消化，自己消化，生理活性物質の制御，細胞外物質の分解などを担っている。真核生物細胞は，細胞膜の突出，陥入による小胞を介して細胞外の物質を摂取することがあるが，この摂取機構は，**エンドサイトーシス**（endocytosis）と呼ばれる。液胞は，細胞液で満たされている。その中に，**リン酸顆粒**（phosphate granules），細胞質の中に**脂質顆粒**（lipid granule）が認められることがある。酵素があり分解反応を行っている。

高等植物の場合，葉緑体が特徴的である（**図2.4**）。光合成の全過程は葉緑体で行われる。高等植物の葉緑体は，直径約5 μm，厚さ2 μmの円盤状で，細胞当り数十個含まれている。ただし，コケの葉緑体は細胞当り1個である。葉緑体は全体が**包膜**（envelope）という2層の膜で覆われ，その中には水溶性の**ストロマ**（stroma）および内膜系の**チラコイド**（thylakoid）がある。チラコイドは厚さ5 nmの膜からなる扁平な袋状の小胞であり葉緑体内膜の単位構造を示し，グラナと呼ばれる層状構造をとることが多い。葉緑体には環状の葉緑体DNA，mRNA，tRNA，リボソーム（70

S）がある。70 S リボソームを有することより葉緑体タンパク質合成は原核生物型といわれている。高等植物細胞は，細胞壁に囲まれている。木部細胞の細胞壁は，**セルロース**（cellulose），**ヘミセルロース**（hemicellurose），**リグニン**（lignin）から構成されている。セルロース，ヘミセルロース，リグニンの割合は，広葉樹では 40 ～ 50 %，25 ～ 40 %，20 ～ 25 %，針葉樹では 40 ～ 50 %，25 ～ 30 %，25 ～ 35 %である。

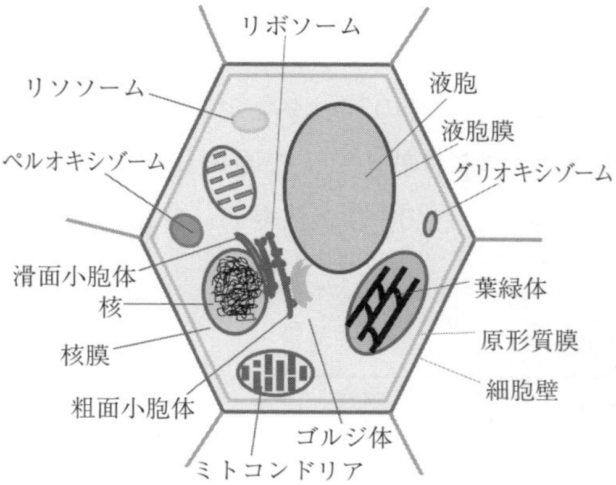
リボソーム
リソソーム
液胞
液胞膜
ペルオキシゾーム
グリオキシゾーム
滑面小胞体
核
葉緑体
原形質膜
核膜
細胞壁
粗面小胞体
ゴルジ体
ミトコンドリア

図 2.4　植物細胞

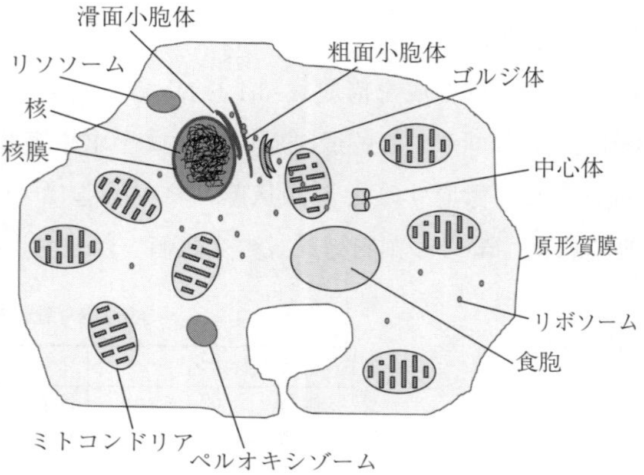
滑面小胞体
粗面小胞体
リソソーム
ゴルジ体
核
核膜
中心体
原形質膜
リボソーム
食胞
ミトコンドリア
ペルオキシゾーム

図 2.5　動物細胞

動物細胞は，細胞壁を有せず，細胞膜は外界に対してむき出し状態となっている（**図 2.5**）。白血球，網膜内皮系，原生動物などの細胞では，細胞の食作用によって小胞状の構造を有する**食胞**（phagosome）が形成される。大きさはサブミクロン粒子を食する場合は当該粒子径以上，組織球では 1 μm，赤血球を食する脾臓の大食細胞では 8 μm 程度といわれている。

2.3　細 胞 の 構 成

2.3.1　細胞構成元素

細胞を構成する上で必要な元素を**生元素**（bioelement）という。2012 年現在，周期表には 118 個の元素が記載され，地球上には約 90 個の元素が存在しているが，生元素は 30 ～ 40 個である。**表 2.2** は，真正細菌の大腸菌[1)]（*Escherichia coli*），真核生物のヒトおよびウマゴヤシ[2)] の細胞構成素材（乾燥状態）の元素分析結果を示している。主成分は，炭素（C），酸素（O），窒素（N），水素（H）であり，大腸菌ではこれらの元素の総和は全体の質量の 92 %を占めている。宇宙に存在する元素の量は，He，H，O，C，N の順であるが，これから He を除くと細胞構成素材の主成分 4

表 2.2　細胞の元素分析結果（単位：wt%）

生物種 ＼ 元素	C	O	N	H	P	S	K	Na	Ca	Mg	Cl
大腸菌	50	20	14	8	3	1	1	1	0.5	0.5	0.5
ヒト	48.5	23.7	12.9	6.6	1.58	1.60	0.55	0.65	3.45	0.16	0.45
ウマゴヤシ（開花時）	45.4	41.0	3.3	5.54	0.28	0.44	0.91	0.16	2.31	0.33	0.28

元素と一致する。4元素に続いて，細胞には，リン（P），イオウ（S），カリウム（K），ナトリウム（Na），カルシウム（Ca），マグネシウム（Mg），塩素（Cl），鉄（Fe）が含まれている。細胞の生元素の組成は，海水の元素組成と類似しており，海水中で初期の進化が行われたとする見方の根拠となっている。表2.2には掲示されていないが，鉄（Fe），モリブデン（Mo），亜鉛（Zn），銅（Cu），マンガン（Mn），バナジウム（Va），コバルト（Co）は，細胞にとって微量ではあるが必須な元素であり，**微量元素**（trace element）と呼ばれている。微量元素は，酵素の活性中心に関与することが多い。

細胞の元素組成を構成式 $CH_mO_nN_p$ で表現することがある。表2.2のデータを用い大腸菌，ヒト細胞，ウマゴヤシの乾燥細胞の構成式を求め**表2.3**に示す。湿潤状態のヒト細胞の66 %は水である。これを考慮すると湿潤状態のヒト細胞は，$CH_{1.63}O_{0.366}N_{0.228}\cdot 2.46H_2O$ と表せる。表2.3には，他の細菌，酵母の細胞構成式の文献値[3]も引用した。

表2.3　乾燥細胞の構成式

生物名	細胞構成式	原料成分
大腸菌	$CH_{1.92}O_{0.3}N_{0.24}$	
ヒト細胞	$CH_{1.63}O_{0.366}N_{0.22}$	
ウマゴヤシ	$CH_{1.46}O_{0.677}N_{0.0623}$	
Aerobacter aerogenes	$CH_{1.78}O_{0.24}N_{0.33}$	
Klebsiella aerogenes	$CH_{1.74}O_{0.22}N_{0.43}$	グリセロール
K.aerogenes	$CH_{1.73}O_{0.24}N_{0.43}$	グリセロール
酵母	$CH_{1.66}O_{0.13}N_{0.40}$	
酵母	$CH_{1.75}O_{0.15}N_{0.5}$	
酵母	$CH_{1.64}O_{0.16}N_{0.52}P_{0.01}S_{0.005}$	
Candida utilis	$CH_{1.82}O_{0.19}N_{0.47}$	グルコース
C.utilis	$CH_{1.84}O_{0.2}N_{0.56}$	グルコース
C.utilis	$CH_{1.82}O_{0.19}N_{0.46}$	エタノール
C.utilis	$CH_{1.84}O_{0.2}N_{0.55}$	エタノール

2.3.2　細胞構成有機化合物

湿潤状態，乾燥状態の生細胞内物質組成を**表2.4**に示す。水分含量は，66～77.6 %である。水分含量の代表値として75 %を記述する文献もある。**単糖**（monosacharide）を構成成分とする有機化合物を**糖質**（saccharides），あるいは**炭水化物**（carbohydrate）という。乾燥細胞に注目すると，植物細胞以外の細菌，動物細胞ではタンパク質含量が最も高く50～69.2 %である。一方，植物細胞では炭水化物含量が最も高く78 %を占めている。

〔1〕 **単糖，糖質**　　糖質は，単糖類，**二糖類**（disaccharide）（**図2.6**），**多糖類**（polysaccharide）（**図2.7**）に分類され，多くは分子式が $C_mH_{2n}O_n$ で表記できる。糖質のエネルギー保有量は16.7 $kJ\cdot g^{-1}$ である。主として植物の光合成で生成し，生物の骨格形成，貯蔵，代謝に使用される。細胞内の単糖類はリン酸化されたり，高分子化されて存在する。単糖分子が複数個脱水縮合しグリコシド結合でつながり1分子となった糖を多糖という。2分子から成る場合，二糖と呼ぶ。

多糖のデンプンは，グルコース分子が α-グルコシド結合した天然高分子であり，種子，球根に

表 2.4　細胞の物質組成（単位：$g\cdot g^{-1}$－DW，DW は乾燥質量）

成　分		水	タンパク質	核酸	糖質	脂質	無機物
大腸菌	湿潤	0.70	0.15	0.07	0.04	0.03	0.01
	乾燥	0	0.50	0.23	0.133	0.1	0.033 3
ウニ（卵）	湿潤	0.776	0.155	0.000 4	0.015	0.049	0.004
	乾燥	0	0.692	0.001 79	0.067 0	0.219	0.017 9
トウモロコシ（個体全体）	湿潤	0.695	0.038	0.000 1	0.238	0.021	0.007
	乾燥	0	0.125	0.000 328	0.780	0.068 9	0.023 0
ハツカネズミ（肝臓）	湿潤	0.68	0.21	0.012	0.038	0.056	0.004
	乾燥	0	0.656	0.037 5	0.119	0.175	0.012 5
ヒト	湿潤	0.66	0.16	trace	0.004	0.13	0.044
	乾燥	0	0.471	trace	0.011 8	0.382	0.129

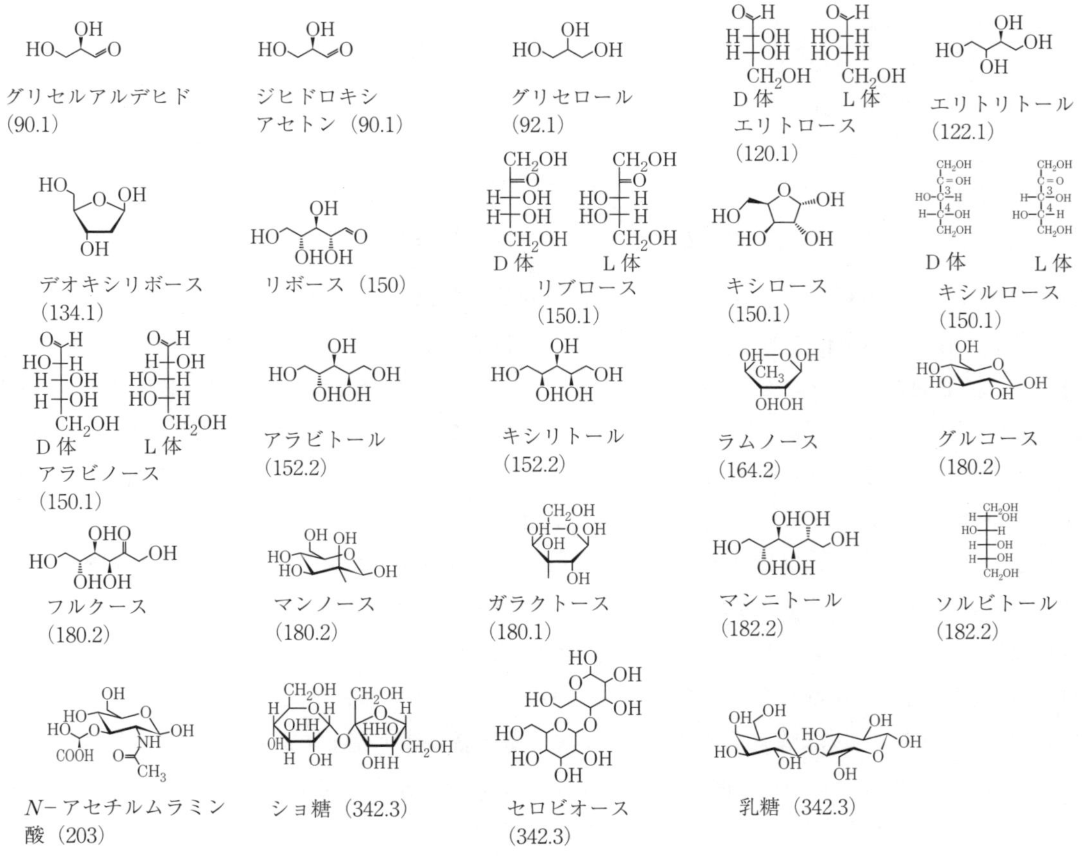
グリセルアルデヒド (90.1)
ジヒドロキシアセトン (90.1)
グリセロール (92.1)
D 体　L 体
エリトロース (120.1)
エリトリトール (122.1)
デオキシリボース (134.1)
リボース (150)
D 体　L 体
リブロース (150.1)
キシロース (150.1)
D 体　L 体
キシルロース (150.1)
D 体　L 体
アラビノース (150.1)
アラビトール (152.2)
キシリトール (152.2)
ラムノース (164.2)
グルコース (180.2)
フルクース (180.2)
マンノース (180.2)
ガラクトース (180.1)
マンニトール (182.2)
ソルビトール (182.2)
N－アセチルムラミン酸 (203)
ショ糖 (342.3)
セロビオース (342.3)
乳糖 (342.3)

図 2.6　単糖類，二糖類（（　）内は分子量）

多く含まれている。藍色細菌の細胞内にも蓄積され，ラン藻デンプンとして活用されている[4]。デンプンは，アミロース，アミロペクチンに分けられる。アミロースは，グルコースが α-1,4-グリコシド結合し直鎖状に縮合重合した多糖でデンプン中に 20 ～ 25 %含まれている。アミロペクチン

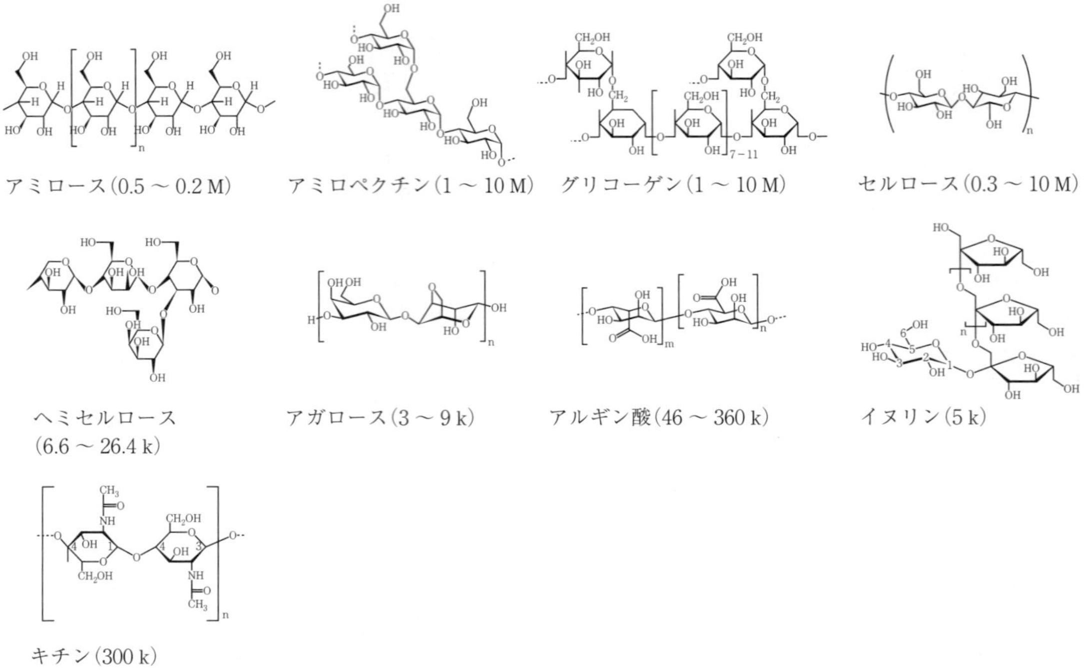
アミロース(0.5 ～ 0.2 M)
アミロペクチン(1 ～ 10 M)
グリコーゲン(1 ～ 10 M)
セルロース(0.3 ～ 10 M)
ヘミセルロース
(6.6 ～ 26.4 k)
アガロース(3 ～ 9 k)
アルギン酸(46 ～ 360 k)
イヌリン(5 k)
キチン(300 k)

図 2.7　多糖類（(　) 内は分子量）

は，アミロースの直鎖状分子が α-1,6-グリコシド結合で分枝した多糖である。グリコーゲンは動物個体内に存在する多糖で構造はアミロペクチンに似ている。分枝が多いために分子全体としては球状である。動物デンプンとも呼ばれている。貯蔵多糖として知られ，グルコース残基が 6 ～ 60 k 含まれている。ヒト肝臓には 100 g グリコーゲンが含まれている。貯蔵エネルギーは 2.51 MJ である。セルロースは，分子式 $(C_6H_{10}O_5)_n$ で表される。β-グルコース分子がグリコシド結合により直鎖状に重合した多糖であり，地球上で最も多く存在する糖質である。木綿，綿のセルロースの重合度は 2 ～ 3 k である。自然状態においてはヘミセルロースやリグニンと結合して存在するが，綿はそのほとんどがセルロースである。ヘミセルロースは水に対して不溶性の多糖類である。ペントースのキシラン，マンナン，グルコマンナン，グルクロノキシランなどを構成糖としている。アガロースは紅藻類，寒天の主成分であり，1 → 3 結合 β-D-ガラクトースと 1 → 4 結合 3,6-アンヒドロ-α-L-ガラクトースの交互結合から成っている。分子量は 3 ～ 50 k である。アルギン酸をは褐藻に含まれ，真正細菌の空中窒素固定菌 *Azotobacter vinelandii* も分泌生産する[5)]。構成糖は，β-D-マンヌロン酸（M）とその C-5 エピマーである α-L-グルロン酸（G）である。これらはカルボキシル基を有する単糖で（1-4）-結合し直線状の多糖を構築している。MG が交互に結合したアルギン酸が最も柔軟性に富む。GG ブロックは固い。イヌリンは植物が生成するフルクトースの重合体で，植物中では 2 ～ 140 個のフルクトースがグルコシド結合している。キク科，ユリ科の植物は球根に栄養源を貯蔵する際にイヌリンを利用している。キチンは昆虫類の表皮の存在する直鎖状の含窒素多糖高分子であり，ポリ-β1-4-*N*-アセチルグルコサミンを指している。*N*-アセチルグルコサミンだけでなく，グルコサミンをも構成成分とする多糖であり，*N*-アセチルグルコサミンとグルコサミンの比はおよそ9：1といわれている。乾燥細胞単位質量に含まれているグルコサミンの物質量は，培養条件が一定であれば不変量であるため，固体培養時の菌体濃度を計測する手段としてグルコサミンが分析されている[6]。大腸菌乾燥細胞当たり13.3％が糖質であり（表2.4），糖質分子量を約200 kとすると，細胞当り多糖は，約1.04 M分子含まれると見積もれる。

糖アルコール（sugar alcohol）は，アルドース，ケトースのカルボニル基が還元され生成する糖誘導体である。甘味がある反面，小腸から体内への吸収性がよくないためダイエット甘味料として注目されている物質が多い。エリスリトール，マンニトール，ソルビトール，アラビトール，キシリトールなどが糖アルコールである。従来は，高等植物，菌類から抽出されていたが，好浸透圧性酵母 *Kluyveromyces lactis* を用いて乳糖からアラビトールを獲得しする方法[7]が開発されている。乳糖由来のアラビトールに酢酸菌 *Gluconobacter oxydanns*，酵母 *Candida shehatae* を順次作用させキシリトールが反応器内で合成されている[8]。

〔2〕 **脂　質**　**脂肪酸**（fatty acid）は，長鎖炭化水素の1価カルボン酸である。脂肪酸はグリセリンをエステル化し油脂を構成する。一般式は，C_nH_mCOOH である。炭素数，炭素鎖中の二重結合数を n，d とし，C n:d と表記することがある。二重結合数 d は**不飽和度**（unsaturation index）と呼ばれる。C 16：0はパルミチン酸，C 16：1はパルミトレイン酸，C 18：0はステアリン酸，C 18：1(9)はリノール酸，C 18：2(9,12,15)はα-リノレン酸，C 18：2(6,9,12)はγ-リノレン酸を指している。（　）内の数字は二重結合位置を示し，例えばC 18：1(9)は $CH_3-(CH_2)_3(CH_2CH=CH)_2(CH_2)_7-COOH$ を表している。不飽和度が0の脂肪酸は**飽和脂肪酸**（saturated fatty acid）と呼ばれ，不飽和度が0以外の脂肪酸は**不飽和脂肪酸**（unsaturated fatty acid）と呼ばれる。細胞膜中の不飽和脂肪酸含量を高めると膜の流動性が高まる。酵母 *Saccharomyces cerevisiae* をシロイヌナズナ *Arabidopsis thaliana* 由来の脂肪酸不飽和化酵素遺伝子で形質転換すると酵母のエタノール耐性が向上することが報告されている[9,10]。温泉藻 *Cyanidium caldarium* を用い CO_2 からα-リノレン酸が反応器内で生成されている[11]。

脂質（lipid）は，水に不溶であるが有機溶媒に溶ける生体成分を指している。分子中に長鎖脂肪酸，または類似した炭化水素鎖を有し，細胞内に存在するか細胞に由来するような物質の総称である。脂質を**脂肪**（fat, triacylglycerol, TG）と**リポイド**（lipoid）に分類することがある。脂肪とは，脂肪酸とグリセロールのエステルであり，生体内では脂質の95％を占めている。ヒトでは，脂肪組織，血漿に分布している。エネルギー物質であり必須脂肪酸を提供，脂溶性ビタミン吸収促進を担っている。リポイドとはコレステロール，コレステロールエステル（CE），**リン脂質**（PL），**スフィンゴリン脂質**を指している。生体内では脂質の5％を占めている。ヒトでは，生体膜，神経，血漿に分布している。生体膜の構造と機能を維持している。コレステロールからは，ステロイドホルモン，ビタミンD，胆汁酸が生成する。脂肪とリポイドは血漿リポタンパク質の構成成分となっている。

アルコールと脂肪酸のみがエステル結合したものを単純脂質という。特にアルコールとしてグリセロールを有するものをグリセリドという。長鎖アルコールと高級脂肪酸とのエステルを蝋という。蝋は単純脂質である。分子の中にリン酸，糖を含む脂質を複合脂質という。リン脂質，糖脂質，リボタンパク質，スルホ脂質などがある。単純脂質，複合脂質から加水分解されて生成する化合物を誘導脂質とよぶ。脂肪酸，テルペノイド，ステロイド，カロチノイドが代表例である。テルペノイドは，5炭素化合物イソプレンユニットを構成単位としている。ステロイドは，シクロペンタヒドロフェナントレンを基本骨格とし，一部またはすべての炭素が水素化された化合物である。C-10とC-13にメチル基，C-17にアルキル基を有している。コレステロールはステロイドの1種である。カロテノイドは，動植物界を通じて広範囲に分布する黄色または橙色，紅色の色素の総称である。$C_{40}H_{56}$の基本構造を有する化合物の誘導体である。C，Hだけでできている分子はカロテン類，それ以外の元素を含む分子はキサントフィル類と呼ばれる。プロセスバイオテクノロジーを駆使しサバ腸内細菌エイコサペンタエン酸（EPA）[12]が生産されている。

〔3〕 塩基，ヌクレオシド，ヌクレオチド，核酸

〔a〕 核 酸 塩 基　　塩基とは，酸と対になって働く物質を指す。プロトン（H^+）を受け取ったり，電子対を与えたりする化学種である。核酸化学分野では，DNA，RNAの化学構造の要素となっている窒素を含む複素環式化合物を塩基（核酸塩基）と呼ぶ。核酸塩基のアデニン（A），グアニン（G）は**プリン塩基**（purine base），チミン（T），シトシン（C），ウラシル（U）は**ピリミジン塩基**（pyrimidine base）と呼ばれる（**表2.5**）。

表2.5　プリン塩基とピリミジン塩基

塩基	略号			分子量	塩基	略号			分子量
アデニン	A	プリン塩基	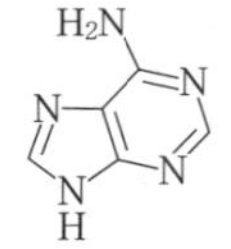H2N N N N N H	135.1	チミン	T	ピリミジン塩基	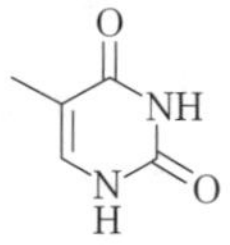O NH N H O	126.1
グアニン	G		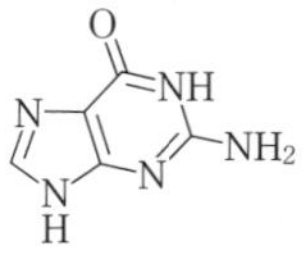O NH N NH2 N N H	151.1	シトシン	C		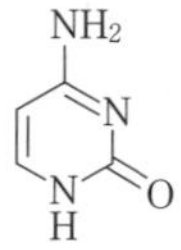NH2 N N H O	111.1
					ウラシル	U		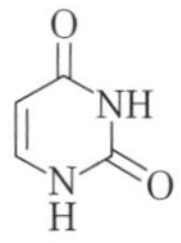O NH N H O	112.1

〔b〕 ヌクレオシド　　デオキシリボース，リボースなどのペントースの1位にプリン塩基，ピリミジン塩基がグリコシド結合した化合物を**ヌクレオシド**（nucleoside）という。デオキシリボース，リボースを構成糖とするヌクレオシドをそれぞれデオキリボヌクレオシド，リボヌクレオシドという。**図2.8**の一番左の矢印は，アデニンを例にとり，核酸塩基に糖が結合し，ヌクレオシドが生成する過程を示す。デオキシリボースが結合すればデオキシアデノシン，リボースが結合す

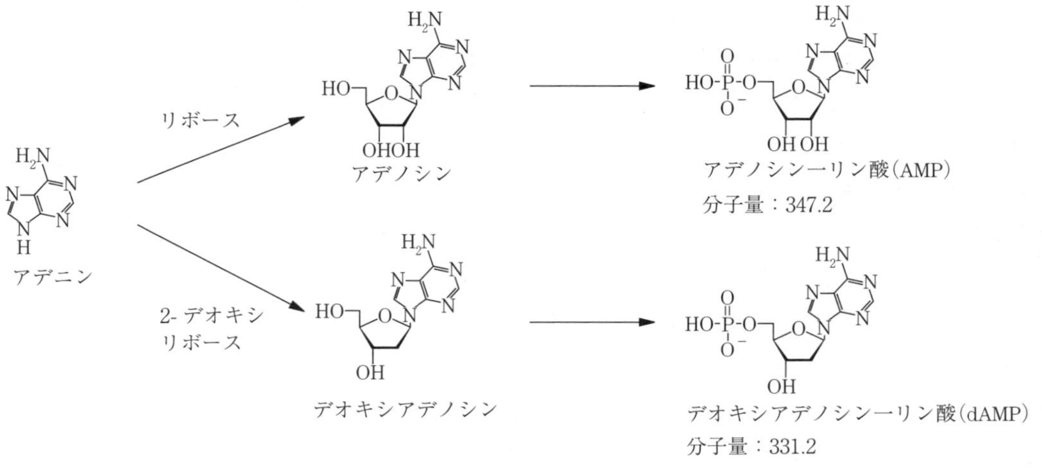
リボース
2-デオキシ
リボース
アデニン
アデノシン
デオキシアデノシン
アデノシン一リン酸(AMP)
分子量：347.2
デオキシアデノシン一リン酸(dAMP)
分子量：331.2

図 2.8　アデニンから生成するヌクレオシド，ヌクレオチド

ればアデノシンが生成する。

〔**c**〕 **ヌクレオチド**　ヌクレオシドがリン酸と結合した化合物を**ヌクレオチド**（nucleotide）という。塩基としてアデニンを例にとり図 2.6 の左から二番目の矢印を見る。デオキシアデノシンがリン酸化するとデオキシアデノシン一リン酸（dAMP）が生成し，アデノシンがリン酸化するとアデノシン一リン酸（AMP）が生成する。AMP はアデニル酸とも呼ばれている。

図 2.9 に示すように，デオキシアデノシン一リン酸 dAMP 上のアデニンとチミジン一リン酸 dTMP 上のチミンは 2 本の水素結合を形成する。同じように dAMP 上のアデニンとウリジン一リン酸上のウリジンも 2 本の水素結合を形成する。2 デオキシグアノシン一リン酸 dGMP 上のグアニンとデオキシシチジン一リン酸 dCMP 上のシトシンは 3 本の水素結合を形成する。これらを相補的水素結合という。塩基の A と T（U），G と C が相補的水素結合でつながれた状態を塩基対（base pair, bp）と呼び，AT（U）対，GC 対と名付ける。GC 対は，3 本の水素結合を有するため，2 本の水素結合を有する AT 対よりも熱的に安定である。この相補的関係は Watson と Crick が発見した規則であり，Watson・Crick 型塩基対と呼ばれている。

〔**d**〕 **核　　酸**　核酸は，塩基，ペントース，リン酸から成るヌクレオチドが基本単位となり，リン酸エステル結合で鎖状となったポリヌクレオチドである。ペントースの 1′位には塩基

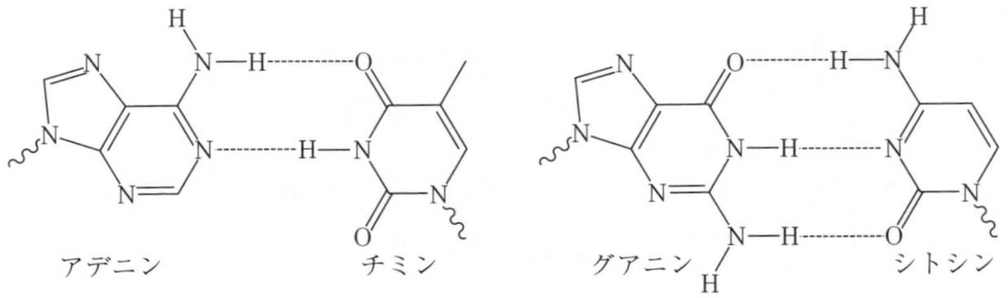
アデニン
チミン
グアニン
シトシン

図 2.9　塩基対

が結合している。ペントースの2′位が水素基である場合をDNA，水酸基である場合をRNAと称する。DNAは，遺伝情報を担う物質となっている。RNAは2′位が水酸基であるため，加水分解を受けることにより，DNAよりも反応性が高く，熱力学的に不安定である。

図2.10にDNAの二重螺旋構造を示す。A，T，G，Cという4種類の塩基とデオキシリボ核酸，リン酸基から構築されている。右図は左図の2 bp分を取り出し，90°回転させた構造式である。デオキシリボースの3′位と5′位との間にリン酸エステル結合がある。図右上段の結合を5′位より読み取り，5′−AG−3′と表記する。DNAでは，AT対，GC対というWatson・Crick型塩基対が形成し，さらに隣り合う塩基対の間に疎水性相互作用が働くため，二重螺旋構造は安定している。螺旋を1回転すると塩基対は10 bpある。長さにして3.4 nm（34 Å）である。螺旋径は2 nm（20 Å）である。DNAを構成するヌクレオチドdAMP，dTMP，dGMP，dCMPの分子量は，331.2，322.2，331.2，307.2であり，ヌクレオチドが鎖状にエステル結合し，さらに一本鎖と一本鎖がAT対，GC対を形成して二重螺旋構造を形成しているため，塩基対当りの分子量は理論値が616であるが，脱水，修飾を考慮すると，660となる。DNAの分子量は塩基対の数から次式によって推算できる。

$$(\text{DNAの分子量}) = 660 \times (\text{塩基対の数}) \tag{2.1}$$

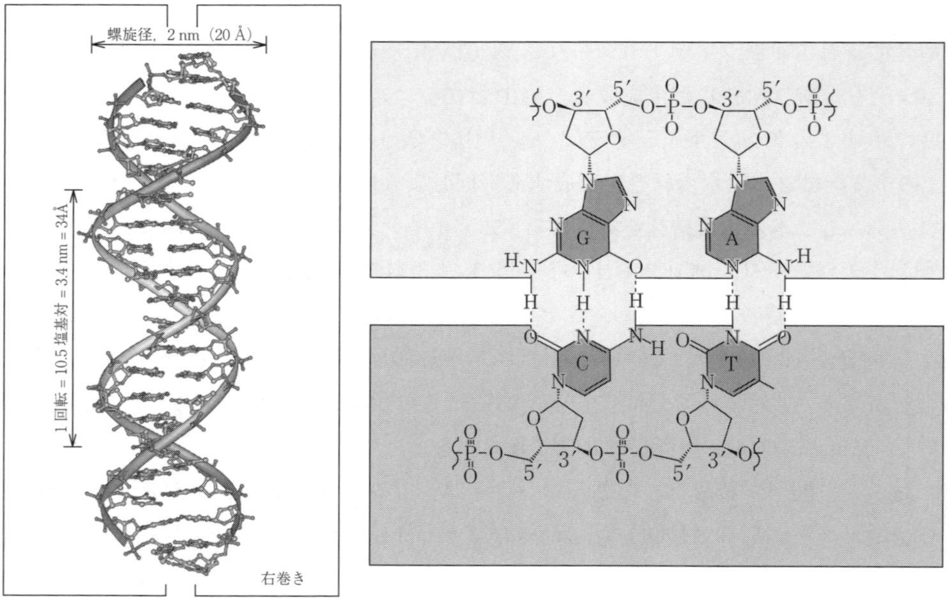
螺旋径，2 nm（20 Å）
1回転＝10.5塩基対＝3.4 nm＝34Å
右巻き
3′
5′
G
A
C
T
N
O
P
H

（a）二重螺旋構造　　（b）AT対およびGC対（図（a）を右90°回転し拡大）

図2.10　DNAの二重螺旋構造

表2.6にプラスミド，ウィルス，ファージのような分子のDNA分子量を示す。最小ゲノムを有するウィルスのサイズは220 bpである。大腸菌ゲノムDNAの分子量は4.72 Mである。10.5 bpの長さが3.4 nmであるので大腸菌ゲノムDNAの長さは1.53 mm（$=(4.72)(10^6)(3.4)/10.5$ nm）と見積もれる。

表 2.6　核酸分子 DNA の分子量

分子種	bp	注　釈
RYMV	0.22 k	最小ゲノムを有するウィルス
pBR 322	0.43 k	汎用プラスミド
ヒトミトコンドリア	17 k	
λファージ	48 k	
ミニウィルス	1.2 M	

図 2.11 は RNA の鎖状構造を示す。アデニン（A），ウラシル（U），グアニン（G），シトシン（C）という 4 種類の塩基とリボ核酸，リン酸基から構築され，リボヌクレオチドがホスホジエステル結合でつながった核酸である。具体的には，リボースの 3′位と 5′位との間にリン酸エステル結合がある。RNA 中には DNA 中の T がなく，GC 対の他に，AU 対が相補対を形成する。機能と構造から RNA は，DNA にコードされる遺伝情報のペプチドへの伝令を担う **mRNA**（メッセンジャー RNA），リボソームにアミノ酸を運搬する **tRNA**（転移 RNA），リボソームを構成する **rRNA**（リボソーム RNA），タンパク質に翻訳されないノンコーディング分子である ncRNA（tRNA，rRNA など），2 本の相補的な RNA 鎖が二重鎖を組んだ dsRNA などに分類される。ncRNA の一種である **miRNA**（マイクロ RNA，micro RNA）は細胞内に存在する 20 ～ 25 bp 程度の一本鎖 RNA であり，他の遺伝子の発現調節にかかわっている。dsRNA の一本鎖 RNA と相補的な塩基配列を有する mRNA が分解される現象を **RNA 干渉**（RNAi：RNA interference）と呼ぶ。真核生物では dsRNA は RNA 干渉をもたらしたり，21 ～ 23 bp から成る低分子 dsRNA である **siRNA**（small interfering RNA）生成の中間体となって機能する。大腸菌の場合，乾燥状態の細胞質量に対する含有率は，DNA が 5 %，RNA が 10 %程度である。DNA，RNA の分子量は 2 G，1 M である。細胞当りの分子数は，DNA が 4，RNA が 15 k である。

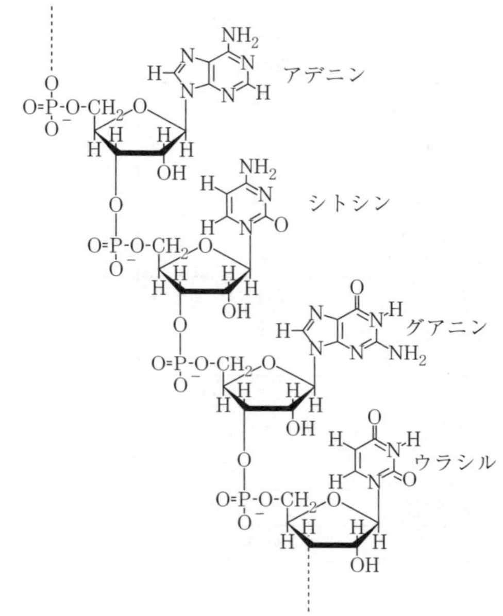
アデニン
シトシン
グアニン
ウラシル

図 2.11　RNA の配列例

〔4〕 **アミノ酸，タンパク質**

〔**a**〕 **ア ミ ノ 酸**　　アミノ酸（**表 2.7**）とは，官能基としてアミノ基およびカルボキシル基を有する有機化合物であり，*α*-アミノ酸とは，カルボキシル基が結合している炭素（*α* 炭素）にアミノ基も結合しているアミノ酸（$RCH(NH_2)COOH$）である（**図 2.12**）。タンパク質は 20 種類の *α*-アミノ酸がペプチド結合（**図 2.13**）し作られている。*α* 炭素はグリシン（Gly）を除いて不斉原子で

表2.7　アミノ酸の構造式，等電点，分子量

等電点	2.77	3.22	5.05	5.41
アミノ酸	アスパラギン酸 (Asp，D)	グルタミン酸 (Glu，E)	システイン (Cys，C)	アスパラギン (Asn，N)
構造式	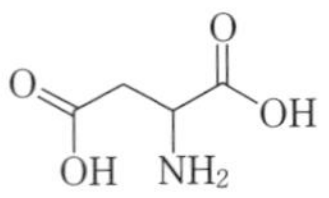	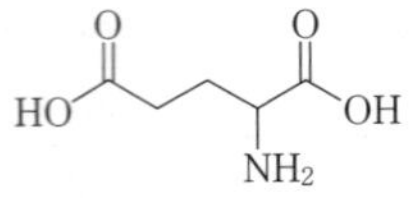	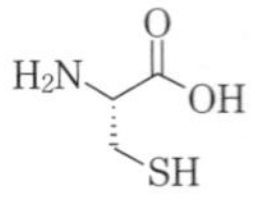	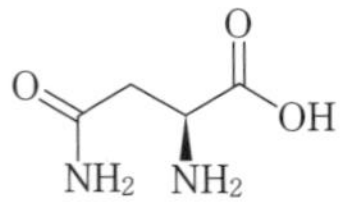
分子量	133.10	147.13	121.16	132.12
等電点	5.48	5.65	5.66	5.68
アミノ酸	フェニルアラニン (Phe，F)	グルタミン (Gln，Q)	チロシン (Tyr，Y)	セリン (Ser，S)
構造式	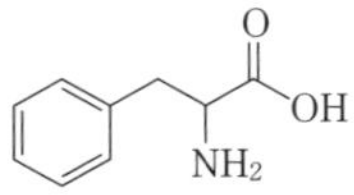	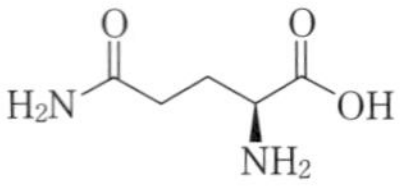	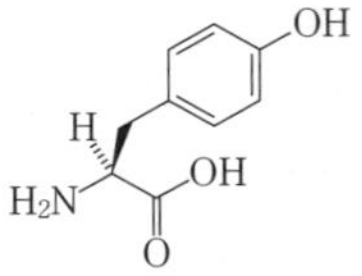	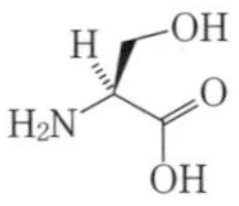
分子量	165.19	146.15	181.19	105.09
等電点	5.74	5.89	5.96	5.97
アミノ酸	メチオニン (Met，M)	トリプトファン (Trp．W)	バリン (Val，V)	グリシン (Gly，G)
構造式	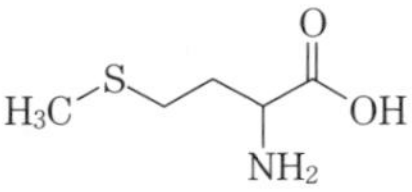	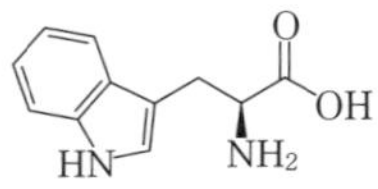	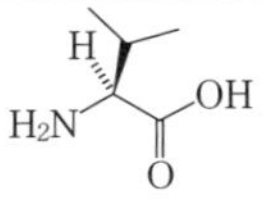	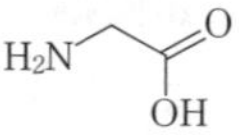
分子量	149.21	204.23	117.15	75.07
等電点	5.98	6.00	6.05	6.16
アミノ酸	ロイシン (Leu，L)	アラニン (Ala，A)	イソロイシン (Ile，I)	トレオニン (Thr，T)
構造式	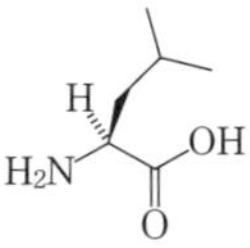	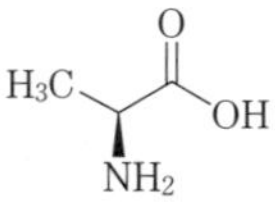	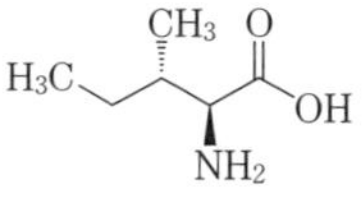	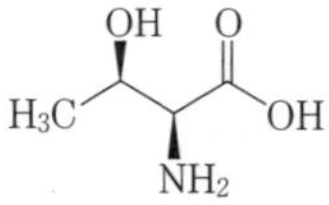
分子量	131.17	89.09	131.17	119.12
等電点	6.30	7.59	9.75	10.76
アミノ酸	プロリン (Pro，P)	ヒスチジン (His，H)	リシン (Lys．K)	アルギニン (Arg，R)
構造式	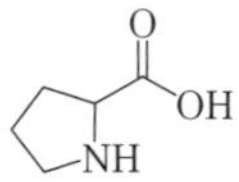	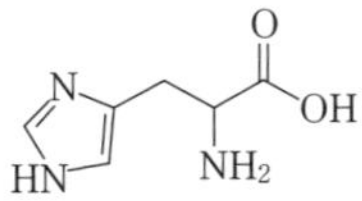	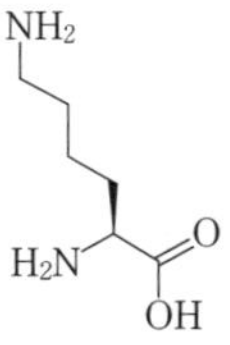	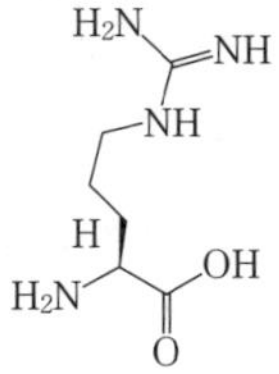
分子量	115.13	155.15	146.19	174.20

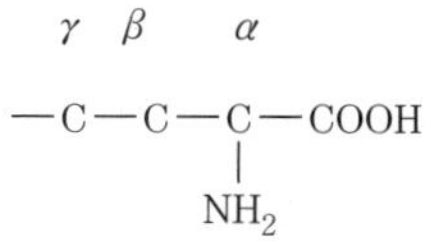

$$-\underset{\gamma}{C}-\underset{\beta}{C}-\underset{\substack{|\\NH_2}}{\underset{\alpha}{C}}-COOH$$

図 2.12　α-炭素（官能基と隣接する1番目の炭素）とα-アミノ酸

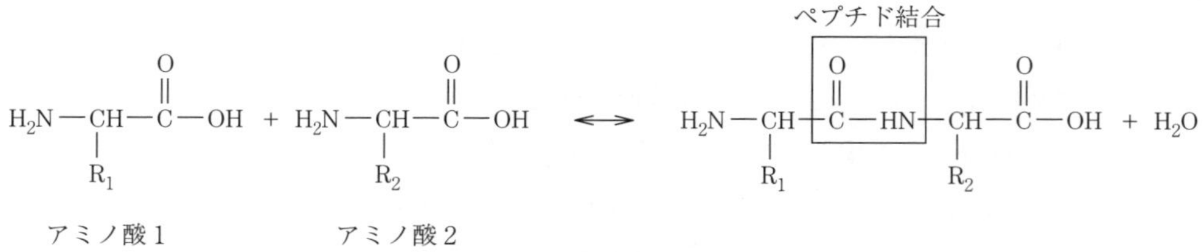

$$H_2N-\underset{\substack{|\\R_1}}{CH}-\underset{\substack{\|\\O}}{C}-OH + H_2N-\underset{\substack{|\\R_2}}{CH}-\underset{\substack{\|\\O}}{C}-OH \longleftrightarrow H_2N-\underset{\substack{|\\R_1}}{CH}-\boxed{\underset{\substack{\|\\O}}{C}-HN}-\underset{\substack{|\\R_2}}{CH}-\underset{\substack{\|\\O}}{C}-OH + H_2O$$

アミノ酸1　　　　　アミノ酸2　　　　　　　　　　　　　　　　　　ペプチド結合

図 2.13　アミノ酸2分子が脱水縮合し生成するペプチド結合

あるため鏡像異性体ができる。Gly はアキラルである。α-アミノ酸への官能基の結合の仕方は，立体的に二通り可能で，D 型，L 型の光学異性体として区別されるが，タンパク質を構成する 20 種類アミノ酸は，Gly 以外すべて L 型である。アミノ酸の分子量は，75.09 ～ 204.23 である。アミノ酸残基の平均分子量として 110 を使用することが多い。

　表 2.8 にアミノ酸の側鎖の特性に基づいたアミノ酸分類を示す。カルボキシル基を複数有するアスパラギン酸（Asp），グルタミン酸（Glu）は等電点が低く，酸性アミノ酸と呼ばれる。親水性である。アミノ基を複数有するアルギニン（Arg），ヒスチジン（His），リシン（Lys）は等電点が高く，塩基性アミノ酸と言われる。親水性である。中性アミノ酸は，アルキル基側鎖を有する脂肪族アミノ酸（アラニン（Ala），バリン（Val），イソロイシン（Ile），ロイシン（Leu）），芳香族側鎖を有する芳香族アミノ酸（フェニルアラニン（Phe），チロシン（Tyr），トリプトファン（Trp）），非極性アミノ酸（メチオニン（Met），システイン（Cys），プロリン（Pro），Gly），極性アミノ酸（アスパラギン（Asn），グルタミン（Gln），セリン（Ser），トレオニン（Thr））に分類される。脂肪族アミノ酸を $RCH(NH_2)COOH$ で表すと，$R=CH_3$ が Ala，$R=C_3H_7$ が Val，$R=C_4H_9$ が Leu, Ile であり，Leu と Ile は異性体である。中性アミノ酸は極性アミノ酸が親水性，それ以外は疎水性である。中性アミノ酸の等電点は，アミノ基，カルボキシル基の酸解離定数 pKa を算術平均した値として求まる。側鎖にヒドロキシ基を有するアミノ酸として Ser, Thr が挙げられる。これらは親水性，極性アミノ酸である。側鎖にイミノ基を有するアミノ酸として Pro がある。側鎖にアミド基を有するアミノ酸には，Asn, Gln がある。イオウを含むアミノ酸には Met, Cys がある。

表 2.8　側鎖に基づくアミノ酸の分類

	側鎖分類		アミノ酸
酸性アミノ酸		親水性	アスパラギン酸，グルタミン酸
中性アミノ酸	脂肪族アミノ酸	疎水性	アラニン，バリン，イソロイシン，ロイシン
	芳香族アミノ酸	疎水性	フェニルアラニン，チロシン，トリプトファン
	非極性アミノ酸	疎水性	メチオニン，システイン，プロリン，グリシン
	極性アミノ酸	親水性	アスパラギン，グルタミン，セリン，トレオニン
塩基性アミノ酸		親水性	リシン，アルギニン，ヒスチジン

〔**b**〕 **タンパク質**　タンパク質は，約 20 種類の α-アミノ酸（Gly を含む）がペプチド結合（図 2.12）によって多数連結し重合したポリペプチド鎖から成る生体高分子である。ペプチド結合とはアミノ酸のカルボキシル基がつぎのアミノ酸のアミノ基と脱水縮合して形成される酸アミド結合を指している。ペプチド結合は強く，強酸性，強塩基性条件にしないと加水分解は起こらない。ただし，細胞が生成する酵素ペプチダーゼ，プロテアーゼは中性に近い温和な条件でこの結合を切断する。タンパク質の分子量は 4 k ～ 0.1 G 程度である。

タンパク質は階層構造を有する。アミノ酸配列を **1 次構造**（primary structure）という。1 次構造は対応する遺伝子によって決定され，そのタンパク質固有のものであり，構造と機能を定めている。1 次構造の両端は，α-アミノ基を有する側を N 末端，カルボキシル基を有する側を C 末端と呼ぶ。Cys 残基の SH 基は他の Cys 残基の SH 基との間でジスルフィド結合（－S＝S－）を形成，タンパク質の構造安定性に寄与することがある。

2 次構造（secondary structure）は，ペプチド主鎖中の－C＝O 基と NH 基との間の水素結合によって生じる数残基程度の特殊立体構造で，**α ヘリックス**（α-helix），**β シート**（β-sheet）と呼ばれる規則構造を指している。それらを有しない統計的に乱雑な糸まり状構造はランダムコイルと呼ばれる。これらを共通モチーフと呼ぶ。α ヘリックスはコイル状の右巻き螺旋形で，骨格となるアミノ酸のすべてのアミノ基は 4 残基離れたアミノ酸のカルボキシル基と水素結合を形成している。α ヘリックスは 4 ～ 40 以上の残基で構成されているが，頻度の高いのは 10 残基程度といわれている。β シートはペプチド鎖の－NH－が隣り合うペプチド鎖の－CO－部位と水素結合し，全体として平面構造を形成した結果生じるシート状構造を指している。Glu，Ala，Leu といったアミノ酸のつながりはと α ヘリックスをつくりやすい。Met，Val，Ile は β シート中に存在することが多い。Gly，Pro，Asn は，これらの規則構造をつなぐ曲がり角に存在する傾向がある。

3 次構造（tertiary structure）は，2 次構造が定まった 1 本のポリペプチド鎖の側鎖の相互作用によって定まるタンパク質の全体構造である。超 2 次構造を核としてさらに構造と機能がまとまった構造をドメインという。疎水結合が 3 次構造では重要といわれている。有機溶剤，界面活性剤で 3 次構造を崩すとタンパク質は変性する。疎水結合以外にも，特殊な塩基間の水素結合，システイン残基間のジスルフィド結合，静電引力などが安定化に寄与しているといわれている。3 次構造を形成したペプチド鎖を単量体という。

4 次構造（quaternary structure）は，複数のポリペプチド鎖が非共有結合で会合体を形成している状態を指す。各単量体はサブユニット，会合した複合体はオリゴマーという。サブユニット個数によって二量体，三量体，四量体と呼ばれる。サブユニット間の接触部分は多数の疎水結合，水素結合，イオン結合が働いている。サブユニットでリガンド結合などが生じて空間的配置が移動し，**コンホメーション**（conformation）**変化**が起こることがある。

タンパク質分子の縦横比が 5/1 以下のものを球状タンパク質，他を繊維状タンパク質という。アミノ酸だけを構成成分とするタンパク質を単純タンパク質，それ以外の糖，脂質，金属イオン，リン酸を含むものを複合タンパク質という。大腸菌 *E. coli* 乾燥細胞のタンパク質含量は 50 % である。タンパク質の分子量概算値を 60 k とする。*E. coli* 細胞当りタンパク質は 1.21 M 分子含んでいることが見積もれる。

アミノ酸残基の平均分子量として 110 を用いると，タンパク質の分子量は，一次近似的には次式で見積もれる。

$$(\text{タンパク質の分子量}) = 110 \times (\text{アミノ酸残基の数}) \tag{2.2}$$

なお，アミノ酸配列がわかればデータベース[13] からタンパク質分子量を計算できる。

〔5〕 **そ の 他**　高分子フェノール性化合物のリグニンは，高等植物の木化に関与している。フェニルプロパノイドが一電子酸化されフェノキシラジカルとなり，ランダムなラジカルカップリングで高度に重合し三次元の網目構造を形成している。木質材料が自然界では比較的長い歳月の中で安定に保たれるのはリグニンの難分解性によっている。白色腐朽菌はリグニン分解酵素を分泌しリグニンを生分解するが，この酵素は，化学産業廃棄物で難分解性のビスフェノール A を含む多環式芳香族化合物を分解することで注目されている[14)~16)]。

2.4 セントラルドグマ

分子遺伝学の**セントラルドクマ**（central dogma；中心的教義）（**図 2.14**）とは，すべての生物において，遺伝情報は核酸分子 DNA の中に塩基配列として刻まれており，それが子孫に伝えられるときには，DNA から DNA へと**複製**（replication）されて伝達される。一方，形質を発現する場合には，DNA 上の遺伝情報が mRNA へと**転写**（transcription）され，さらにペプチド鎖へと**翻訳**（translation）されタンパク質が合成される。自然状態では，タンパク質から核酸へ遺伝情報が戻されたり，タンパク質から他のタンパク質に写されることはない。核酸からタンパク質への遺伝情報の流れは一方向的である。これを分子遺伝学のセントラルドグマという。タンパク質として酵素が合成された場合，不活性であるが，環境応答につながる信号を受けると活性酵素に変換され，原料成分を生成物成分へと変換する反応を触媒する。遺伝情報の伝達で中心的役割を担う分子は，核酸とタンパク質である。

図 2.15 は，DNA から mRNA への転写，リボソームによるペプチド鎖への翻訳を摸試化している。DNA と多数の mRNA をとらえた電子顕微鏡写真[17] が公開されており参照されたい。

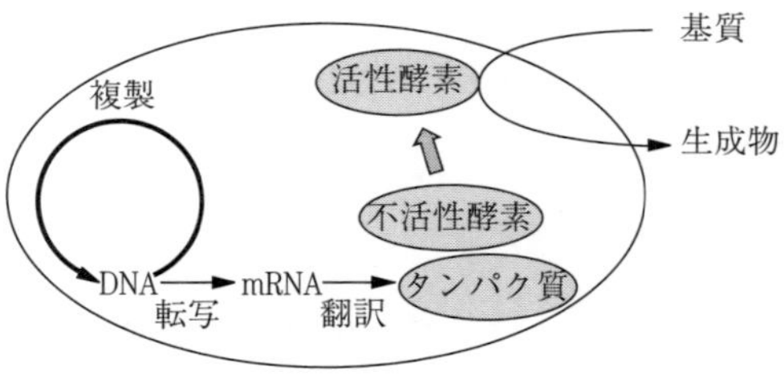
基質
活性酵素
複製
生成物
不活性酵素
DNA
mRNA
タンパク質
転写
翻訳

図 2.14　分子遺伝学のセントラルドクマ

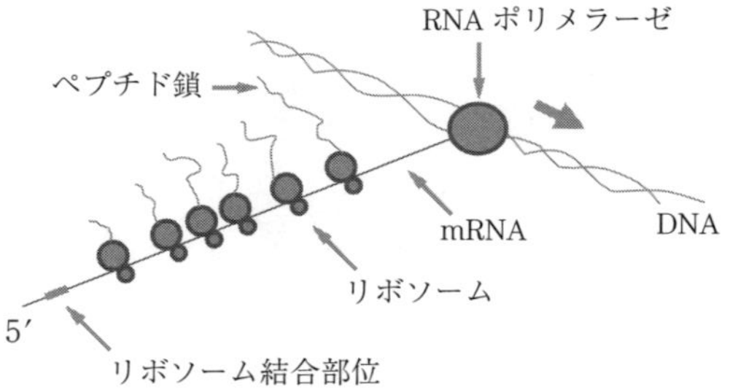
RNA ポリメラーゼ
ペプチド鎖
mRNA
DNA
リボソーム
5′
リボソーム結合部位

図 2.15　転写，翻訳の模式図

2.5 DNA　複　製

DNA 上にある**複製起点**（replication origin）からの複製開始，DNA 鎖の伸長，終結の 3 段階から成る DNA 合成過程を複製と呼ぶ。**図 2.16** に複製の各段階を一括する。複製は DNA 上の特別な塩基配列である複製起点から進められる。複製開始に際しては，複製起点，あるいはその近傍にタンパク質と核酸が結合した DNA 複製開始複合体が形成される。大腸菌のゲノム複製開始起点における開始複合体はイニシエーターの Dna タンパク質，ヘリカーゼである。DNA ヘリカーゼは，二本鎖 DNA を巻き戻す活性を有する酵素である。この酵素によって，二重螺旋が部分的に解かれ，二本鎖 DNA の途中に 2 本の一本鎖 DNA が生じる。この状態は複製を起動させ，多くの酵素複合体がこれらの一本鎖 DNA に結合する。この二重螺旋の分岐点を複製フォークと呼ぶ。DNA 伸長過程を担うのは **DNA ポリメラーゼ**（DNA polymerase）である。この酵素は，DNA 鎖の 3′末端の水酸基に新たなヌクレオチドを付加する活性を有する。2 本の一本鎖 DNA の中で図 2.16 の右下に 3′末端水酸基がある。ここに DNA ポリメラーゼが結合し，親鎖がほどけて生じた一本鎖 DNA を**テンプレート鎖**とし，図の下から上に向かって移動すると，5′から 3′末端に向けて伸長する新しい DNA 鎖が生成する。複製フォークの移動と同一方向にヌクレオチド重合が進行し誕生したこの DNA 鎖を**リーディング鎖**（leading strand）と呼ぶ。一方，2 本の一本鎖 DNA の中のもう一本は，図左下が 5′末端，左上が 3′末端となっている。この一本鎖 DNA をテンプレートとした場合，DNA ポリメラーゼは上から下方向にしか進めず，複製フォークの進行によって新たにデオキシヌクレオチドが露出されても，そのままでは DNA ポリメラーゼは作用できない。こちらの一本鎖

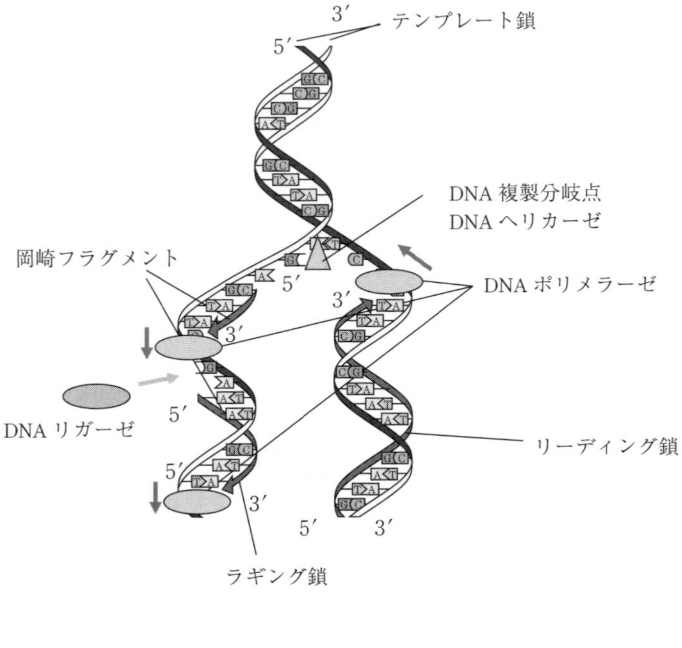
3′
5′
テンプレート鎖
DNA 複製分岐点
DNA ヘリカーゼ
岡崎フラグメント
DNA ポリメラーゼ
DNA リガーゼ
リーディング鎖
ラギング鎖
5′
3′

図 2.16　DNA の複製

DNA 複製は**岡崎フラグメント**（Okazaki fragment）の形成によって説明されている。複製フォークが進行し，ある程度の長さの DNA 断片が露出した後に，その 3′ 末端に DNA ポリメラーゼが作用し，図の上から下に向かって短い DNA 断片の複製を行い，断片複製後，DNA ポリメラーゼは解離しつぎの新しい露出配列に移動し，この不連続な複製を繰り返し，その後に DNA リガーゼが断片同士を連結するという考えである。このように半不連続的に合成された DNA 鎖は**ラギング鎖**（lagging strand）と呼ばれている。複製終結点に複製フォークがたどり着いたときに複製は完了する。

2.6 転　　写

DNA 依存性 RNA 合成を転写という。**RNA ポリメラーゼ**（RNA polymerase）は，DNA を包み込むように結合し，DNA の二重螺旋を解きながら，二本鎖のうちの鋳型となる一本鎖 DNA（テンプレート鎖，**アンチセンス鎖**（antisense strand））の塩基配列を 3′ 末端から 5′ 末端方向に読み取って相補的な RNA を合成する酵素である（**図 2.17**）。もう一方の一本鎖 DNA はコード鎖（**センス鎖**（sense strand））と呼ばれている。*E. coli* など原核生物の RNA ポリメラーゼは通常 1 種類で一つの RNA ポリメラーゼが mRNA，rRNA，tRNA などすべてを合成する。原核生物 RNA ポリメラーゼは，α，β，β'，σ という 4 種類のサブユニットから成り，分子量分 5 G の会合状態の $\alpha_2\beta\beta'\sigma$ を形成し酵素活性を発揮している。真核生物では，RNA ポリメラーゼⅡが著名であり，DNA 鎖を鋳型として mRNA，核内低分子 RNA（snRNA）を転写生成している。RNA ポリメラーゼⅠは，35 S の rRNA 前駆体を転写生成している。RNA ポリメラーゼⅢは，tRNA，U6 snRNA，5S rRNA 前駆体など低分子の転写生成を行っている。DNA の塩基配列には，アミノ酸配列をコードしている領域と転写調節に関わる領域がある。アミノ酸配列をコードしている領域では，mRNA 上の A，U，G，C という 4 種類の核酸が 20 種類のアミノ酸に翻訳される。三つの核酸配列が 1 つのアミノ酸に対応するとすれば，核酸配列の組み合わせは 64（$=4^3$）通りであるため 20 種類のアミノ酸を対応付けることが可能である。3 塩基の組み合わせを**トリプレット**（triplet）という。アミノ酸に対応する mRNA 上のトリプレットを**コドン**（codon）という。**表 2.9** は RNA コドン表でありトリプレットとアミノ酸を対応付けている。この中で AUG は Met のコドンまたは開始コドン，*Ochre*（UAA），*Opal*（UGA），*Amber*（UAG）は停止コドンである。このコドン表はすべての生物に共通であるが，いくつかの生物のミトコンドリアにある数個のコドンは例外とされている。また，GUG は Val

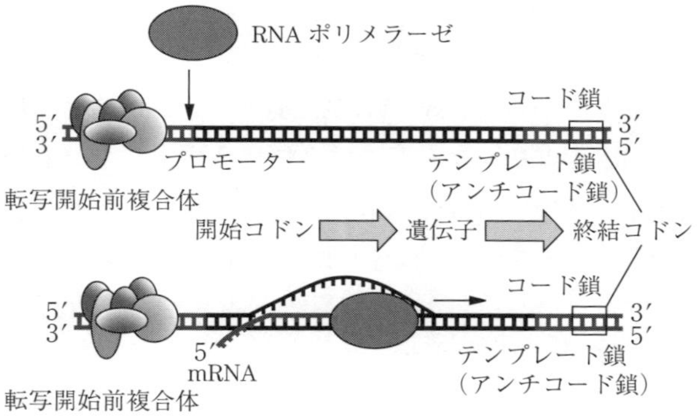
RNA ポリメラーゼ
5′
3′
コード鎖
3′
5′
プロモーター
テンプレート鎖
（アンチコード鎖）
転写開始前複合体
開始コドン
遺伝子
終結コドン
コード鎖
5′
3′
5′
mRNA
3′
5′
テンプレート鎖
（アンチコード鎖）
転写開始前複合体

図 2.17　RNA の転写

をコードしているが開始コドンとして機能する場合もある。翻訳はつねにN末端から始まる。ペプチド鎖の伸長はN末端からC末端方向に行われる。

表 2.9　RNA コドン表

第1塩基	第2塩基	第3塩基			
		A	U	G	C
A	A	Lys	Asn	Lys	Asn
	U	Ile	Ile	Met	Ile
	G	Arg	Ser	Arg	Ser
	C	Thr	Thr	Thr	Thr
U	A	*Ochre*	Tyr	*Amber*	Tyr
	U	Leu	Phe	Leu	Phe
	G	*Opal*	Cys	Trp	Cys
	C	Ser	Ser	Ser	Ser
G	A	Glu	Asp	Glu	Asp
	U	Val	Val	Val	Val
	G	Gly	Gly	Gly	Gly
	C	Ala	Ala	Ala	Ala
C	A	Gln	His	Gln	His
	U	Leu	Leu	Leu	Leu
	G	Arg	Arg	Arg	Arg
	C	Pro	Pro	Pro	Pro

調節領域には，タンパク質が結合するための特性が塩基4文字で書き込まれている。開始コドンのすぐ上流に**プロモーター**（promoter）領域と呼ばれる転写調節にかかわる塩基配列があり，RNAポリメラーゼが結合する。真正細菌の遺伝子においては，RNAポリメラーゼ転写位置の上流10 bp，上流35 bpに**共通配列**（consensus sequence）が認められる（**図 2.18**）。上流10 bpの共通配列には，5′−TATAAT−3′，5′−TATGTTG−3′，5′−TATGGTT−3，5′−TTAACTA−3′，5′−GATACGT−3′，5′−TTTCATG−3′，5′−TATAATG−3′などがあり，**Pribnow box**という。プロモーターとして作用しRNAポリメラーゼの結合位置を規定している。真核生物および古細菌RNAポリメラーゼⅡ転写開始位置の上流25 bpには，**TATAボックス**と呼ばれる共通した塩基配列がある。

図 2.19は**ラクトースオペロン**（lactose operon）を示す。オペロンとは，一つの転写因子によっ

プロモーター領域の構造

真正細菌の転写開始

Pribnow box

−35 box　　　　−10 box

5′---TTGACA--〔17bp〕---TATAAT-〔7bp〕--|-----------3′

↑転写開始位置

真核生物の転写開始

CAAT box　　GC box　　TATA box

−100から−60　−60から−40　−25より上流

5′--CCAAT--------GGCGGG-----TATA------------------3′

−200〜−65の範囲：上流制御要素（UCE：upstream controling element）

−45〜+20の範囲：コアプロモーター（CPE：core promoter element），TATA boxを含む

図 2.18　プロモーター領域

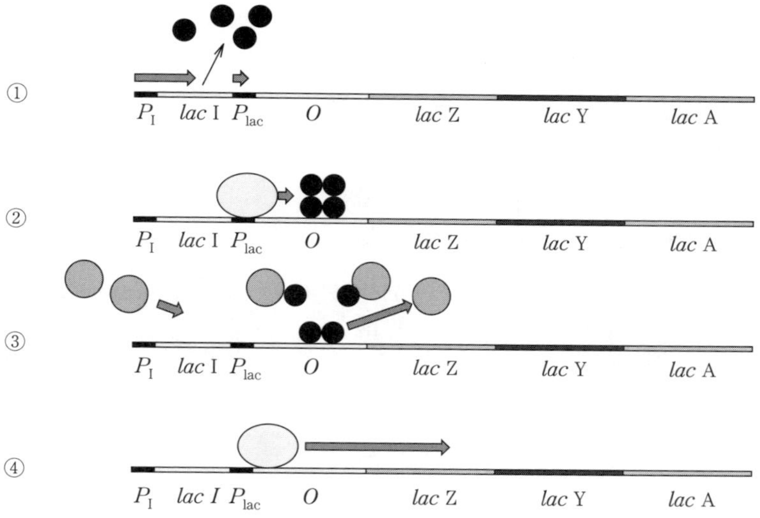
①
P_{I}　*lac* I　P_{lac}　*O*　*lac* Z　*lac* Y　*lac* A
②
P_{I}　*lac* I　P_{lac}　*O*　*lac* Z　*lac* Y　*lac* A
③
P_{I}　*lac* I　P_{lac}　*O*　*lac* Z　*lac* Y　*lac* A
④
P_{I}　*lac I*　P_{lac}　*O*　*lac* Z　*lac* Y　*lac* A

P_{I}，乳糖リプレッサープロモーター；*lac* I，乳糖リプレッサー遺伝子；P_{lac}，乳糖プロモーター；*O*，乳糖オペレーター；*lac* Z，*β*-ガラクトシダーゼ遺伝子；*lac* Y，パーミアーゼ遺伝子；*lac* A，アセチルトランスフェラーゼ遺伝子

図 2.19　乳糖オペロン

て同時に発現が制御される複数の遺伝子が存在するゲノム上の領域を指す。乳糖オペロンは，乳糖の分解に関わる一連の遺伝子群であり，乳糖リプレッサーとオペレーターによって支配される転写単位である。転写の順序は，まず，① プロモーター P_{I}，P_{lac} に RNA ポリメラーゼが結合しオペロンの転写を始める。乳糖リプレッサー遺伝子（*lac* I）は常時発現しリプレッサーが生成する。② リプレッサーは作用部位であるオペレーター *O* に結合し，プロモーター P_{lac} から転写を進めようとする RNA ポリメラーゼの転写を妨害する。③ イソプロピル－1－チオ－*β*－D－ガラクトシド（IPTG），1,6－アロ乳糖などの誘導物質を添加すると誘導物質はリプレッサーと結合し，リプレッサーを DNA から引きはがす。これらは，**乳糖アナログ**（lactose analogue）と呼ばれる。大腸菌培養液に乳糖を加えると，常時存在する基礎発現量のパーミアーゼによって乳糖は細胞内に取り込まれアロ乳糖に変換され，アロ乳糖とリプレッサーとは親和性が高いために結合し転写抑制解除を行う。④ RNA ポリメラーゼは，妨害物質のなくなったオペレーターを通過し，構造遺伝子 *β*-ガラクトシダーゼ，パーミアーゼ，アセチルトランスフェラーゼを順次読み込み，mRNA を転写産物として生成する。

2.7　翻　　　　訳

mRNA の情報を読み取り，リボソーム上でタンパク質の合成を行う過程を翻訳という。

図 2.20 は転移を担う tRNA を示す。塩基数は 73 ～ 93 であり分子量は 25 k ～ 30 k である。一つの生物種に 40 ～ 60 種の tRNA が存在する。すべての tRNA はクローバーリーフ構造を取り得る。

三つのリーフの中で左のリーフをTアームと呼ぶ。Tアームはリボソーム認識部位となっている。右のリーフはD-アームと呼ばれ，Tアームと相互作用することで三次構造決定にかかわっている。下のリーフをアンチコドンアームと呼ぶ。コドンと対応する部位となっている。アンチコドンの1文字目は化学修飾され，イノシン（I）またはシュードリン（Ψ）となっていることがある。tRNAはリボソームにアミノ酸を運搬するアダプター分子として応答し，リボソーム上で合成中のポリペプチド鎖にこのアミノ酸を転移させる。

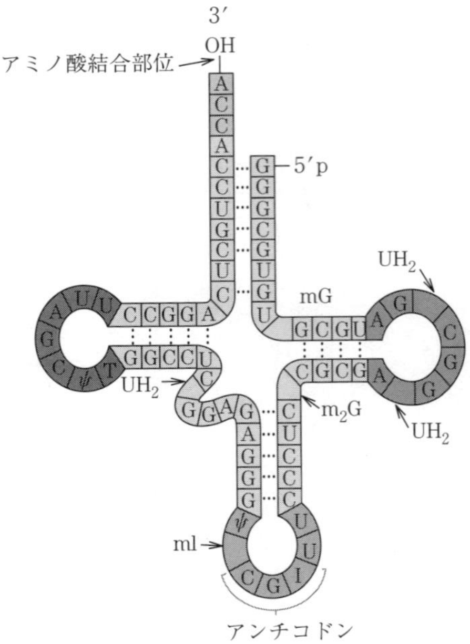
3′
OH
アミノ酸結合部位
5′p
mG
UH_2
m_2G
ml
アンチコドン

図 2.20　tRNA

図 2.21 は，リボソーム上でのペプチド合成過程を描き出している。mRNA上の開始コドンの位置でリボソーム，*N*–ホルミルメチオニル tRNA（原核細胞の場合），メチオニル tRNA（真核細胞の場合）を含む開始複合体を形成しタンパク質合成が開始する。大腸菌のリボソームは70 Sの粒子であり，50 Sおよび30 Sのサブユニットから成っている。真核生物のリボソームは80 Sであり60 Sと40 Sのサブユニットから成っている。図では，開始コドンから数えて4個目，5個目の翻訳が終わりリボソームのP部位が5個目のコドン位置に動き，6個目のコドンGUCがリボソームのA部位で翻訳されようとしている様子を示している。このコドンと相補的なアンチコドンはCAGである。CAGアンチコドンを有する転移RNA（tRNA, transfer

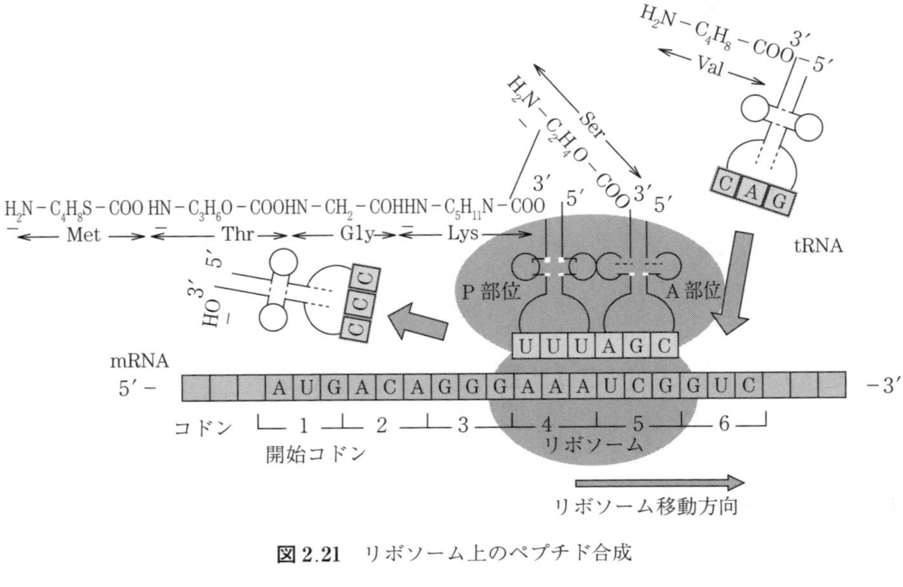
Met
Thr
Gly
Lys
Ser
Val
P 部位
A 部位
tRNA
mRNA
5′–
–3′
コドン
開始コドン
リボソーム
リボソーム移動方向

図 2.21　リボソーム上のペプチド合成

RNA）は3′末端にバリンのCOOH基をエステル結合させてリボソームのA部位に結合し，すでに合成されているポリペプチド鎖にバリンを転移させ，高分子化を進める。転移させた後のtRNAはアミノ酸なしの状態でP部位から外れる。翻訳後のポリペプチド鎖は，最終的に機能を発現する前に翻訳後修飾を受けることがある。特異的プロテアーゼによるポリペプチド鎖の切断，リン酸化，メチル化，アセチル化，アデニリル化，ADPリボシル化，糖鎖付加などの修飾が知られている。

真核生物のmRNAは，ゲノムDNA上の何か所かに分散していることが多い。この場合，転写単位は，遺伝情報をコードしているmRNA領域だけでなく，ゲノムDNA上の大きな領域となる。この大きな領域から転写されたRNAをmRNA前駆体と呼ぶ。mRNA前駆体は，遺伝情報を有している**エキソン**（exon）と遺伝情報を有しない**イントロン**（intron）から構成される。ヒトインスリン遺伝子を例にとると三つのエキソンと二つのイントロンから成っている。イントロンはGTで始まりAGで終わっている。転写後，イントロンは切り取られ，エキソンが張り合わされて成熟したmRNAが誕生する。この過程を**スプライシング**（splicing）と呼んでいる。mRNA前駆体からスプライシングを経て誕生する成熟mRNAの転写生成物は110個のアミノ酸から成っている。

図2.22は，（a）が110個のアミノ酸から成るヒトプレプロインスリンのポリペプチド鎖を示す[18]。アミノ酸配列のN末端には**シグナルペプチド**（signal peptide）がある。タンパク質は，小胞体膜結合性のリボソーム上で合成されるが，分泌性タンパク質や膜内在性タンパク質は，合成後，脂質二重層を通り抜ける必要がある。疎水性の膜を通り抜ける際に牽（けん）引役を果たすN末端の

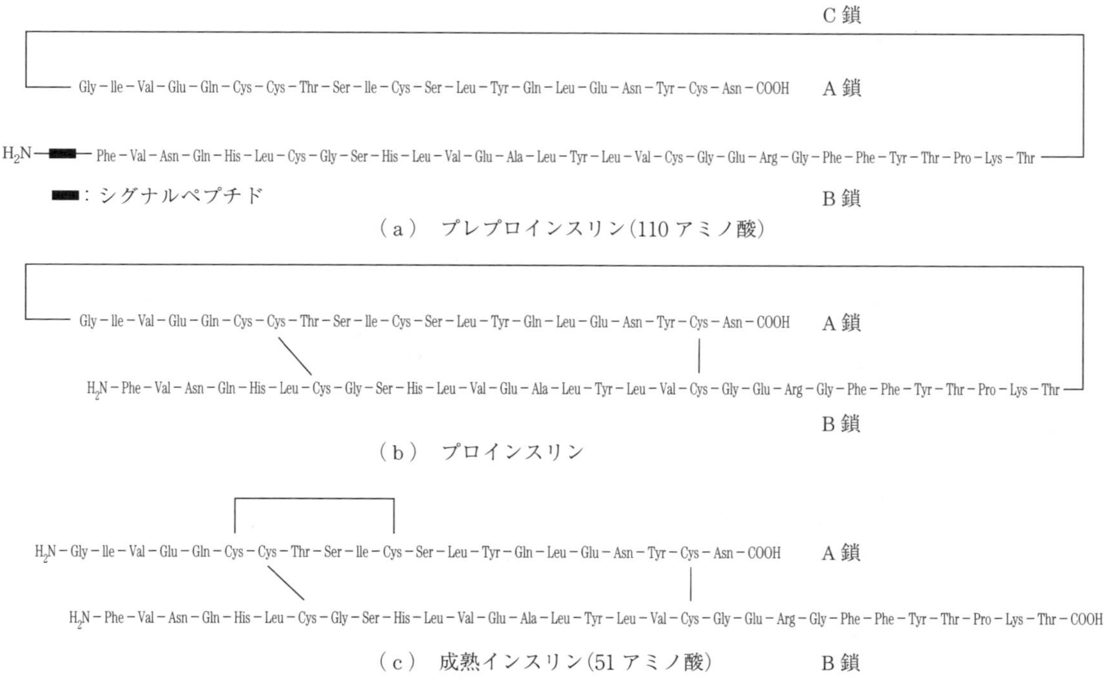
C鎖
Gly－Ile－Val－Glu－Gln－Cys－Cys－Thr－Ser－Ile－Cys－Ser－Leu－Tyr－Gln－Leu－Glu－Asn－Tyr－Cys－Asn－COOH　A鎖
H2N－Phe－Val－Asn－Gln－His－Leu－Cys－Gly－Ser－His－Leu－Val－Glu－Ala－Leu－Tyr－Leu－Val－Cys－Gly－Glu－Arg－Gly－Phe－Phe－Tyr－Thr－Pro－Lys－Thr
：シグナルペプチド
B鎖
（a）　プレプロインスリン（110アミノ酸）
Gly－Ile－Val－Glu－Gln－Cys－Cys－Thr－Ser－Ile－Cys－Ser－Leu－Tyr－Gln－Leu－Glu－Asn－Tyr－Cys－Asn－COOH　A鎖
H2N－Phe－Val－Asn－Gln－His－Leu－Cys－Gly－Ser－His－Leu－Val－Glu－Ala－Leu－Tyr－Leu－Val－Cys－Gly－Glu－Arg－Gly－Phe－Phe－Tyr－Thr－Pro－Lys－Thr
B鎖
（b）　プロインスリン
H2N－Gly－Ile－Val－Glu－Gln－Cys－Cys－Thr－Ser－Ile－Cys－Ser－Leu－Tyr－Gln－Leu－Glu－Asn－Tyr－Cys－Asn－COOH　A鎖
H2N－Phe－Val－Asn－Gln－His－Leu－Cys－Gly－Ser－His－Leu－Val－Glu－Ala－Leu－Tyr－Leu－Val－Cys－Gly－Glu－Arg－Gly－Phe－Phe－Tyr－Thr－Pro－Lys－Thr－COOH
（c）　成熟インスリン（51アミノ酸）　B鎖

図2.22　ヒトインスリン

ペプチド部分をシグナルペプチドと呼ぶ。シグナルペプチドは一般に3〜60アミノ酸残期から成っているが，ヒトインスリンの場合，シグナルペプチドのアミノ酸配列はMet-Ala-Leu-Trp-Met-Arg-Leu-Leu-Pro-Leu-Leu-Ala-Leu-Leu-Ala-Leu-Trp-Gly-Pro-Asp-Pro-Ala-Alaであり，ロイシンが多く疎水性の強いアミノ酸配列となっていることがわかる。この疎水性のためにリボソーム上で合成されたポリペプチド鎖は，小胞体を通過することができる。シグナルペプチドは，ポリペプチド鎖の輸送，局在化を指示する構造として重要な役割を担っている。シグナルペプチドは，タンパク質が膜を通過した後，膜の裏側に存在するシグナルペプチダーゼによって切り離される。シグナルペプチドのつぎにB鎖，C鎖，A鎖がつながり，C末端となっている。

アミノ酸残基のCysはSH基を有している。SH基は，分子構造の近い位置に別のSH基があると酸化的にジスルフィド結合し共有結合としてのS−S結合を形成，二つのCysはシスチンとなる。110個のアミノ酸残基の中の31番目のCys，96番目のCys，および43番目のCysと109番目のCys，95番目のCysと100番目のCysがシスチンを形成する。mRNAから翻訳されて誕生したプレプロインスリンはA鎖，B鎖の間でS−S結合を形成し立体構造を整えプロインスリン（図(b)）となる。次いでC鎖は切断削除され，51アミノ酸残基から成る成熟したインスリン（図(c)）が生成する。

小胞体通過後，シグナルペプチドの疎水性部分は不要となり切断され親水性の分泌型タンパク質インスリンが形成される。インスリンはゴルジ体を通過し**エキソサイトーシス**（exocytosis；開口分泌）で細胞外に分泌される。エキソサイトーシスは膜能動輸送の中で細胞内から細胞外に向かう輸送現象を指している。ゴルジ体を通過したインスリンは分泌顆粒に入り，顆粒は形質膜に接着し，融合し，細胞外に向けて開口し，インスリンを細胞外に放出する。

2.8　細胞内反応のエネルギー伝達物質

ヌクレオチドのAMPはさらにリン酸化されるとADP，ATPへと変換される。すべての細胞は，エネルギー源としてATPを使用している。ATPは，細胞内で最もたくさん生産され，最もたくさん消費されている物質である。すべての細胞が，1−10 μmol·mL^{-1}程度のATPを含んでおり，ヒトの個体は平均して250 gのATPを有している。ATPは，**図2.23**に示すように，アデニン，リ

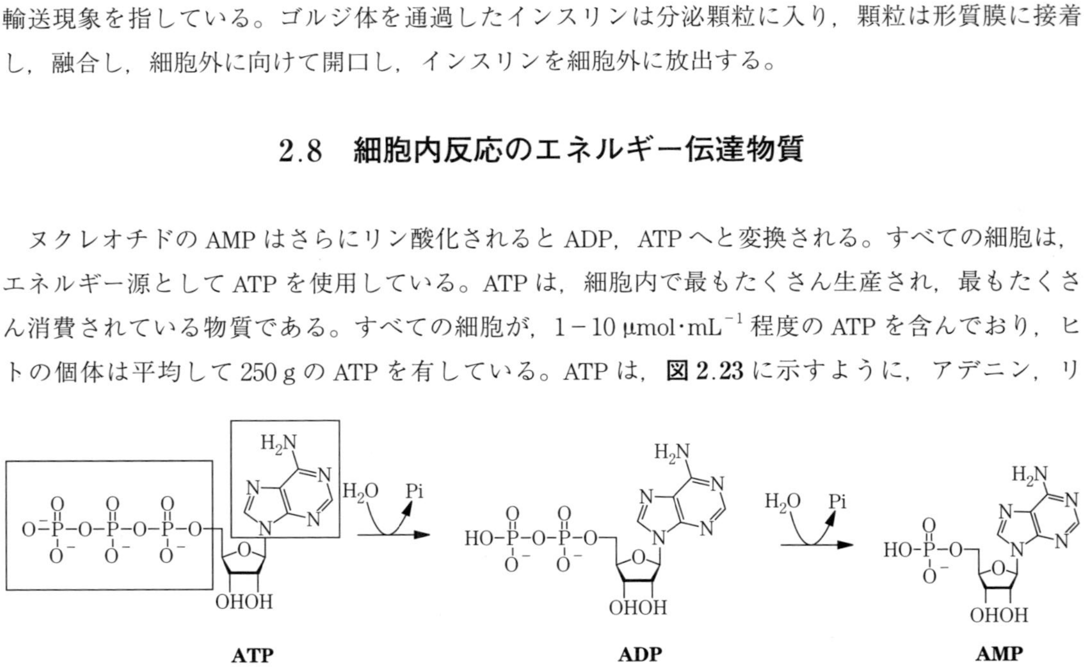

H₂N
H₂O
Pi
OHOH
ATP
ADP
AMP

図2.23　ATPの加水分解

ボース，エステル結合した三つのリン酸基から構成される。ATP のリン酸無水結合は，エネルギー的に不安定であり，加水分解，リン酸基転移によって切断されやすい。は，ATP から ADP，ADP から AMP への加水分解反応を示す。Pi は無機リン酸 HPO_4^-，PPi はピロリン酸を表す。加水分解反応の標準自由エネルギー変化を以下に示す。

$$\mathrm{ATP} + \mathrm{H_2O} \longrightarrow \mathrm{ADP} + \mathrm{Pi} \qquad \Delta G_0 = -30.5\ \mathrm{mJ \cdot \mu mol^{-1}} \tag{2.3}$$

$$\mathrm{ATP} + \mathrm{H_2O} \longrightarrow \mathrm{AMP} + \mathrm{PPi} \qquad \Delta G_0 = -45.6\ \mathrm{mJ \cdot \mu mol^{-1}} \tag{2.4}$$

リン酸基どうしの結合切断により高エネルギーが放出されるため，リン酸無水結合は高エネルギーリン酸結合と呼ばれる。リン酸無水結合の切断が細胞内反応の推進力となっている。

細胞内での ATP 含量は，ADP 含量の 10 倍であり，リン酸濃度は標準状態 1 $\mathrm{mmol \cdot mL^{-1}}$ よりかなり低く，1 ～ 10 $\mathrm{\mu mol \cdot mL^{-1}}$ である。標準状態で，[ATP] = 2.25 $\mathrm{\mu mol \cdot mL^{-1}}$，[ADP] = 0.25 $\mathrm{\mu mol \cdot mL^{-1}}$，[Pi] = 1.65 $\mathrm{\mu mol \cdot mL^{-1}}$ を仮定すると，気体定数 $R = 0.008\,314\ \mathrm{mJ \cdot \mu mol^{-1} \cdot K^{-1}}$ であるため，細胞内 ATP 加水分解反応の自由エネルギー変化は

$$\Delta G = \Delta G_0 + RT \ln \frac{[\mathrm{ADP}][\mathrm{Pi}]}{[\mathrm{ATP}]} = -30.5 + (0.008\,314)(298) \ln \frac{(0.25)(1.65)}{2.25}$$

$$= -51.8\ \mathrm{mJ \cdot \mu mol^{-1}} \tag{2.5}$$

と推論できる。細胞内（*in vivo*）の ATP 加水分解反応によって放出されるエネルギーは，生化学的標準状態（[ATP] = [ADP] = [Pi] = 1 $\mathrm{\mu mol \cdot mL^{-1}}$；pH = 7；$T$ = 298 K）で見積もられたエネルギーの 1.70 倍の大きさであることがわかる。

2.9　細胞内酸化還元反応の電子伝達物質

図 2.24 は，ニコチンアミドアデニンジヌクレオチドの酸化型分子（NAD^+）と NADH との交換反応を示す。NAD^+ は，ニコチンアミドにリボース，ピロリン酸，リボース，アデニンが結合した

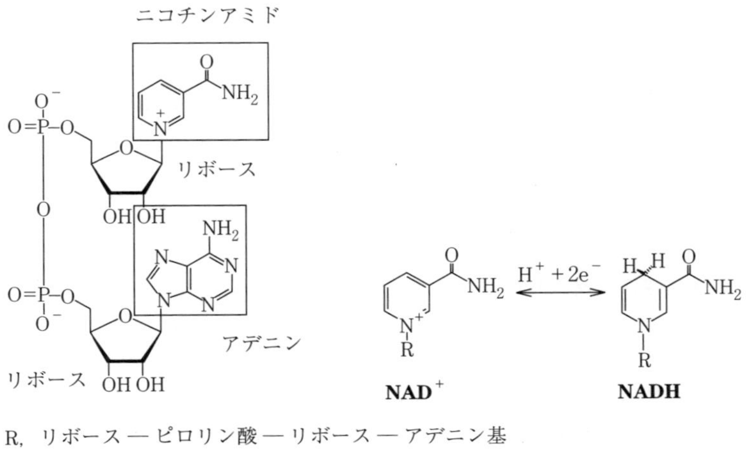
ニコチンアミド
リボース
アデニン
リボース
H⁺ + 2e⁻
NAD⁺
NADH

R，リボース — ピロリン酸 — リボース — アデニン基

図 2.24　補酵素 NAD^+（左）および NAD^+，NADH 交換反応（右）

ピリジンヌクレオチドである。1個の水素原子は一電子をNAD^+に渡してH^+として遊離する。ヌクレオチドの5′がそれぞれリン酸結合によって結合している。このNAD^+/NADHを**共役酸化還元対**（conjugate redox pair）という。真核生物と多くの古細菌，真正細菌では，を電子伝達物質として利用している。酵素の多くは，タンパク質部分である**アポ酵素**（apoenzyme）が分子量500程度の低分子化合物と共存するときに触媒活性を発揮する。

この低分子化合物を**補因子**（cofactor）と呼ぶ。リン酸が関与する酵素はMg^{2+}を必須としているがMg^{2+}は補因子である。酵素タンパク質と補因子との複合体を**ホロ酵素**（holoenzyme）という。補因子NAD^+，NADHは脱水素酵素の**補酵素**（coenzyme）と呼ばれている。

$NADH+H^+$は高いエネルギー状態である。NAD^+は，糖質や脂質に含まれる2個の水素原子によって還元され$NADH+H^+$となる。$NADH+H^+$は，呼吸鎖電子伝達系でO_2に電子を渡して酸化されNAD^+に戻る。酸化還元反応に関与しているのは，ニコチンアミドである。細胞内で生起する酸化反応の多くはO_2を必要とせず脱水素によって進められている。NAD^+は細胞内反応においてO_2の役割を担っている。

NAD^+のアデノシンの2′には-OH基が付属しており，これがリン酸基に置換されると，ニコチンアミドアデニンジヌクレオチドリン酸$NADP^+$（**図2.25**）となる。この物質は，光合成経路，解糖系で用いられている電子伝達物質であり，酸化型（$NADP^+$）および還元型（NADPH）の二つの状態をとり，NAD^+と同様，脱水素酵素の補酵素として機能している。図（b）に，$NADP^+$が2個の水素原子によって二電子還元を受けてNADPHになる反応を示す。

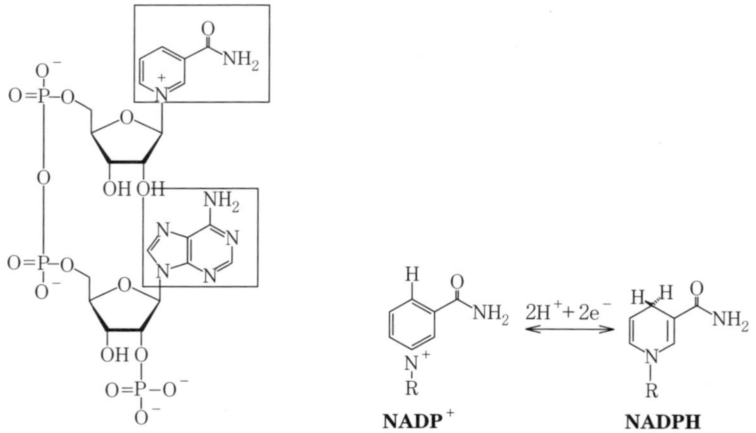
O⁻
O=P–O
O
O=P–O
O⁻
OH OH
NH2
N
OH O
O=P–O⁻
O⁻
H
O
NH2
N⁺
R
2H⁺+2e⁻
H H
NADP⁺
NADPH

R，リボース — ピロリン酸 — リボース — アデニン基

図2.25　補酵素$NADP^+$（左）および$NADP^+$，NADPH交換反応（右）

ヒドロゲナーゼ（hydrogenase）は，水素の吸収と発生にかかわる酵素であり，還元的条件では，NAD(P)HおよびH^+を還元し次式に従い分子状のH_2を生成する。

$$NADP(H)+H^+ \longrightarrow NAD(P)^+ + H_2 \qquad (2.6)$$

無機塩水溶液中でCO_2上に光合成増殖させた藍色細菌 *Synechocystis sp.* strain PCC6803のヒドロ

ゲナーゼを暗所窒素飢餓条件下で活性化すると分子状の H_2 が獲得できる[19]。

リボフラビン（ビタミン B2）を補欠分子族とする複合タンパク質酵素をフラビン酵素という。フラビンアデニンジヌクレオチド（FAD）（**図 2.26**）は，リボフラビンの補酵素型の一つである。FAD は，酸化還元反応の補因子の役割を担っている。FAD には 2 種の酸化還元状態が存在し，それらの生化学的役割は 2 種の間で変化する。FAD は還元されることによって 2 原子の水素を受容し，$FADH_2$ となる。

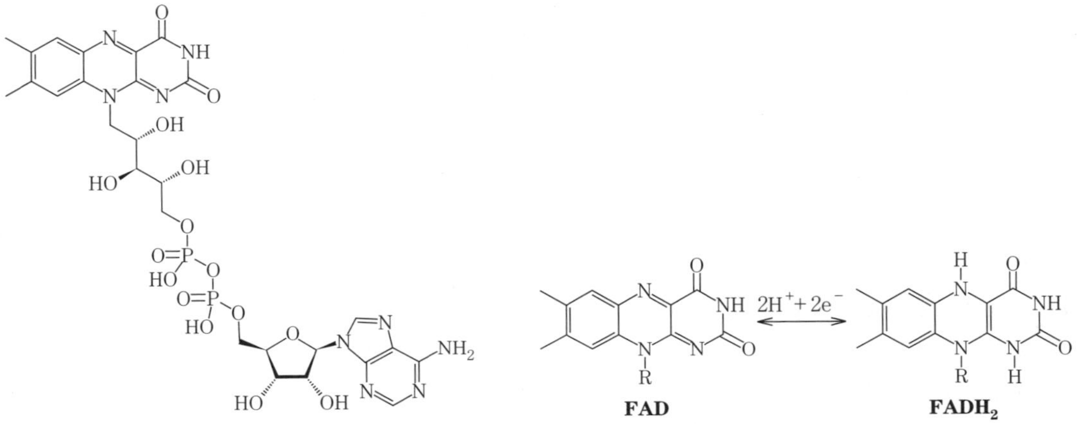
2H⁺+2e⁻
FAD
FADH₂

図 2.26 補酵素 FAD（左）および FAD，$FADH_2$ 交換反応（右）

アセチル CoA（AcCoA）（**図 2.27**）は，ADP，パントテン酸，メルカプトエチルアミンから構成される補酵素である。ADP，パントテン酸，2-チオキシエタンアミンから構成される物質を補酵素 A（CoA）と呼ぶが，アセチル CoA は末端にあるチオール基にアセチル基が結合した物質がアセチル CoA である。

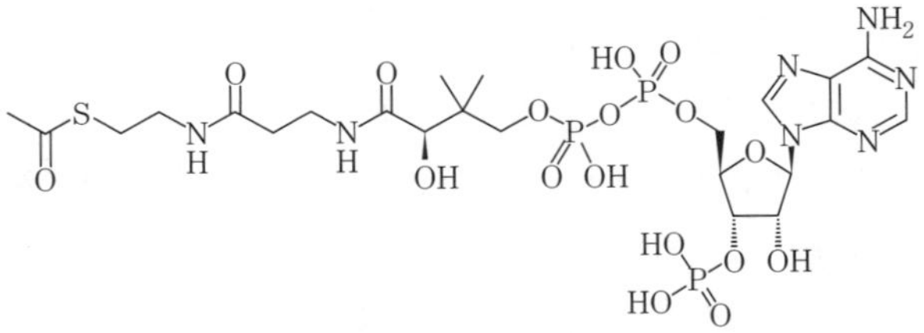

図 2.27 アセチル CoA

2.10 細胞内反応の信号伝達物質

細胞外の情報を第一メッセンジャーという。第一メッセンジャーの発する情報は，受容体を介して細胞内に情報伝達物質を生成し，当該物質は細胞の各部位に情報を伝達する。細胞内信号伝達物質を**第二メッセンジャー**（second messenger）という。代表的な情報伝達物質には，環状アデノシン 1 リン酸（cAMP），$Ca^{2}+$，イノシトール-1,4,5-三リン酸（IP_3），ジグリセリドアデノシンがある。cAMP は，ヌクレオチドの中でリボースの 3′，5′とリン酸が環状となっている物質である（**図 2.28**）。

図 2.29 は，cAMP のシグナル伝達機構を示す。cAMP は，グルカゴンやアドレナリンといった

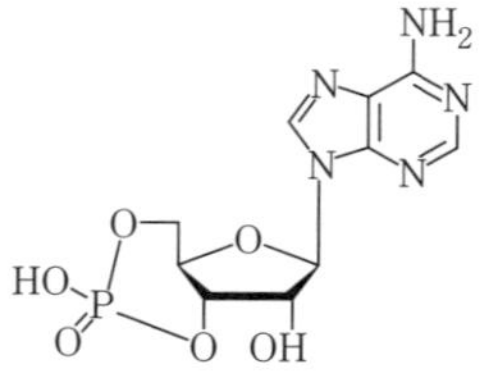
NH2
N
N
N
N
O
O
HO
P
O
O
OH

図 2.28　cAMP

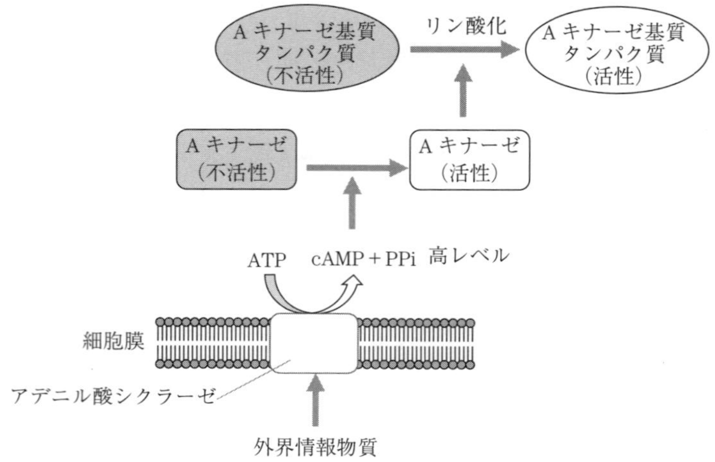
A キナーゼ基質
タンパク質
（不活性）
リン酸化
A キナーゼ基質
タンパク質
（活性）
A キナーゼ
（不活性）
A キナーゼ
（活性）
ATP
cAMP + PPi
高レベル
細胞膜
アデニル酸シクラーゼ
外界情報物質

図 2.29　cAMP によるシグナル伝達機構

ホルモン伝達の際の細胞内シグナル伝達において第二メッセンジャーとして働く信号伝達物質である。細胞膜を通り抜けることはできない。湿潤細胞当り 0.1 ～ 1 $\mathrm{nmol \cdot g^{-1}}$ 存在する。細胞膜に存在するアデニル酸シクラーゼによって ATP から合成され，ホスホジエステラーゼによって 5′-AMP に分解される。タンパク質リン酸化酵素の活性化を担っている。cAMP は，cAMP 依存性プロテインキナーゼである A キナーゼを活性化し，A キナーゼはグリコーゲンホスホリラーゼ，グリコーゲン合成酵素などをリン酸化し酵素の活性化，不活性化に関与する。Ca^{2+}，IP_3，ジグリセリドを第二メッセンジャーとするシグナル伝達機構も同じような過程で進められる。

DNA 分子の複製，mRNA 分子への転写，ポリペプチドへの翻訳によって DNA にコードされる遺伝情報はポリペプチド鎖に受け渡されるが，種々の**翻訳後調節**（posttranslation control）を受けて活性発現ができるようになる。シグナルペプチドの切断（図 2.22）のように特異的プロテアーゼによる調節がその一つである。第二メッセンジャーを介してのリン酸化（図 2.29）も翻訳後調節である。第二メッセンジャーを介してのリン酸化は，それ以外にも，メチル化，アセチル化，アデニリル化，ADP リボシル化，糖鎖付加などがアミノ酸残基に起こる翻訳後調節が知られている。

【引用・参考文献】

1） Gunsalus IC, Stanier RY (eds). 1960. The bacteria, vol. 1, chap 1 by Luria SF, Academic Press Inc., New York.
2） 赤堀四郎　他編. 1958 生化学講座　2. 生体成分, p3, 共立出版, 東京.
3） Bailey J, Ollis DF. 1986. Biochemical engineering fundamentals, McGraw Hill International, New York.
4） Mustaqim D, Ohtaguchi K. 1997. A synthesis of bioreactors for the production of ethanol from CO_2. Energy. 22: 353-356.
5） Asami K., Aritomi T, Tan YS, Ohtaguchi K. 2004. Biosynthesis of polysaccharide alginate by Azotobacter vinelandii in a bubble column. J Chem Eng Jpn. 37: 1050-1055.
6） Chysirichote T, Takahashi R, Asami K, Ohtaguchi K. 2013. Quantification of the glucosamine content in

the filamentous fungus Monascus ruber cultured on solid surfaces. J of Basic Microbiol, in print, 1-8, doi: 10. 1002/jobm. 201200350.

7) Toyoda T, Ohtaguchi K. 2010. Role of lactose on the production of D-arabitol by Kluyveromyces lactis grown on lactose. Appl Microbiol and Biotechnol. 87: 691-701.

8) Toyoda T, Ohtaguchi K. 2010. Xylitol production from lactose by biotransformation. J Biochem Technol. 2: 126-132.

9) Kajiwara S, Shirai A, Fujii T, Toguri T, Nakamura K, Ohtaguchi K. 1996. Polyunsaturated fatty acid biosynthesis in Saccharomyces cerevisiae: expression of ethanol tolerance and the FAD2 gene from Arabidopsis thaliana. Appl Environ Microbiol. 62: 4309-4313.

10) Kajiwara S,. Aritomi T, Suga K, Ohtaguchi K, Kobayashi O. 2000. Overexpression of the OLE1 gene enhances ethanol fermentation by Saccharomyces cerevisiae. Appl Microbiol Biotechnol. 53: 568-574.

11) Akimoto M, Ohara T, Ohtaguchi K, Koide K. 1994. Carbon dioxide fixation and α-linolenic acid production by the hot-spring alga Cyanidium caldarium. J Chem Eng Jpn. 27: 329-333.

12) Akimoto M, Ishii T, Yamagaki K, Ohtaguchi K, Koide K, Yazawa K. 1990. Production of eicosapentaenoic acid by a bacterium isolated from mackerel intestines. J Am Oil Chem Soc. 67: 911-915.

13) NCBI (National Center for Biotechnology Informations). 2009. Protein database, US National Library of Medicine, Bethesda. MA.
http://www. ncbi. nlm. nih. gov/protein

14) Maeda Y, Kajiwara S, Ohtaguchi K. 2001. Manganese peroxidase gene of the perennial mushroom Elfvingia applanata: cloning and evaluation of its relationship with lignin degradation. Biotechnol. Lett. 23: 103-109.

15) Ueshima K, Asami K, Ohtaguchi K. 2008. Kinetics of the growth of white-rot fungus Coriolus hirsitus on soli for bioremediation. J Chem Eng Jpn. 41: 100-107.

16) 浅見和広, 根守浩良, 上島功裕, 太田口和久. 2011. 担子菌によるビスフェノール系難分解性物質分解反応においてメチル基が及ぼす影響. 化学工学論文集. 37: 344-347.

17) Trepte HH. 2005. RibosomaleTranskriptionsEinheit. jpg.
https://commons. wikimedia. org/wiki/File:RibosomaleTranskriptionsEinheit. jpg

18) Ullrich A, Dull TJ, Gray A, Phillips JAIII, Peter S. 1982. Variation in the sequence and modification state of the human insulin gene flanking regions. Nucleic Acids Res. 10: 2225-2240.

19) Yamamoto T, Asami K, Ohtaguchi K. 2012. Anaerobic production of hydrogen in the dark by Synechocystis sp. Strain PCC6803; effect of photosynthesis media for cell preparation. J Biochem Technol. 3: 344-348.

3. 生物材料の調製

3.1 生物材料のスクリーニング

3.1.1 生物のスクリーニング

生物材料（生物，遺伝子，酵素など）の選抜を**スクリーニング**（screening）という。生物のスクリーニングでは，細胞，組織は**培養**（cultivation），植物は**栽培**（cultivation），動物は**飼育**（breeding）を行う。培養対象を**カルチャー**（culture），栄養として供給する炭素源，窒素源，無機塩類，ビタミンなどの物質群を**培地**（medium）と呼ぶ。カルチャーを新しい培地に植え替え増殖，維持することを**継代培養**（subculture）という。継代培養によって，カルチャーの純度を向上させ**純粋培養**（pure culture）株を獲得する。培養または冷凍保存によって維持され続けている生物単位を**株**（strain）という。醸造，発酵および活性汚泥法では，通常，複数の生物種から成る**混合培養**（mixed culture）を採用している。一般の土壌 1 g 中には約 0.1 G 個の微生物が含まれる。培養可能な微生物種は実存する微生物種の 1 %以下といわれている。

16 S rRNA 系統解析が生物種の分類指標として多用されている。リボソームの小サブユニットである 16 S rRNA（約 1 500 bp）は，生物の本質にかかわる機能を有する RNA であるため系統的保存性が高く，真核生物，原核生物を問わずに微生物種を超えて普遍的に存在し，微生物種間のサイズ変動が小さく，系統発生的に保存され，細胞内含量が高い。単離細菌から 16 S rRNA を抽出，全配列解析を行い，**基準株**（type strain）と比較し相同性を調査する。相同性が 97 %以上であれば類縁関係株，99 %以上であれば同種の可能性が高いと推論する。ただし，16 S rRNA の相同性解析では，球菌，桿菌などの形態的分類と異なっていたり，グラム陰性菌とグラム陽性菌が同一グループに分類されたり，好気性菌と嫌気性菌が同一グループに分類される場合があり，この段階では同定には至っていない。スクリーニング後の微生物は研究機関に保存されている。生物細胞の培養株を収集，保存し研究，教育用に培養株を分譲する生物株保存機関を**カルチャーコレクション**（culture collection）という。

3.1.2 遺伝子のスクリーニング

ゲノム（genome）とは，遺伝子（gene）と全体を表す接尾語（-ome）を組み合わせた専門用語であり，生物の持つ遺伝子の全体を表している。ゲノムと遺伝子について研究する**ゲノミクス**（genomics）（付録参照）は，網羅的情報を取り扱う点に特徴がある。ヒト，マウス，イネ，酵母をはじめ，多くの生物でゲノム配列情報が解析され，公開（**表3.1**）されている。

表3.1　ゲノムデーターベース

生　物	bp	Genes	URL
藍色細菌 *Synechocystis* sp, strain PCC 6803	3.573 471 M	3.317 k	CyanoBase http://genome.microbedb.jp/cyanobase/Synechocystis
Synechococcus elongates sp. strain PCC 7942	2.695 903 M	2.665 k	CyanoBase http://genome.microbedb.jp/cyanobase/SYNPCC7942
Anabaena sp. strain PCC 7120	6.413 771 M	5.437 k	CyanoBase http://genome.microbedb.jp/cyanobase/Anabaena
枯草菌 *Bacillus subtilis*	4.22 M	4.422	*Bacillus subtilis* Genome Browser Gateway http://microbes.ucsc.edu/cgi-bin/hgGateway?db=baciSubt2
大腸菌 *Escherichia coli*	4.6 M	4.149 k	The Coli Genetic Stock Center http://cgsc.biology.yale.edu/
出芽酵母 *Saccharomyces cerevisiae*	12 M	5.880 k	*Saccharomyces* Genome Database http://www.yeastgenome.org/
	12 M		清酒酵母ゲノム解析 http://nribf1.nrib.go.jp/SYGD/
麹菌 *Aspergillus oryzae* RIB 40	37.2 M	12.074 k	製品評価技術基盤機構（NITE）麹菌ゲノムデータベース DOGAN http://www.bio.nite.go.jp/dogan/project/view/AO
			Aspergillus Genome Database（AspGD） http://www.aspgd.org/
線虫 *Caenorhabditis elegans*	97 M	20 k	WormBase http://www.wormbase.org/#01-23-6
シロイヌナズナ *Arabidopsis thaliana*	0.34 G	27 k	*Arabidopsis thaliana* Genome http://www.plantgdb.org/AtGDB/
イネ	0.39 G	37 k	Oryzabase http://www.shigen.nig.ac.jp/rice/oryzabaseV4/5.437
ヒト	3.0 G	26 k	Human Genome Resources http://www.ncbi.nlm.nih.gov/projects/genome/guide/human/
マウス	3.3 G	29 k	NIG Mouse Genome Database http://molossinus.lab.nig.ac.jp/msmdb/index.jsp

ゲノムから遺伝子をスクリーニングする場合，供試菌の野生株からある表現型をノックアウトした遺伝子破壊株を作成する。野生株の遺伝子断片を用いて遺伝子破壊株を形質転換した試験菌のライブラリーを構築する。破壊された遺伝子の表現型が相補されていれば当該試験菌に導入した遺伝子断片の中に目的遺伝子がスクリーニングされたとみなす。**ノックアウトマウス**（knockout mouse）は癌，心臓病，糖尿病などの疾患対策用に役立てられている。

3.1.3　酵素のスクリーニング

生物材料の酵素は，自然界に25 k 種以上存在する。多数の酵素が細胞または細胞外から抽出，分離，精製され市販されている。酵素のスクリーニングでは，細胞から酵素を抽出し，基質に作用させ，多くの場合，生成物を薄層クロマトグラフ，液体クロマトグラフ，ガスクロマトグラフを用いて定性，定量分析することで情報を獲得する。反応開始から分析結果を獲得するまでに要する時間が長いため，アッセイの簡略化が図られている。マイクロ化は反応条件数を向上させるのに有効である。試験管に換えて96ウェルプレートを用いた分析例が拡大している。安定同位体を用いた検出感度の向上策，IRサーモグラフを用いた高感度熱分析の応用が検討されている。生成物が細胞に致死的作用を及ぼす場合には，細胞死の有無でスクリーニングを行い得る[1)]。

図3.1は，酵母 *Saccharomyces cerevisiae* のレポーター遺伝子の転写活性化を指標とし，酵素をスクリーニングする**スリーハイブリッド法**[2)]（three-hybridsystem）を示している。DNA結合ドメインタンパク質としてLexA，転写活性化ドメインタンパク質としてB 42を選択し，LexAにはジヒドロ葉酸レダクターゼ（DHFR），BR 42にはグルココルチコイド受容体（GR）を融合させ，DNA結合ドメイン複合体と転写活性化ドメイン複合体を準備する。DHFR阻害剤メトトレキセート（MTX）はDHFRに結合でき，デキサメタゾン（DEX）はGRの基質であることに注目し，スクリーニング対象酵素の基質とMTX，GRを結合させた複合基質を第3の融合体として準備する。三つの融合体が結合している場合は転写は活性化されるが，試験液中に目的酵素が存在すると複合基質は切断され転写は停止するため，酵素がスクリーニングできる。

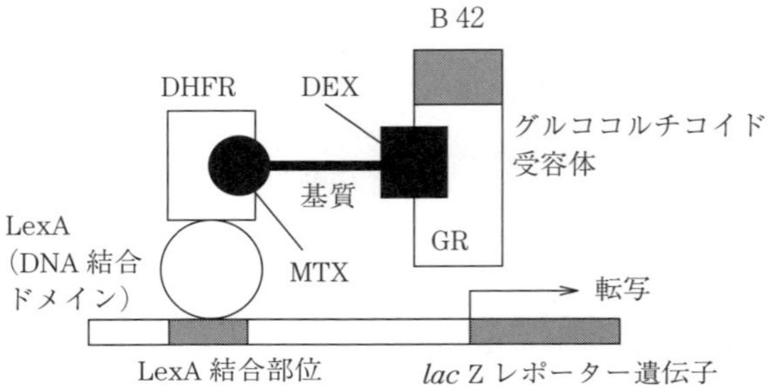
B 42
DHFR
DEX
グルココルチコイド受容体
基質
LexA（DNA結合ドメイン）
GR
MTX
転写
LexA結合部位
lac Z レポーター遺伝子

図3.1　スリーハイブリッド法による酵素のスクリーニング

3.2　培　　　養

特定生物種を培養する際の課題の一つは**雑菌汚染**（contamination）リスク回避にある。滅菌，殺菌技術に関しては，実験書を参照されたい。単離した細胞を直接，大量培養すると増殖が得られない場合がある。通常，保存培地上の細胞を接種後，少量の培地を用いて増殖させ細胞の濃度を高め，次いで増殖過程観測用の培養が行われる。この前段階で行う培養を**前培養**（preculture）という。前培養後の本格的培養は**本培養**（main culture）と呼ばれる。本培養における細胞活性は，前培養の細胞活性の影響を大きく受けることが多い。前培養の細胞機能から本培養の細胞機能を見積もる手法が考案されている[3)]。

3.3 遺伝子組換え株の作製

3.3.1 組換え DNA 実験

組換え DNA を増幅，維持，導入させる核酸分子を**ベクター**（vector）と呼ぶ。プラスミドとは，宿主染色体とは独立して自立複製し，安定に遺伝することのできる染色体外遺伝因子を指す。コスミドとは，λファージ頭部へのファージ DNA 導入の際の付着末端位置 *cos*（cohesive end site）構造部分を含む λDNA 断片をプラスミドベクターに組込んだ DNA を指す。これらはベクターとして多用されている。この技術を用い，遺伝子を単離，解析したり，改変を行ったりすることを**遺伝子操作**（gene manipulation）と言う。挿入 DNA 断片の大きさ，挿入目的に応じて使用するベクターは異なる。特定の DNA 断片を宿主細胞に導入して得られるコロニー，プラークの中から目的とする特定の DNA 断片を有するクローンを検出し，当該クローンを単離することを**クローニング**（cloning）という。遺伝子ライブラリー作成用のベクター，クローニング用のベクター，タンパク質翻訳用の発現ベクターなどがある。植物の場合，腫瘍クラウンゴール形成にかかわる土壌細菌 *Agrobacterium tumefaciens* の **Ti プラスミド**（tumor inducing plasmid）（200 kb）が役立てられている。動物細胞の場合，サル細胞で増殖する 5 243 bp から成る二本鎖環状 DNA で *Eco*RI 部位を 1 か所含んでいる腫瘍ウィルス **SV40**（Simian virus 40）が多用されている。プラスミド，コスミド，ウィルスなどのベクターの詳細に関しては，宿主の種類に応じ分譲機関が提供するカタログを参照されたい。

組換え DNA 実験技術の応用によって，野生状態の自然な生育・増殖過程では起こらない生物現象を創出し，ペプチドホルモン，ウィルス抑制因子などの有用物質，エネルギーの生産が可能となり，除草剤耐性などの有用遺伝子を組み込んだ**遺伝子組換え生物**（genetically modified organism, GMO）の生産，遺伝子治療，環境技術などへの応用が現実化している。

単一細胞に由来する細胞集団をクローンという。プラスミド上の 1 対の二本鎖 DNA の相同的塩基配列を有する染色体上の遺伝子配列と組換えを起こし，形質転換する場合もある。これを**相同的組換え**（homologous recombination）という。

分子量の大きな DNA を取り扱うための人工染色体ベクターが開発されている。BAC（bacterial artificial chromosome）ベクターは大腸菌 *Escherichia coli* を宿主とするベクターであり，最大約 300 kb の DNA 断片を安定にクローニングできる。PAC（P1-derived artificial chromosome）ベクターは，ファージ P1 の複製系を利用したベクターであり，クローニング対象は約 300 kb である。YAC（yeast artificial chromosome）ベクターは酵母 *Saccharomyces cerevisiae* を宿主とするベクターであり，数 Mbp の DNA 断片がクローニングできる。

遺伝子組換え技術は，無限の可能性を示唆しているが，一方で悪用されると重大な危険性もはらんでおり，両刃の剣であることが当初より科学者の間では意識されていた。組換え DNA 実験が誕生直後の 1975 年に，Watson，Berg らが呼びかけ人となり，世界 28 か国から約 150 人の科学者がアメリカ・カリフォルニア州アシロマに集い，**アシロマ会議**（Asilomar Conference）が開催された。会議は紛糾したが，Brenner が提案した“生物学的封じ込め”[4] が合意され，各国は，これに応じて“物理的封じ込め”などのガイドライン[5] 策定を行った。アシロマ会議は，科学者が学問研究の自由を束縛してまでも自らの社会的責任を問い，未然防止の策を講じたことで科学史に刻まれている。

組換え DNA 実験指針においては，培養動物細胞は生物ではないとして取り扱われていたが，2004 年にバイオセーフティに関する**カルタヘナ議定書**（Cartagena Protocol on Biosafety））（**生物多様性**（biodiversity）に関する条約）が発効され，遺伝し組換え培養細胞をマウス等の動物に接種した場合は，当該マウスは遺伝子組換え動物として法律の対象となることなどバイオセーフティに関わる事項が法制化された[6]。この実験，または実験結果の応用を行おうとする者は，わが国では，法律を遵守する必要がある。

3.3.2　目的遺伝子のクローニング方法

組換え DNA 実験における**クローン**（clone）とは，特定の DNA 分子から生じた多数の DNA 分子集団を指している。一方，特定の遺伝子または DNA 断片を純化し増幅することを**クローニング**（cloning）と呼んでいる。目的遺伝子の取得方法は，真核生物と原核生物では，一般的には異なる。**図 3.2** は，目的遺伝子の取得方法を示している。DNA のクローニングは，原核生物，真核生物，いずれの場合も全 DNA 抽出作業から開始される。

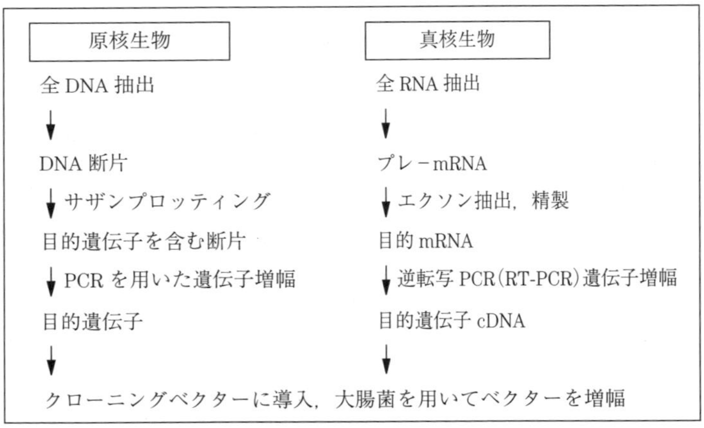
原核生物
全 DNA 抽出
DNA 断片
サザンプロッティング
目的遺伝子を含む断片
PCR を用いた遺伝子増幅
目的遺伝子
真核生物
全 RNA 抽出
プレ－mRNA
エクソン抽出，精製
目的 mRNA
逆転写 PCR（RT-PCR）遺伝子増幅
目的遺伝子 cDNA
クローニングベクターに導入，大腸菌を用いてベクターを増幅

図 3.2　目的遺伝子の取得

原核生物の場合，全 DNA 抽出はつぎの 4 段階で進められる。

① 細菌の培養と集菌

② 溶菌と細胞内容物抽出

③ 細胞抽出液からの全 DNA 抽出

④ 全 DNA の濃縮

大腸菌からのプラスミド抽出に多用されている**アルカリ溶菌法**（alkaline lysis）では，界面活性剤**ドデシル硫酸ナトリウム**（sodium dodecyl sulfate, SDS）を NaOH とともに大腸菌に作用させ細胞膜を穏やかに破壊しプラスミド DNA，RNA，タンパク質を溶出させる。アルカリ処理によってタンパク質，核酸は**変性**（denaturation）するが，酢酸カリウム溶液で中和するとプラスミドは再生し水溶性となる。一方，大部分のタンパク質，タンパク質と結合している染色体 DNA は弱酸性条件では不溶性沈澱となるため，沈殿を除去することで排除できる。フェノール溶液はタンパク質変性剤である。フェノール・クロロホルムを作用させることによって低分子タンパク質を取り除く。水層にはプラスミド DNA，RNA が含まれている。70 %エタノールおよび塩を核酸に作用させ凝集させて**エタノール沈澱**を獲得する。RNA 分解活性を有する酵素である RNase を作用させ，高分子アルコールのポリエチレングリコール（PEG）を用いた沈澱形成を行うと，DNA だけが獲得できる。

真核生物の場合，通常は全 RNA を抽出し，プレ-mRNA を分離し，エクソンを抽出，目的遺伝子 mRNA を精製する。一本鎖 RNA をテンプレートとし DNA を合成する酵素を**逆転写酵素**（reverse transcriptase）という。mRNA 獲得後に逆転写酵素を用い目的タンパク質の遺伝子をコードする **cDNA**（complementary DNA, 相補的 DNA）を獲得する。

3.3.3　制　限　酵　素

制限酵素（restriction endonuclease）は，菌株特異性のあるエンドヌクレアーゼで，細胞に侵入するウィルス等の外来核酸を切断排除し細胞を護る自己防衛機構の担い手として自然界に存在するタンパク質である。2 本鎖 DNA を切断する特徴点を有する。1968 年に発見された[7)]。制限酵素は，菌株特異性を有するため，属名イニシャル 1 文字，種名イニシャル 2 文字をイタリック表示し，株名またはプラスミド由来を付記し，同一株から複数の制限酵素が得られる場合にはローマ数字を添えて酵素名としている。制限酵素例として *Hind* Ⅲ を取り上げる。この酵素は，塩基配列 5′-AAGCTT-3′ を認識し最初の AA 間を切断する。相補対は 3′-TTCGAA-5′ であり，同じ方向（5′→3′）から読むと同一の塩基配列となっている。これを回文構造または**パリンドローム**（palindrome）と呼ぶ。一般に制限酵素の認識部位はこの構造となっている。**表 3.2** は制限酵素の代表例と認識塩基配列を示す。エタノール沈殿によって獲得した DNA に特定の制限酵素を作用させて DNA を切断し断片化を図る。

DNA 配列上の制限酵素作用部位を明示した図を**制限酵素地図**（restriction map）という。環状 DNA であるプラスミド DNA の例として pBR 322 を取り上げ，制限酵素地図を**図 3.3** に示す[8)]。pBR 322 は大腸菌用のクローニングベクターであり，分子量は 4 361 bp である。目的とする遺伝子を保持している株を遺

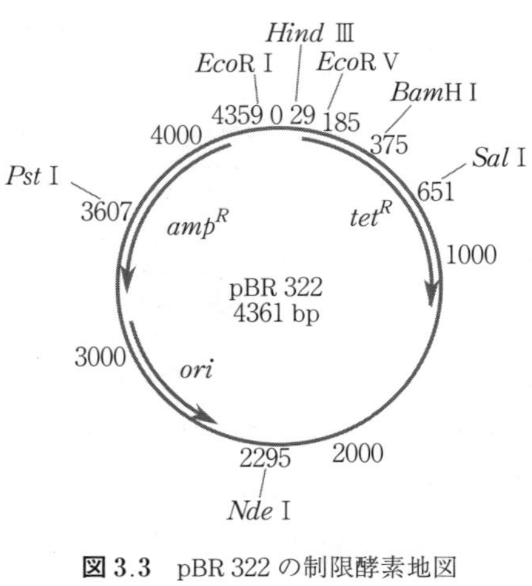
Hind Ⅲ
EcoR Ⅰ
EcoR Ⅴ
BamH Ⅰ
4359
0
29
185
4000
375
Sal Ⅰ
Pst Ⅰ
651
3607
amp^R
tet^R
1000
pBR 322
4361 bp
3000
ori
2295
2000
Nde Ⅰ

図 3.3　pBR 322 の制限酵素地図

表 3.2　制限酵素

制限酵素	認識部位と切断個所	起　源
Alu I	5′-AG|CT-3′ 3′-TC|GA-5′	*Arthrobacter luteus*
*Bam*H I	5′-G|GATCC-3′ 3′-CCTAG|G-5′	*Bacillus amyloliquefaciens*
Cla I	5′-AT|CGAT-3′ 3′-TAGC|TA-5′	*Caryophanon latum*
*Eco*R I	5′-G|AATTC-3′ 3′-CTTAA|G-5′	*Escherichia coli*
*Eco*R V	5′-GAT|ATC-3′ 3′-CTA|TAG-5′	*Escherichia coli*
Hae III	5′-GG|CC-3′ 3′-CC|GG-5′	*Haemophilus egytius*
Hind III	5′-A|AGCTT-3′ 3′-TTCGA|A-5′	*Haemophilus influenzae* d
Hinf I	5′-G|ANTC-3′ 3′-CTNA|G-5′	*Haemophilus influenzae* Rf
Hpa I	5′-GTT|AAC-3′ 3′-CAA|TTG-5′	*Haemophilus parainfluenzae*
Hpa II	5′-C|CGG-3′ 3′-GGC|C-5′	*Haemophilus parainfluenzae*
Kpn I	5′-GGTAC|C-3′ 3′-C|CATGG-5′	*Klebsiella pneumoniae*
Not I	5′-GC|GGCCGC-3′ 3′-CGCCGG|CG-5′	*Nocardia otitidis*
Pov II	5′-CAG|CTG-3′ 3′-GTC|GAC-5′	*Proteus vulgaris*
Pst I	5′-CTGCA|G-3′ 3′-G|ACGTC-5′	*Providencia stuartii*
Sac I	5′-GAGCT|C-3′ 3′-C|TCGAG-5′	*Streptomyces achromogenes*
Sal I	5′-G|TCGAC-3′ 3′-CAGCT|G-5′	*Streptomyces albus*
Sau βA	5′-|GATC-3′ 3′-CTAG|-5′	*Staphylococcus aureus*
Sma I	5′-CCC|GGG-3′ 3′-GGG|CCC-5′	*Serrana marcescens*
Taq I	5′-T|CGA-3′ 3′-AGC|T-5′	*Thermus aquaticus*

2 本鎖 DNA の認識部位を制限酵素が認識し，白枠と灰色枠との境界で2 本鎖を切断する。N は ATGC のどれかを指す。

伝子を欠く株を選別するために抗生物質アンピシリン，テトラサイクリン耐性遺伝子 amp^R，tet^R が挿入されている。野生の大腸菌はこれらの抗生物質存在下では生息できないが，耐性遺伝子を有する組換え大腸菌は抗生物質を分解酵素を生成するため耐性を発現する。耐性遺伝子と目的遺伝子を同期させて発現させることによって目的遺伝子による形質転換株を選択することができる。組換え DNA 実験におけるこのような抗生物質の働きをを**選択圧**（selective pressure）と呼ぶ。pBR 322 の制限酵素地図では，制限酵素 *Eco*R I による切断部位を時計の 0：00 に位置に設定し時計右回りに後続する塩基を順々と配置し 360° 回転したときに 4 361 bp 目の終点の *Eco*R I 部位を配置している。地図上の *Hind* III，*Eco*R V…は制限酵素の作用部位を表している。地図上の数字は，*Eco*R I 作用部位から各制限酵素作用部位までの塩基数を表している。

3.3.4　電気泳動による DNA 断片の分離

DNA 断片は高分子電解質イオンである。これに適当な伝導性を持たせるための電解質を含む緩衝液に溶かし，緩衝液に浸したアガロースゲルまたはポリアクリルアミドゲルの一端の溝であるウェル（well）に緩衝液に溶かした DNA 液を挿入し，ゲル両端の緩衝液に一対の電極を浸して直流電圧をかけると，負に荷電している DNA 断片は正極に向かって**電気泳動**（electrophoresis）する。電気泳動移動度は，イオン移動速度を電場の強さで割った値である。電気泳動移動度は，イオンの大きさ，形，電荷によって決まる。質量 / 電荷が一定であれば，イオンは略同じ電気泳動速度で移動する。DNA は，ヌクレオチド dAMP，dGMP，dTMP，dCMP から成る重合体であり，例えば dA は −1 価，dAdG は −2 価，dAdGdT は −3 価，dAdGdTdC は −4 価に荷電しているため，DNA の荷電の数は分子量に比例する，このため，液中での電気泳動移動度は略同じである。しかし，ゲルの網目構造の間隙を DNA 断片が移動する場合，ゲル分子の篩効果によって小さな分子は網目を容易に通過し速く移動するが，大きな分子は網目の抵抗を受け遅く移動する。アガロースは大きな DNA 断片，ポリアクリルアミドは小さな DNA 断片の分離に向いている。アガロースゲルの濃度が，0.3 %，0.7 %，1.2 %，2.0 % の時，DNA 分子量の適用範囲はそれぞれ 5-50kb，0.8-10kb，0.3-5kb，0.1-3kb であり，ポリアクリルアミドゲルの濃度が，3.5 %，5 %，10 %，20 % のとき，DNA 分子量の適用範囲はそれぞれ 200 ～ 1 000 bp，100 ～ 700 bp，20 ～ 300 bp，5 ～ 100 bp である。アガロースやポリアクリルアミドのゲル電気泳動を行うと大きい断片は流れにくいが小さい断片は流れやすい。一定時間後，ゲル片を取り出し臭化エチジウムなどの核酸染色液に浸漬させ，紫外線を照射すると核酸は蛍光を発色する。分子量既知のマーカー DNA を同時に電気泳動させると試料 DNA 断片の分子量を評価することができ，分子量を尺度として目的遺伝子を取得することができる。

図 3.4 はアガロースゲル電気泳動後の断片位置を示す。左側が分子量マーカーである。移動距離 z は，第 1 次近似的には，分子量 M の対数に反比例する。サイズマーカーの移動距離 z を測定して検量線を求め，次式の電気泳動に関わる係数 k_{EP1}，k_{EP2} を定めれば，試料 DNA 断片の分子量を解析できる。

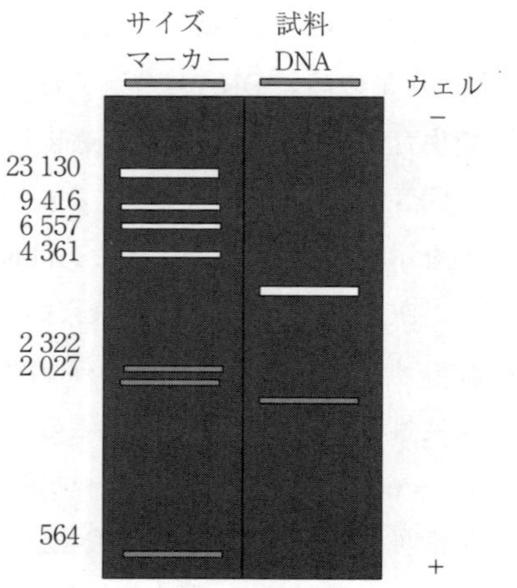
サイズマーカー
試料DNA
ウェル
−
23 130
9 416
6 557
4 361
2 322
2 027
564
+

図 3.4　アガロース電気泳動後のゲルの模式図

$$\ln M = k_{EP1} - k_{EP2} z \tag{3.1}$$

目的DNAの所在を確認する技術として**サザンブロッティング**（Southern blotting）**法**がある。ゲル電気泳動後のゲルを強塩基容液に浸漬し，ナイロン，ニトロセルロースなどの膜に接触させ変性で生じた一本鎖DNAを膜に拡散移動させ，UV，煮沸で固定化，検出したい配列と相補的な配列を放射性同位体リン標識，発色酵素標識したプローブ配列をハイブリダイズさせ，検出DNAの所在を確認する。

細胞から核酸を抽出，DNA分解酵素であるデオキシリボヌクレアーゼ（DNase）を用いてDNAを分解しRNAだけを獲得後，目的RNAの所在を確認するための技術として**ノーザンブロッティング**（northern blotting）がある。検出したいRNAと相補的な配列を有するプローブ配列をハイブリダイズし，検出RNAの所在を確認する。抗体を用いて検出する方法が一般化している。

3.3.5　DNAライゲーション

DNA断片を再結合する酵素を**リガーゼ**（ligase）という。反応にはATPが必要で，ATPのリン酸開裂反応に共役し，二つの分子を結合させる。

3.3.6　ポリメラーゼ連鎖反応

DNAは260 nmに紫外線の吸収極大点を有し，この条件では吸光度の1単位が50 μg･mL^{-1}に相当している。**図3.5**は，二本鎖DNAを含む緩衝液の温度を向上させたときの260 nm紫外線吸光度の変化を示す。DNAが変性し一本鎖が生成すると紫外線吸光度は40 %増加する。この現象を**濃色効果**（hyperchromic effect）という。T_mはDNAの**融点**（melting temperature）であり50 %変性する温度として定義する。変性したDNA溶液を冷却すると相補的な一本鎖DNAは互いに結合し二本鎖DNAが再生する。これを**アニーリング**（annealing）という。

DNAのGC対の割合を**GC含量**（GC content）という。**図3.6**は，GC含量とT_mとの関係を示す[9]。AT対は水素結合が2本であるのに対しGC対は3本であり熱的に安定である。このため，GC含量の高いDNAはT_mが高くなっている。なお，この関係は，GC含量の高い生物が高い温度で生育することを必ずしも意味しない[10]。

図3.7は，DNAを増幅するための**ポリメラーゼ連鎖反応**（polymerase chain reaction, PCR）の原理を示している。1983年にMullisらによって開発された[11]。反応は細胞外の条件（*in vitro*）で行う。PCR法では，DNA溶液，耐熱性DNAポリメラーゼ，大量の**プライマー**（primer）となる2種類のオリゴヌクレオチドを緩衝液に加える。反応は以下の順に進める。① 94 ～ 96 ℃条件でDNAを変性させ，テンプレートとなる一本鎖DNAを準備する。② プライマーのT_mより5 ℃低い温度45 ～ 60 ℃でプライマーを一本鎖DNAにアニーリングする。③ 72 ℃で耐熱性DNAポリメラーゼを活性化し，アニーリング点からDNA伸長反応を進め，反応開始時と比べて2倍量のDNAを獲得する。段階① ～ ④をPCR法の1サイクルという。このDNA倍化サイクルを25 ～ 30回繰り返すと10 M分子以上のDNA溶液が獲得できる。

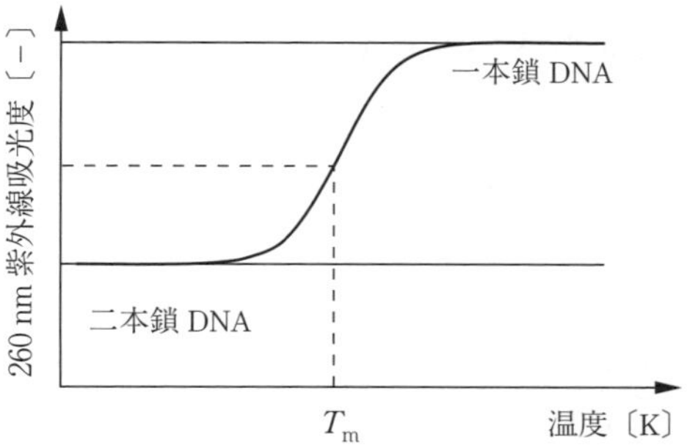

260 nm 紫外線吸光度〔−〕
一本鎖 DNA
二本鎖 DNA
T_m
温度〔K〕

T_m：二本鎖 DNA の 1/2 が変性する温度

図 3.5 DNA 溶液の 260 nm 紫外線吸光度と温度との関係

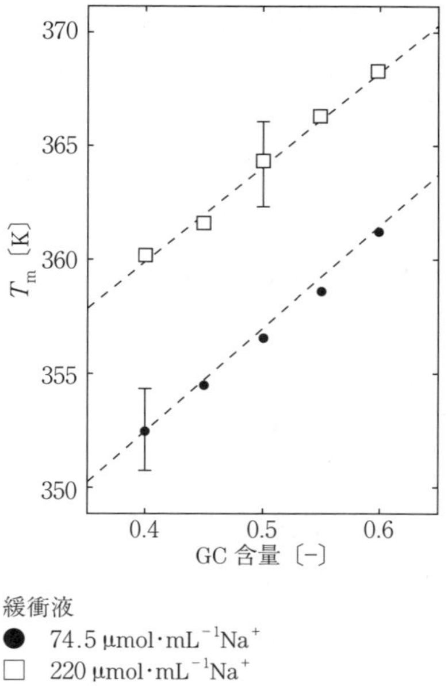

T_m〔K〕
370
365
360
355
350
0.4
0.5
0.6
GC 含量〔−〕
緩衝液
● 74.5 μmol・mL^{-1}Na$^+$
□ 220 μmol・mL^{-1}Na$^+$

図 3.6 DNA の GC 含量と DNA 融解温度 T_m の関係[9)]

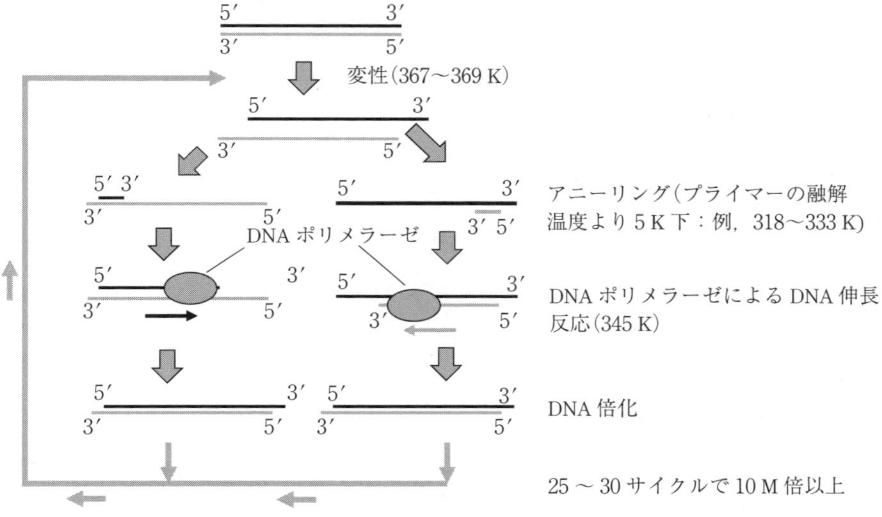

変性(367〜369 K)
DNA ポリメラーゼ
アニーリング(プライマーの融解温度より 5 K 下：例，318〜333 K)
DNA ポリメラーゼによる DNA 伸長反応(345 K)
DNA 倍化
25 〜 30 サイクルで 10 M 倍以上

図 3.7 PCR 法

3.3.7 形　質　転　換

細胞外から DNA を導入し，細胞の遺伝的な形質を変える操作を**形質転換**（transformation）という。特に，動物細胞への遺伝子の挿入は**トランスフェクション**（transfection），ウィルス，ファージを用いた遺伝子の挿入は**形質導入**（transduction）と呼ばれている。遺伝子は，プラスミド，ファージなどのベクターに組み込み，宿主細胞懸濁液に加えられる。高分子 DNA を細胞膜を通過させるために，**コンピテントセル**（competent cell）**法**，**エレクトロポレーション**（electroporation）**法**が適用される。エレクトロポレーション法は，電気穿孔法とも呼ばれ，細胞懸濁液に電気パルスを付与し細胞膜に微小な穴を空け，細胞内へのDNA取り込みを促す方法である。植物細胞，藻類の他，大腸菌，糸状菌，動物細胞の形質転換にも使用されている。エレクトロポレーション法では操作後の細胞壁再構築も容易である。

対数増殖期（logarithmic growth phase）の大腸菌を $CaCl_2$ 液などの2価陰イオン存在下で冷却すると細胞膜はプラスミドDNAレベルの比較的分子量の小さなDNAに対し膜透過性を獲得するが，この状態の細胞をコンピテントセルという。コンピテントセルは－80℃で冷凍保存し，使用時に0℃に戻す。穏やかにDNAを加え，その後希釈するとDNAが細胞内に取り込まれ形質転換が達成できる。

コンピテントセル法を採用すると，1ngのpBR 322から，1k～10k個の形質転換菌を作成できる。利用可能なすべてのPBR 322分子の0.01％が細胞内に取り込まれている。コンピテントセルのカルチャーに存在する細胞の中できわめてわずかな細胞だけが形質転換できることがわかる。pBR 322の tet^R，amp^R 遺伝子は大量の細胞の中から目的とする細胞を選抜する手段として活用されている。

大腸菌の場合，$CaCl_2$ 液に冷却浸漬することでコンピテントセルを作成できたが，高等生物にはこの方法は適用できない。酵母の場合，$LiCl_2$ または $Li(CH_2COO)_2$ はDNAの取り込みを促進することがわかっており，これらの液への浸漬が応用されている。DNA取り込みの第一の障壁は細胞壁である。一方，動物細胞は細胞壁を持たない。このため，動物細胞場合は，リン酸カルシウム溶液の中に細胞を置き，DNAを添加し，細胞表面にDNA分子を沈着させる手段が講じられている。この方法によってDNAを簡単に細胞内に移動させている。

植物細胞，藻類の場合，高張液中で細胞壁分解酵素を作用させて原形質膜に囲まれた**プロトプラスト**（protoplast，原形質体）とし，DNAを導入する方法がよく使用されている。プロトプラストはDNAを容易に取り込む。また，エレクトロポレーション法を採用することもある。

3.3.8　遺伝子組換え菌の作製

図3.8は遺伝子組換え菌の作製を例示している。図で，ヒトの網状赤血球由来グロブリン遺伝子をクローニングし，大腸菌に形質転換する手法の全体像[11]を示している。核酸は，mRNAとして獲得し，cDNAに逆転写を行っている。ベクターには抗生物質のアンピシリン耐性遺伝子を組み込んだプラスミドが使用されている。このベクターに網状赤血球由来グロブリン遺伝子を組み込んだ組換えDNAを作成し，大腸菌を形質転換している。組換えDNAを脱落している野生株は，アンピシリンが負荷する選択圧下では死滅するため，アンピシリン存在下で組換え大腸菌を増殖させ，ヒト由来グロブリン遺伝子を発現する菌株を獲得することができる。

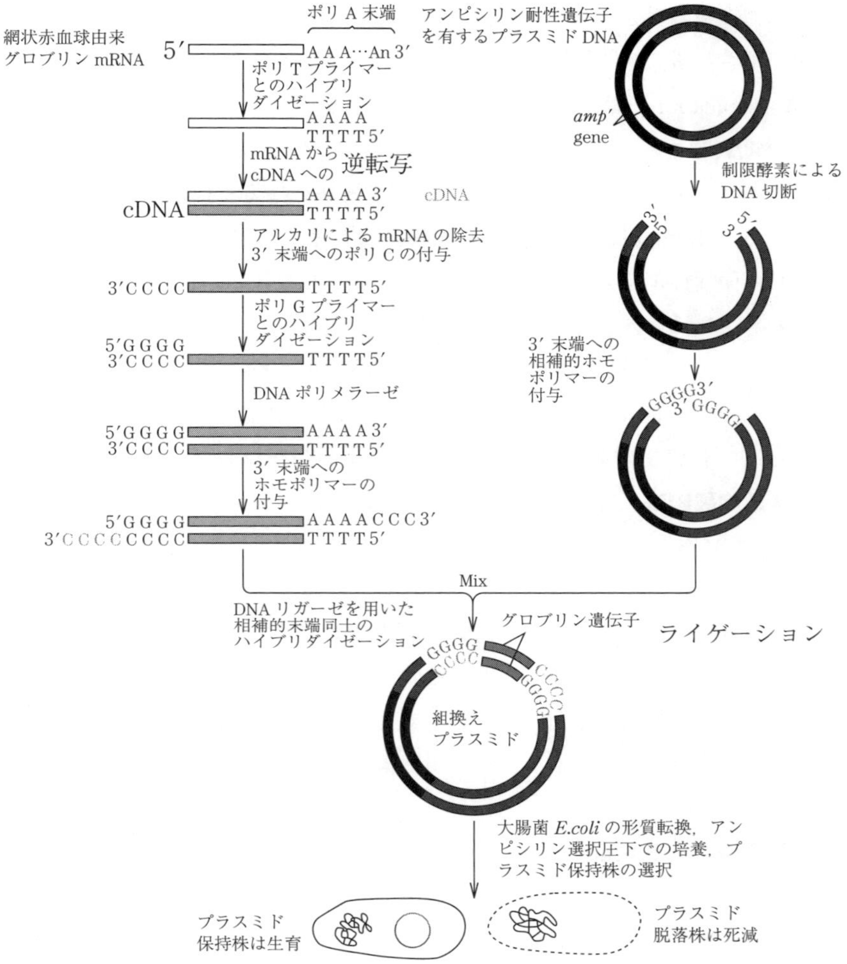
ポリ A 末端
網状赤血球由来
グロブリン mRNA
5′
A A A…An 3′
ポリ T プライマー
とのハイブリ
ダイゼーション
A A A A
T T T T 5′
mRNA から
cDNA への
逆転写
A A A A 3′
cDNA
cDNA
T T T T 5′
アルカリによる mRNA の除去
3′ 末端へのポリ C の付与
3′C C C C
T T T T 5′
ポリ G プライマー
とのハイブリ
ダイゼーション
5′G G G G
3′C C C C
T T T T 5′
DNA ポリメラーゼ
5′G G G G
A A A A 3′
3′C C C C
T T T T 5′
3′ 末端への
ホモポリマーの
付与
5′G G G G
A A A A C C C 3′
3′C C C C C C C C
T T T T 5′
アンピシリン耐性遺伝子
を有するプラスミド DNA
amp′
gene
制限酵素による
DNA 切断
3′ 末端への
相補的ホモ
ポリマーの
付与
GGGG3′
3′GGGG
Mix
DNA リガーゼを用いた
相補的末端同士の
ハイブリダイゼーション
グロブリン遺伝子
ライゲーション
GGGG
CCCC
組換え
プラスミド
大腸菌 E.coli の形質転換，アン
ピシリン選択圧下での培養，プ
ラスミド保持株の選択
プラスミド
保持株は生育
プラスミド
脱落株は死滅

図 3.8　網状赤血球由来グロブリン遺伝子形質転換大腸菌の作成[11)]

3.3.9　細　胞　破　砕

遺伝子組換え菌の目的生成物が，細胞内タンパク質である場合，培養後のカルチャーから細胞を収穫獲し，**細胞破砕**（cell disruption）を実行し，細胞内容物から目的タンパク質を分離し定性的，定量的試験の材料とすることが必要となる。生物材料が，原核生物，真核生物のいずれかにより細胞破砕の手段は異なる。以下に代表例と要点を示す。

薬剤破砕法（chemical and enzymatic cell disintegration）は，細胞の溶解を促すように薬剤を作用させ細胞を破砕する。大腸菌の場合，**リゾチーム**（lysozyme），エチレンジアミン四酢酸（EDTA），ドデシル硫酸ナトリウム（SDS）が用いられる。リゾチームは，細胞壁に硬さを与えている重合物質を分解する。Mg^{2+} は細胞膜の構造を維持するために不可欠であるが EDTA はこれを除去し細胞膜を弱くする。SDS は脂質分子を取り除くため細胞膜は破壊され溶解過程を促進させる。アルカリ溶菌法も適用される。酵母の場合，細胞壁溶解酵素として**ザイモリアーゼ**（zymolyase）

が使用される。動物細胞の場合，細胞壁を持たないため，温和な非イオン性界面活性剤，キレート剤，塩類などが使用される。植物細胞の場合，セルラーゼ，ペクチナーゼなどが作用される。

超音波破砕法（sonication）は，細胞懸濁液に超音波を照射し細胞を破砕する手法である。20 kHz に増幅された電気的エネルギーを機械的振動に変え，圧力波，キャビテーションを引き起こし，極微小気泡の形成，破壊を繰り返すことで細胞に衝撃を与える技術である。0.2 s 間 ON，1.8 s 間 OFF の操作を 5 ～ 15 min 繰り返すことに微細藻類を完全に破壊したとの報告がある。破壊が難しい細胞に対し界面活性剤を入れた液への超音波処理も行われているが，発泡現象が破砕効率を低下させるといわれている。タンパク質と同時に DNA が抽出され粘度が上昇することがある。これを防ぐためにヌクレアーゼ添加，酢酸マグネシウム添加が行われる。

圧力破砕法（pressure cell method）は，加圧状態から大気圧状態へと細胞を急激な圧力変化にさらすことによって生体膜を破裂させる方法である。**フレンチプレス**（French pressure cells）**法**と**パール窒素ガス細胞破砕法**（Parr press method）がある。フレンチプレスは，細胞破砕用のセル内に細胞を入れ，276 MPa 以下の圧力をかけ，処理後，出口バルブから細胞を獲得する。この際，細胞は高圧から大気圧へ急激な減圧状態にさらされるため破壊される。細菌，酵母，動物細胞などに適用されている。気泡の発生がないため試料は酸化による失活を受け難い特徴がある。パール窒素ガス細胞破砕法では，耐圧ステンレス容器に細胞を入れて適切な圧力にまで窒素ガスを封入し，一定時間後に出口から細胞懸濁液を回収する。窒素ガスが浸透した細胞は急激な圧力膨張で破壊するため，細胞小器官の分離に応用できる。パール窒素ガス細胞破砕法の方が安価，高操作性と評価されている。

ガラスビーズ衝撃法（beat beater method）では，試料と等量のガラス粒子（500 μm）を入れたマイクロチューブを 277 K で冷却しビートビーター（beat beater）で激しく振盪する。十分に破砕した後に試料を遠心分離し上清を獲得する。

凍結融解法（freeze-thaw technique）では，試料を液体窒素で凍結させた後に解凍させる操作を 2 回以上繰り返しタンパク質を抽出する。タンパク質は失活するため活性維持の操作としては不向きである。

乳鉢破砕法（grinding-in-mortar method）は，液体窒素で凍結させた試料を破砕し乳鉢に入れ，アルミナや砂を入れ乳棒で微粉化を計る方法である。

この他の抽出法として，トルエン等を用いた自己消化法，アセトン粉末法等がある。

3.3.10　タンパク質の濃縮

タンパク質の溶解性とは溶媒とタンパク質との親和性で決まり，**溶解度**（solubility）で定量的に評価する。溶解度とは，100 g の溶媒に溶解するタンパク質のグラム数を指している。**塩析**（salting out）とは，タンパク質が高濃度の塩の溶液中では凝集し溶解しないことを利用した分離技術を指している。水溶液中でのタンパク質の溶解度は，溶液中の塩濃度と塩の電荷に依存し，同一濃度のイオンがもたらす塩析効果の大小は下記の Hofmeister series で表せる。

$$\left.\begin{array}{l} PO_4^{3} > SO_4^{2} > OC_3HCOO^- > Cl^- > Br^- > NO_3^- > I^- \\ Al^{3+} > Ba^{2+} > Sr^{2+} > Ca^{2+} > Mg^{2+} > NH_4^+ > K^+ > Na^+ \end{array}\right\} \quad (3.2)$$

また，タンパク質の溶解度は次式で表せる。

$$\log\ (\text{溶解度}) = k_{S1} - k_{S2} I \quad (3.3)$$

$$I = \frac{1}{2}\sum_i c_i z_i^2 \quad (3.4)$$

I はイオン強度，z_i，c_i は i 番目のイオンの電荷数と濃度，k_{S1} は濃度，pH に依存する定数，k_{S2} は濃度，pH に依存しない定数であり**塩析定数**（salting out constant）と呼ばれる。硫酸アンモニウム水溶液中での k_{S2} 値は，フィブリノーゲン，卵アルブミン，ウマミオグロビン，ウマヘモグロビンでそれぞれ 1.46，1.22，0.94，0.71 である。ウマヘモグロビンに対する塩の種類の影響は，リン酸カリウム，硫酸ナトリウム，硫酸アンモニウム，硫酸マグネシウムそれぞれにつきを k_{S2} 値が 1.00，0.76，0.71，0.33 と報告されている。

硫酸アンモニウムによるタンパク質の塩析は，硫安分画と呼ばれタンパク質濃縮操作の基本を与える。細胞破砕液から超遠心分離操作で上清を獲得し，低温実験室内で適切な撹拌条件と pH 6 ～ 7.5 の緩衝液条件を管理し，最終的に 30 ～ 70 % 飽和硫酸アンモニウム液となるように計量し微粉化した硫酸アンモニウムを加えてタンパク質を沈殿させ，析出液を遠心分離し塩析したタンパク質を沈殿として回収する。

3.3.11　電気泳動によるタンパク質の分離

DNA と同様，粗タンパク質から目的タンパク質を分離する手段として実験室では下記電気泳動法が利用されている。

〔1〕 **SDS-ポリアクリルアミドゲル電気泳動法**　　SDS は陰イオン系界面活性剤である。タンパク質の荷電状態は，タンパク質の種類によって異なるが，SDS 存在下では SDS がタンパク質を変性させミセルを形成するため，タンパク質は陰性に荷電し電気泳動槽では陽極方向に移動する。**SDS-ポリアクリルアミドゲル電気泳動法**（SDS poly-acrylamide gel electrophoresis, SDS-PAGE）はこの原理を応用した分離技術である。タンパク質試料に還元剤 2-メルカプトエタノールを加えて煮沸し S-S 結合を切断して変性させると試料は分子量を反映する。このため分子量マーカーとなる標準タンパク質混合液を対象液として電気泳動させれば，式 (3.1) を用いた解析を進め目的タンパク質の電気泳動分画を獲得することができる。

〔2〕 **等電点電気泳動法**　　**等電点電気泳動法**（isoelectric focusing, IEF）とは，等電点（pI）の違いに応じて分離する電気泳動法である。pH 勾配下，両性電解質であるタンパク質の混合液を電気泳動すると，タンパク質のアミノ末端，カルボキシル末端，側鎖アミノ基の電荷は pH 条件により変化するため，タンパク質分子は固有の pI と同じ pH 方向にゲル内を移動し，電荷の総和が 0 となる等電点で移動は止まる。このためタンパク質分子は，等電点の順に並び，pI 値に応じた分離が可能となる。ゲルに pH 勾配を手法としては，① キャリアアンフォライト法と ② プレキャス

トゲル法がある。キャリアアンフォライトは両性担体でありこれをゲルに添加し電場をかけると pH 勾配が生じる。pH 幅が 0.01 ～ 0.02 の大きさで分離が可能である。プレキャストゲルは，pI 値が異なる側鎖を有するアクリルアミド誘導体から作られるゲルである。ゲル作成と同時に pH 勾配が形成される。pH 幅が 0.001 の大きさで分離が可能である。

〔3〕 **二次元電気泳動法**　タンパク質を試料とする**二次元電気泳動法**（two-dimensional gel electrophoresis, 2-DE）（**図 3.9**）では，まず細長いポリアクリルアミドゲルを用いた等電点電気泳動でタンパク質を pI 値の順に分離する。つぎに等電点電気泳動の方向とは直角の方向に SDS-PAGE を実施し分子量差に応じてタンパク質分子を分離する。一度に 3 000 種類のタンパク質を分離できるため**プロテオーム**（proteome）解析の基本技術して採用されている。プロテオームはゲノムに類似した専門用語であり，pro はプロテイン，ome は全体を表している。タンパク質の網羅的情報を取り扱う点に特徴がある。

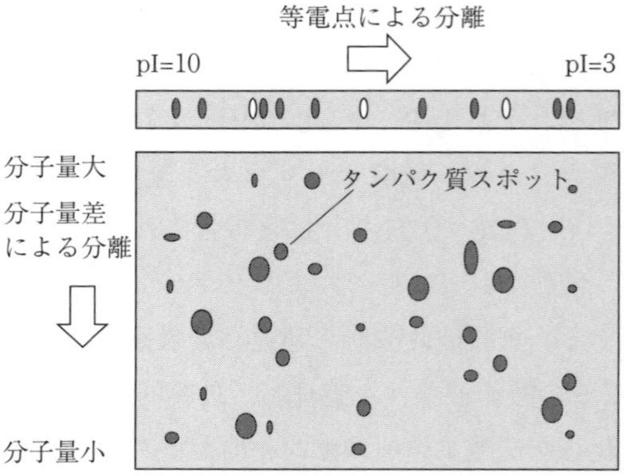
等電点による分離
pI=10
pI=3
分子量大
分子量差
による分離
分子量小
タンパク質スポット

図 3.9　二次元電気泳動法後のポリアクリルアミドゲルの模式図

タンパク質の混合液の中に目的タンパク質が含まれているのか否かを確認するための技術として**ウェスタンブロッティング**（western blotting）がある。タンパク質を SDS-PAGE で展開し，ニトリセルロース，PVDF 膜にブロットし，免疫染色によって目的タンパク質の所在を確認する。

3.4　人工ゲノム細胞の合成

マイコプラズマは，主として哺乳類，鳥類の病原菌であり，① 細胞壁の完全欠如，② 基本小体（0.125 ～ 0.250 μm）が増殖の基本単位，③ 特徴的な集落形態を形成，④ 発育に血清を必要，⑤ 抗生物質感受性は細菌とは異質，⑥ 抗体による増殖阻止が可能，⑦ 細菌の中で最小ゲノム（0.600 ～ 1.0 Mbp）を有するなどの特徴を有する最小微生物である。*Mycoplasmamycoides* JCVI-syn1.0 のゲノム DNA は 1.077 947 Mbp であるが，2010 年，Venter らは，データベース上にある *M. mycoides* ゲノムの配列データをもとにゲノム上の DNA 配列情報を 1 078 種類の 1.080 kbpDNA 断片ごとの配列情報に分割し，*in vitro*（生体外）手段で各断片を人工的に化学合成した（**図 3.10**）（1 章の文献 25））。1.080 kbp 中の 80 bp は，断片と断片とを連結させるための重複配列である。化学合成の際，*M. mycoides* ゲノムにはコードされていない抗生物質耐性遺伝子を挿入したり，ゲノム上の毒素生成遺伝子を欠損させた。酵母は DNA を連結する活性が高いため，つぎに酵母細胞の中に隣接し配列位置が連続する 10 個ずつの 1.080 kbp 断片および直鎖状ベクターを挿入し，相同的組換えによって連結させ，10.080 kbp の断片を 109 種類合成した。相同的組換えとは，1 対の二

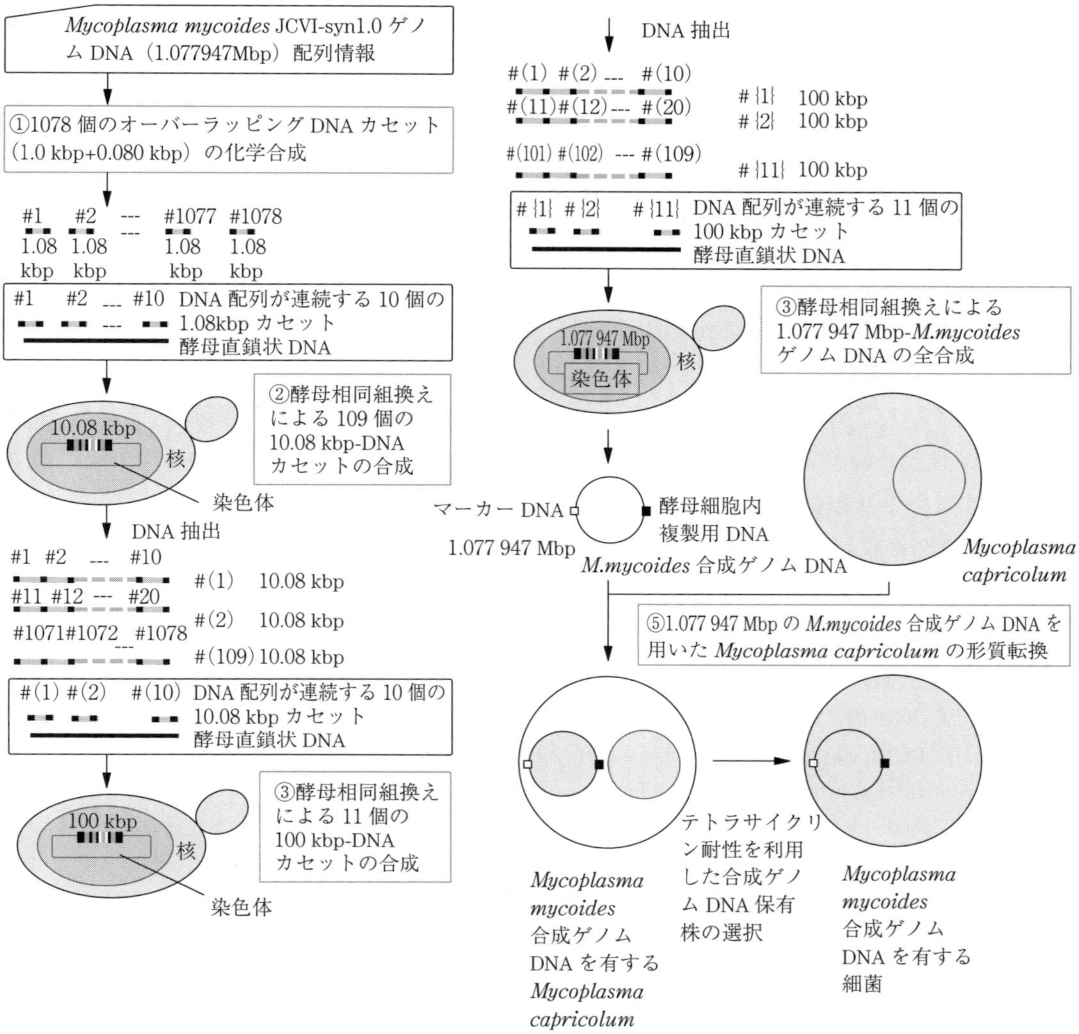
Mycoplasma mycoides JCVI-syn1.0 ゲノム DNA（1.077947Mbp）配列情報
①1078 個のオーバーラッピング DNA カセット（1.0 kbp+0.080 kbp）の化学合成
#1 #2 --- #1077 #1078
1.08 kbp 1.08 kbp 1.08 kbp 1.08 kbp
#1 #2 --- #10 DNA 配列が連続する 10 個の 1.08kbp カセット
酵母直鎖状 DNA
10.08 kbp
核
染色体
②酵母相同組換えによる 109 個の 10.08 kbp-DNA カセットの合成
DNA 抽出
#1 #2 --- #10
#11 #12 --- #20
#1071#1072 --- #1078
#(1) 10.08 kbp
#(2) 10.08 kbp
#(109) 10.08 kbp
#(1) #(2) #(10) DNA 配列が連続する 10 個の 10.08 kbp カセット
酵母直鎖状 DNA
100 kbp
核
染色体
③酵母相同組換えによる 11 個の 100 kbp-DNA カセットの合成
DNA 抽出
#(1) #(2) --- #(10)
#(11)#(12)--- #(20)
#(101) #(102) --- #(109)
#{1} 100 kbp
#{2} 100 kbp
#{11} 100 kbp
#{1} #{2} #{11} DNA 配列が連続する 11 個の 100 kbp カセット
酵母直鎖状 DNA
1.077 947 Mbp
染色体
核
③酵母相同組換えによる 1.077 947 Mbp-*M.mycoides* ゲノム DNA の全合成
マーカー DNA
酵母細胞内複製用 DNA
1.077 947 Mbp
M.mycoides 合成ゲノム DNA
Mycoplasma capricolum
⑤1.077 947 Mbp の *M.mycoides* 合成ゲノム DNA を用いた *Mycoplasma capricolum* の形質転換
テトラサイクリン耐性を利用した合成ゲノム DNA 保有株の選択
Mycoplasma mycoides 合成ゲノム DNA を有する *Mycoplasma capricolum*
Mycoplasma mycoides 合成ゲノム DNA を有する細菌

データベース上の *Mycoplasma mycoides* JCVI-syn1.0 ゲノム DNA 情報（1.077 947 Mbp）を 1 078 分割し，オーバーラッピング塩基を加え 1.08 kbp の DNA を作成し，#1，#2，…，#1078 と番号付けし，PCR 法によってそれらを人工合成する。連続する 10 個の DNA：#1，#2，…，#10；#11,，#12，…，#20；…；#1071，#1072，…，#1078 を酵母直鎖ベクターとともに順次，酵母 *Saccharomyces cerevisiae* に導入し 10 個の 1.08 kbp-DNA を相同組換えでつなぎ合わせ 10.08 kbp の中間段階 DNA を 109 個作成し，(#1)，(#2)，…，(#109) と番号付けする。つぎに，連続する 10 個の DNA：(#1)，(#2)，…，(#10)；(#11)，(#12)，…，(#20)；…；#（101)，#（102)，…，#（109）を酵母直鎖ベクターとともに順次，*S. cerevisiae* に導入し 10 個の 10.08 kbp-DNA を相同組換えでつなぎ合わせ 100 kbp の中間段階 DNA を 11 個作成し，{#1}，{#2}，…，{#11} と番号付する。つぎに連続する 11 個の DNA：{#1}，{#2}，…，{#11} を酵母直鎖ベクターとともに *S. cerevisiae* に導入し相同組換えでつなぎ合わせ 1.077 947 Mbp のゲノムを作成する。人工ゲノムを *M. capricolum* に組み込みテトラサイクリン選択圧によって野生ゲノムを人工ゲノムに置き換える。

図 3.10 人工ゲノムを有する細菌の作成

本鎖 DNA の相同的な塩基配列を有する部分に起こる組換えを指している。さらに酵母細胞の中で 10.080 kbp 断片を 10 個ずつ連結させ 100 kbp の断片を 11 種類作成した。最終段階では，酵母細胞内で 11 種類の断片を連結させ，1.077 947 Mbp の人工ゲノム DNA を完成させた。データベース上に記載されている *M. mycoides* ゲノム DNA 配列情報を規範として作成した人工ゲノム DNA を類縁菌である *M. capricolum* のカルチャー中に添加し培養を行った。当初，人工ゲノム DNA を導入した。

M. capricolum は，*M. capricolum* ゲノム DNA と *M. mycoides* 人工ゲノム DNA を保持しているが，**テトラサイクリン**（tetracycline）中で培養すると薬剤耐性を欠く *M. capricolum* ゲノム DNA は消失し，人工ゲノム DNA に特有な遺伝情報を発現する細菌が出現し形質が安定化している株が登場し人工ゲノム細胞が合成された。

この研究は，人工ゲノム DNA を受け入れる宿主 *M. capricolum* の遺伝子発現システムが，組換え後の初期世代の機能発現にとっては不可欠であるため生命の合成には至っていないが，コンピュータを親に持つ地球で初めて自己繁殖する種の合成として注目されている。工学，医学，農学などに貢献する細胞の人工合成に迫る研究であるが，安全面，生命倫理について，研究者の行動規範を行動制御へと管理レベルを上げることが急務となっている。

【引用・参考文献】

1）相阪和夫. 2004. 酵素スクリーニング最前線. 化学と生物. 42: 792-801.

2）Baker K, Bleczinski C, Lin H, Salazar-Jimenez G, Sengupta D, Krane S, Cornish VW. 2002. Chemical complementation: a reaction-independent genetic assay for enzyme catalysis. Proc. Natl. Acad.Sci. USA,. 99: 16537-166542.

3）太田口和久, 井上一郎. 1985. 乳酸菌増殖, 発酵機能の工学的設計. 化学工学論文集. 11. 55-62.

4）Berg P, Baltimorf D, Boyer HW, Cohen SN, Davis RW, Hogness DS, Nathans D, Roblin R, Watson JD, Weissman S, Zinder ND. 1974. Potential biohazards of recombinant DNA molecules, 185, 303. http://www.sciencemag.org/content/185/4148/303

5）文部科学省. 2002. 組換え DNA 実験指針 http://www0.nih.go.jp/niid/usr-page/DNA-recomb/shishin.pdf

6）総務省. 2013. 遺伝子組換え生物等の使用の規制による生物の多様性の確保に関する法律（最終改正：平成 25 年 12 月 13 日法律第 103 号）. http://law.e-gov.go.jp/htmldata/H15/H15HO097.html

7）Linn S, Arber W. 1968. Host specificity of DNA produced by Escherichia coli X. In vitro restriction of phage fd replicative form. Proc. Natl. Acad. Sci. USA. 59: 1300-1306.

8）Watson N. 1988. A new revision of the sequence of plasmid pBR322. Gene. 70: 399-403.

9）Jost D, Everaers R. 2009. A unified Poland-Scheraga model of oligo- and polynucleotide DNA melting: Salt effects and predictive power. Biophys J. 96: 1056-1067.

10）藤原伸介. 2011. どうして核酸は変性するの？. 生物工学. 89: 200-203.

11）Saiki RK, Scharf S, Faloona F, Mullis KB, Horn GT, Erlich HA, Arnheim N. 1985. Enzymatic amplification of β-globin genomic sequences and restriction site analysis for diagnosis of sickle cell anemia. Science. 230: 1350-1354.

4. 酵素反応の解析

4.1 酵素の概要

酵素とは，化学反応を触媒するタンパク質である。17 世紀後半から 18 世紀初期の段階で，胃液が肉を消化すること，発芽している大麦がデンプンを糖に変換することは周知の事実であった。デンプンからの糖生成は，自発的には進行せず，発芽している麦芽の内容物の関与が前提となることが記載されている。1832 年，Payen らは世界で初めて麦芽から触媒活性を有する物質を抽出し，ジアスターゼと命名した。酵素の発見である。翌年，彼らは麦芽の無細胞抽出液でも，デンプン糖化・発酵が進行することを初めて発見した。1836 年，Schwann は，胃液からタンパク質分解活性を有するペプシンを発見している。ただし，酵素という名称が誕生したのは 1877 年である。1857 年，Pasteur は，生命は自然発生せず，生命がないところでは発酵は生起しないと記述した（1 章の文献 6)）。Buchner は，1896 年，酵母を石英と珪藻土とともに乳鉢ですりつぶし，濾過した上で保存用にショ糖を加えたところ，発酵が起こるのを発見し，さらに顕微鏡下において生細胞酵母が皆無であることを観察した。酵素は生命現象から切り離した状態で触媒活性を発揮することがわかった。

酵素の遺伝情報をコードする DNA は，PCR 法を用いれば無細胞的に合成が可能である。酵素自身も，DNA ポリメラーゼ，RNA ポリメラーゼ，リボソームを作用させる**無細胞タンパク質合成系**（cell-free protein synthesis system）[1] の活用により無生物的に生産できる時期が到来しつつある。しかしここでは，酵素は，生物細胞で作り出されるタンパク質をもとにして構成されている生体分子または複合物であり，化学反応に対して触媒として機能する生物材料と定義する。なお，日本工業規格では，酵素とは選択的な触媒作用を持つタンパク質を主成分とする生体高分子物質と定義されている。酵素反応の反応物成分を**基質**（substrate）と呼ぶ。生命活動を理解する上で，生体内（*in vivo*）での酵素の働きを知ることは重要である。酵素は，生体外（*in vitro*）の標準的状態に置かれると汎用性の高い特性を発揮する。普遍的な特性を把握することは，生命活動における酵素の役割を分析する上で大切であり，酵素を工業，農業，医用の各分野へ応用する上で有益である。

酵素は，アミノ酸配列が一定である，あるいは，① 再結晶を繰り返しても比活性，組成が不変；② 電気泳動的に均一；③ 超遠心分離的性質が一定；④ N 末端，C 末端アミノ酸が一定；⑤ 塩析，溶解度が一定；⑥ 対応する抗体を用いた抗原抗体反応が均一であることが確認できれば均一とみ

表 4.1　酵素分子量の例

酵　素	分子量	酵　素	分子量
グルタミン酸デヒドロゲナーゼ	1 000 000	ウシ血清アルブミン	70 000
キサンチンオキシダーゼ	290 000	α-アミラーゼ	59 000
ミオシン	230 000	ペプシン	34 300
β-ガラクトシターゼ	140 000	カルボニックアンヒドラーゼ	32 000
乳酸デヒドロゲナーゼ（酵母）	100 000	トリプシンインヒビター	27 000
フォスフォリラーゼ	95 000	トリプシン	23 800
アルコールデヒドロゲナーゼ	73 000	リゾチーム	17 000

なし得る。均一な酵素は，アミノ酸配列，ポリアクリルアミドゲル電気泳動法，沈降定数・拡散定数測定法，光散乱法などから分子量を決定できる（**表 4.1**）。

酵素には，1 本のポリペプチド鎖から成る**単量体酵素**（monomeric enzyme），2 ～ 数十個のサブユニットが会合して機能発現する**オリゴマー酵素**（origomeric enzyme），多くの酵素が会合し反応を触媒する**多量体酵素**（multimeric enzyme）がある。単量体酵素には，リゾチーム，リボヌクレアーゼ，パパイン，トリプシンなどがある。オリゴマー酵素の中で単一種ポリペプチドが会合したものとして，グリセルアルデヒド-3-P デヒドロゲナーゼ，エノラーゼが知られている。異種ポリペプチドの会合したものとして，アルドラーゼ，アスパラギン酸トランスカルバミラーゼがある。多量体酵素としては脂肪酸合成酵素が例示される。

酵素を特徴付ける**基質特異性**（substrate specificity）と反応特異性は，19 世紀後半には知られていた。基質特異性とは酵素分子が基質分子の分子構造を特異的に認識し反応を進める性質である。反応特異性とは酵素が一つの化学反応しか触媒しない特性である。1894 年に Fischer は“鍵と鍵穴”説を提出し，基質の形状と酵素のある部分の形状とは鍵と鍵穴の関係にあり，形の似ていない物質は触媒されないと論じた[2)]。多くの酵素は，他のタンパク質と同様，生体内での生成や分布の特性，熱，pH，塩濃度，溶媒によって**立体構造**（conformation）を変え，変性して失活する。

4.2　酵素の系統的分類

国際生化学分子生物学連合では，1961 年に酵素を反応形式に従って分類し，4 組の数字（X_1，X_2，X_3，X_4）で表記する **EC 番号**（Enzyme Commission numbers）：ECX_1，X_2，X_3，X_4 を定義している。最初の数字 X_1 は反応特異性に対応し，1 が酸化還元酵素，2 が転移酵素，3 が加水分解酵素，4 が脱離酵素，5 が異性化酵素，6 が合成酵素を表している。数字 X_2，X_3，X_4 は，反応特異性と基質特異性の違いに注目し細分化されている。系統名は，基質分子の名称（複数の場合は併記）と反応の名称を連結して命名される。例えば，つぎの酸化還元反応を触媒する EC1.1.1.1 は系統名をアルコール：NAD^+酸化還元酵素という。

$$C_2H_5OH + NAD^+ \longleftrightarrow CH_3CHO + NADH + H^+ \tag{4.1}$$

この酵素の常用名はアルコールデヒドロゲナーゼである。系統名と同規則で命名されるが基質の一部を省略している。

酵素タンパク質の配列，構造，機能にかかわる網羅的情報がデータベース（**表 4.2**）上で公開されている。例えば，データベース ENZYME にアクセスし EC コードを入力すると，当該 EC コードに対応する酵素の情報が入手できる。データベース Protein database から GenBank へリンクをたどることによって酵素をコードする DNA 情報を入手できる。KEGG Pathway Database を用い細胞内で酵素が機能する代謝経路情報を入手することができる。

表 4.2 酵素に関するデータベース

データベース名	URL	備　考
Protein Data Bank（PDB）	http://www.rcsb.org/pdb/home/home.do	タンパク質構造データベース
Structural Classification of Proteins（SCOP）	http://scop.mrc-lmb.cam.ac.uk/scop/	タンパク質の構造と進化
ENZYME	http://www.expasy.org/enzyme	酵素分類，名前，機能，基質，生成物，阻害剤など
A Database of Enzyme Catalytic Mechanisms（EzCatDB）	http://mbs.cbrc.jp/EzCatDB/	酵素立体構造
Protein Information Resource（PIR）	http://pir.georgetown.edu/	タンパク質の総合的情報，アミノ酸配列と分子進化
Swiss-Prot	http://web.expasy.org/docs/swiss-prot_guideline.html	アミノ酸配列，タンパク質の機能，ドメイン構造
Protein database	http://www.ncbi.nlm.nih.gov/protein	塩基配列データベース GenBank（http://www.ncbi.nim.nih.gov/）に対応
Database of protein domeins, families and functional sites（Prosite）	http://prosite.expasy.org/	タンパク質の配列モチーフ
KEGG Pathway Database	http://www.genome.jp/kegg/pathway.html	代謝経路

食品産業，環境浄化などのプロセスで用途の多い酵素は，アミラーゼ，グルコースイソメラーゼ，セルラーゼ，キシラナーゼ，ペクチナーゼ，マンナナーゼ，プロテアーゼ，ペプチターゼ，リパーゼ，エステラーゼ，酸化酵素などである。プロセス設計に関し，実用化に則した酵素データベース[3]が提供されている。

4.3 酵素の触媒作用

図 4.1 は以下の反応を触媒する**カルボニックアンヒドラーゼ**（carbonic anhydrase）の反応物成分，生成物成分のエネルギー準位を反応座標に沿って図示している。

$$CO_2 + H_2O \xrightarrow{E} HCO_3^{\ -} + H^{\ +} \tag{4.2}$$

酵素を添加しない場合，反応物成分は生成物成分よりもエネルギーが高いため，反応は自発的に進む。この反応の見かけの酸解離定数 K_{a1}^{*} および重炭酸イオンと炭酸イオンとの間の酸解離定数 K_{a2} は

$$pK^{*}_{a1} = -\log_{10}\frac{c_{HCO_3^-}c_{H^+}}{c_{H_2CO_3^{2-}} + c_{CO2}} = 6.35 \qquad (4.3)$$

$$pK_{a2} = -\log_{10}\frac{c_{CO_3^{2-}}c_{H^+}}{c_{HCO_3^-}} = 10.33 \qquad (4.4)$$

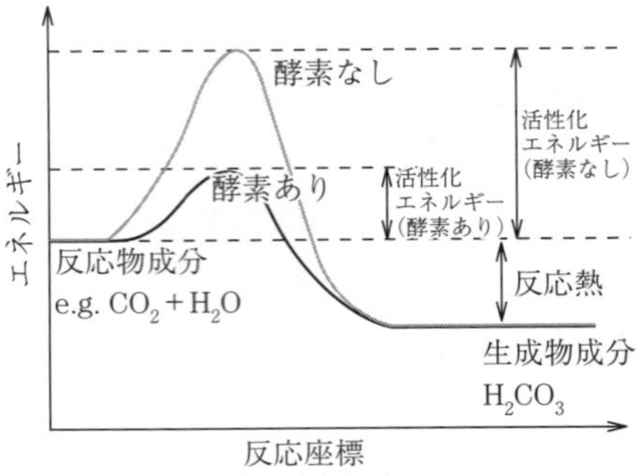

酵素なし
酵素あり
活性化
エネルギー
(酵素なし)
活性化
エネルギー
(酵素あり)
エネルギー
反応物成分
e.g. $CO_2 + H_2O$
反応熱
生成物成分
H_2CO_3
反応座標

図 4.1　酵素反応の活性化エネルギー[4)]

であるため，反応は図中の上側曲線に沿って進行する。途中，エネルギー順位の高い遷移状態が示すエネルギーの障壁を越える必要がある。遷移状態と反応物成分とのエネルギーの差 E〔mJ·µmol^{-1}〕を**活性化エネルギー**（activation energy）と呼ぶ。反応液中にカルボニックアンヒドラーゼが存在すると，図の下側曲線が示すように，遷移状態のエネルギー準位は著しく低下し反応は 1 G 倍速く進みやすくなる。

4.4　アポ酵素とホロ酵素

酵素は，タンパク質だけで触媒活性を有する場合と，タンパク質が補因子と結合し触媒活性を有する場合とがある。酵素が複合タンパク質の場合，補因子が活性発現には不可欠となっている。補因子を除いたタンパク質部分をアポ酵素，補因子とタンパク質が結合した状態をホロ酵素という。酵素から遊離し得る有機化合物の補因子は補酵素と呼ばれる。補酵素以外の補因子は**補欠分子族**（prosthetic group）と呼ばれる。補欠分子族は，強固な結合，共有結合をしている補因子を指している。補欠分子族の例としては，カタラーゼ，P 450 の活性中心に存在するヘム鉄が挙げられる。フェノール類を酸化する酸化還元酵素ラッカーゼは，活性中心には銅を配位している。DNA ポリメラーゼ，RNA ポリメラーゼは亜鉛を組み込んでいる。ニトロゲナーゼはモリブデン，スーパーオキシドディスムターゼはマンガン，ビタミン B_{12} レダクターゼはコバルト，ウレアーゼはニッケル，グルタチオンペルオキシダーゼはセレン，カルバインはカルシウムを必須化している。

補酵素とアポ酵素との結合は弱く，補酵素は常時，酵素の中に組み込まれてはいないが，活性発現に際しては酵素と共存する必要があり，基質とともに消費される。NAD^+，$NADP^+$，FMN，FAD，チアミン二リン酸，ピリドキサールリン酸，補酵素 A，α-リポ酸，葉酸などの補酵素が知られている。式 (4.1) を例にとると，アセトアルデヒドにアルコールデヒドロゲナーゼを作用させてもエタノールは生成しない。しかし，補酵素 NADH を加えると，この酵素は触媒活性を発揮しエタノールを生成する。

4.5　単一酵素の反応速度論

外界と物質，エネルギーの交換がまったくない系を**閉鎖系**（closed systems）という。反応開始時に外界から原料成分を投入し，反応は閉鎖系で行い，反応終了時に生成物成分を外界に取り出す生物反応器を**回分生物反応器**（batch bioreactor）と呼ぶ。閉鎖系では，外界とのエネルギー交換がない**断熱操作**（adiabatic operation）が想定され，反応の進行に伴って生成された**反応熱**（reaction energy）は，一般的には，反応液の温度変化に反映するが，多くの生物反応ではその効果は小さく無視でき，等温条件が確保できると仮定し得る。ここでは，等温条件下での回分反応を考える。

反応する成分分子は一般に気相，液相または固相，酵素は液相または固相に存在する。反応工学では，相に注目し，以下のように反応を分類する。

① **均一反応**（homogeneous reaction）：　同相間反応

② **不均一反応**（heterogeneous reaction）：　異相間反応

酵素は一般的に水溶性である。水溶液中に溶解する基質Aと酵素の反応は液相で生起するである。酵素を不溶性の固体状担体に固定化する手法については8章で取り扱うが当該反応は固体-液体反応である。本章では均一液相反応に注目する。

反応の反応物成分，生成物成分をA，Rで表し，反応を触媒する物質をEで表すと，酵素に触媒された反応は以下で表せる。

$$\mathrm{a\,A} \xrightarrow{\mathrm{E}} \mathrm{r\,R} \tag{4.5}$$

ここで，a，rは**化学量論係数**（stoichiometric coefficient）である。本書では，ローマン体で示す。この式の左辺に現れる成分を原料成分（reactant），右辺に現れる成分を**生成物成分**（product）と呼ぶ。原料成分は，酵素によって作用を受ける化合物（分子）であり，基質とも呼ばれる。反応液単位容積中の成分A，Rの物質量を濃度と呼び，c_{A}，c_{R}〔μmol·mL^{-1}〕で表す。初期濃度を添字0で表すと

$$\xi = \frac{c_{\mathrm{A}} - c_{\mathrm{A0}}}{-\mathrm{a}} = \frac{c_{\mathrm{R}} - c_{\mathrm{R0}}}{\mathrm{r}} \tag{4.6}$$

は特定成分によらない変数となる。この変数を反応の進行度と呼ぶ。単位時間，単位容積当たりの物質量の変化を反応速度 r と呼ぶ。ここでは，斜体で示す。換言すると，反応速度とは単位時間当りの反応進行度の変化であり，次式で表される。

$$r = \frac{d\xi}{dt} \tag{4.7}$$

成分A，Rの反応速度 r_{A}，r_{R}〔μmol·mL^{-1}·h^{-1}〕を次式で定義する。

$$r_{\mathrm{A}} = \frac{dc_{\mathrm{A}}}{dt}, \qquad r_{\mathrm{R}} = \frac{dc_{\mathrm{R}}}{dt} \tag{4.8}$$

化学量論式より，以下の関係式が成り立つ。

$$\frac{-r_{\mathrm{A}}}{\mathrm{a}} = \frac{r_{\mathrm{R}}}{\mathrm{r}} = r \tag{4.9}$$

$-r_{\mathrm{A}}$，r_{R} はともに正であり，前者を消費速度，後者を生成速度と呼ぶ。

反応速度を基質濃度の関数と見立て，次式で相関させることが多い。

$$-r_{\mathrm{S}} = kc_{\mathrm{S}}^{\,n} \tag{4.10}$$

k を**反応速度定数**（reaction rate constant），n を**反応の次数**（order of reaction）と呼ぶ。式(4.5)

に質量保存の法則を適用した式と式 (4.10) が一致する場合，反応は**素反応**（elementary reaction）と呼ばれる。そうでない反応を**非素反応**（non elementary reaction）と呼ぶ。

Henri は，酵素濃度を一定とした実験を行い，反応速度は，基質濃度が低いときは基質濃度に比例するが，基質濃度が高いときは基質濃度とは無関係に一定になることを見出し，“酵素反応は酵素と基質とがまず結合し，反応速度はその結合物の濃度に比例し，酵素が完全に基質で飽和されるとそれ以上基質濃度を増しても反応速度は増加しない”と推論した[5]。**図 4.2** の左図は，酵素の立体構造を例示している。右側の図は，この立体構造を楕円で囲み，空隙の白い空間は鍵穴を示している。Michaelis（ミハエリス）と Menten は，この鍵穴に鍵のように特異的に入り込める基質が入り込むと酵素・基質複合体が形成され，複合体は触媒作用を受けて生成物および挿入部分を放出し，もとの酵素に戻ることによって反応は進行すると考えた[6]。彼らは，基質分子，生成物分子，酵素分子，**酵素-基質結合物**（Michaelis 複合体）をそれぞれ A，R，E，EA とし，つぎの素反応で反応機構を考察し，これを定量的に説明した。

$$\left.\begin{array}{l} \mathrm{E}+\mathrm{A} \xrightarrow{k_1} \mathrm{EA} \\ \mathrm{EA} \xrightarrow{k_2} \mathrm{E}+\mathrm{A} \\ \mathrm{EA} \xrightarrow{k_3} \mathrm{E}+\mathrm{R} \end{array}\right\} \tag{4.11}$$

基質分子，生成物分子，酵素分子，酵素-基質結合物の濃度を c_{A}，c_{R}，c_{E}，c_{EA}，Michaelis 複合体を生成する正反応，逆反応の反応速度定数を k_1，k_2，複合体が解離し生成物を生成する反応の反応速度定数を k_3，酵素の全濃度を c_{ET} とすると次式が成り立つ。

$$r_{\mathrm{A}}=\frac{dc_{\mathrm{A}}}{dt}=-k_1 c_{\mathrm{E}} c_{\mathrm{A}}+k_2 c_{\mathrm{EA}} \tag{4.12}$$

$$r_{\mathrm{EA}}=\frac{dc_{\mathrm{EA}}}{dt}=k_1 c_{\mathrm{E}} c_{\mathrm{A}}-(k_2+k_3) c_{\mathrm{EA}} \tag{4.13}$$

$$r_{\mathrm{R}}=\frac{dc_{\mathrm{R}}}{dt}=k_3 c_{\mathrm{EA}} \tag{4.14}$$

$$c_{\mathrm{E0}}=c_{\mathrm{E}}+c_{\mathrm{EA}} \tag{4.15}$$

酵素-基質結合物の濃度に関し，**定常状態近似法**（steady-state approximation）（c_{EA} がきわめて小さく $dc_{\mathrm{EA}}/dt=0$）を適用する。反応開始直後の酵素-基質結合物の濃度 c_{EA} を一定（$=c_{\mathrm{EA,0}}$）と仮定したため，式 (4.15) から c_{E} が一定（$=c_{\mathrm{E0}}-c_{\mathrm{EA,0}}$）であり，式 (4.13) より c_{A} が一定（$\fallingdotseq c_{\mathrm{A0}}$）

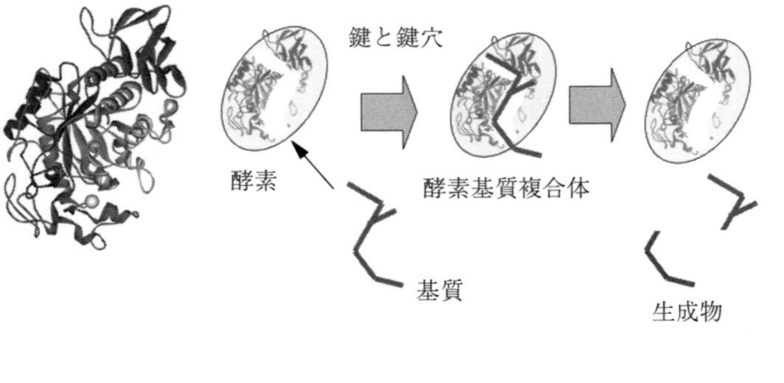
鍵と鍵穴
酵素
酵素基質複合体
基質
生成物

図 4.2　酵素の鍵と鍵穴

とみなし得る。反応生成物の初期生成速度 r_{R0} に関し，つぎの Michaelis–Menten 式が得られる。

$$r_{R0}=k_3c_{EA,0}=\frac{k_3c_{E0}c_{A0}}{\dfrac{k_2+k_3}{k_1}+c_{A0}}=\frac{r_{R,max}c_{A0}}{K_m+c_{A0}}=-r_{A0} \tag{4.16}$$

K_m は基質の酵素に対する親和性の尺度であり **Michaelis 定数**（Michaelis constant）と呼ばれ，$r_{R,max}=k_3c_{E0}$ は酵素量に比例する**最大反応速度**（maximum reaction rate）を表す。式 (4.16) は，Briggs らによっても導出されている。この式で，k_3 は単位時間，単位酵素量当り基質が生成物に変化する分子数を表しており，**代謝回転数**（turnover number）と呼ばれる。

酵素活性（enzyme activity）の尺度として採用される酵素の 1 単位（1 U）とは，1 μmol の基質を 1 min に変化させる酵素量を指している。ただし，基質濃度，pH は最適条件を前提とし，温度は 298 K を基本とし，その他の温度は明記することとする。$r_{R,max}/(60k_3)$ は反応液単位容積中の酵素活性を表している。特に，酵素タンパク質単位質量が示す酵素活性は**比活性**（specific activity）と呼ばれている。単位質量として 100 mg を使用する報告が多い。比活性を σ_{E0} で表す。一定量の酵素（c_{E0}＝一定）を用いた実験では，つぎの関係式が成り立つ。

$$r_{R,max}=k_3c_{E0}=k_4\sigma_{E0} \tag{4.17}$$

酵素反応の例として，酵母の**アルコールデヒドロゲナーゼ**（ADH，alcohol dehydrogenase）を取り上げる。この酵素は，以下の反応を触媒する。

$$\text{Ethanol}+\text{NAD}^+\longrightarrow\text{Acetaldehyde}+\text{NADH}+\text{H}^+ \tag{4.18}$$

図 4.3 は，pH9.0 の緩衝液 3.02 cm^3 中のエタノール濃度を 3.84 ～ 586 μmol·mL^{-1} とし，0.16 μg のアルコールデヒドロゲナーゼを 298 K で作用させたときの酵素比活性 σ_{E0} とエタノール濃度 c_A との関係を示す[7)]。図の曲線は式 (4.16) を仮定し，非線形最小二乗法を適用して決定した定数（K_m＝7.78 μmol·mL^{-1}；$\sigma_{E0,max}$＝378 U·mg^{-1}）を用いて計算した結果を示す。計算値は実測値とよく一致しており，アルコールデヒドロゲナーゼに関し式 (4.16) の関係を認めることができる。実験解析では，基質に酵素を作用させた後の 1 ～ 2 min 間，あるいは数 min 間の基質濃度変化または生成物濃度変化から初速度（$-r_{A0}$）または r_{R0} を求め，基質の初期濃度 c_{A0} の関数として式 (4.16) が取り扱われている。初速度を測定する時間内で成分濃度 c_A，c_R は変化するが，変化量は極微少量（$(c_{A0}-c_A)/c_{A0}\ll 1$ および $c_R/c_{A0}\ll 1$）であり，定常状態近似条件は，一般的には満たされている。$c_{A0}=K_m$ のとき，式（4.16）より $r_{R0}=r_{R,max}/2$ を得る。図 4.3 において縦軸の値が 378/2 U·mg^{-1} 位置での横軸の値を読み取ると 7.78 μmol·mL^{-1} 付近であることがわかる。式 (4.16) の c_{A0} を時変数 c_A で置き換える視点は Michaelis–Menten の原著にはない。

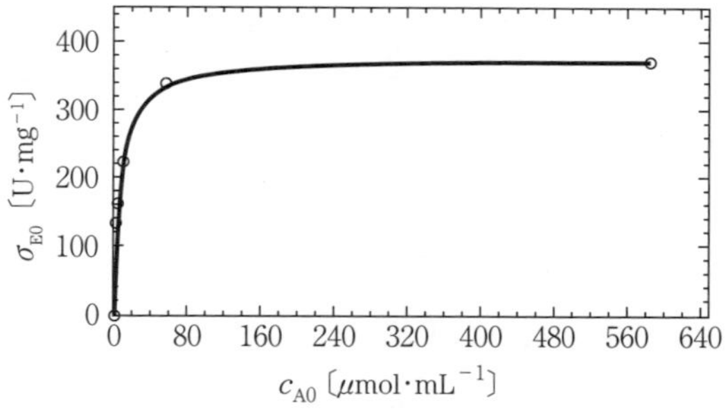
400
300
200
100
0
σE0〔U·mg⁻¹〕
0
80
160
240
320
400
480
560
640
cA0〔μmol·mL⁻¹〕

図 4.3　アルコールデヒドロゲナーゼの比活性 σ_{E0} と基質エタノール濃度 c_{A0} の関係

式 (4.16) において $c_{A0} \ll K_m$ のとき

$$r_{R0} = \frac{r_{R,max}}{K_m} c_{A0} = k c_{A0} \tag{4.19}$$

となり，初期反応速度は基質初期濃度の 1 次に比例して大きくなる。k〔h^{-1}〕は比例定数である。$c_{A0} \gg K_m$ のとき

$$r_{R0} = r_{R,max} = k K_m = k_3 c_{E0} \tag{4.20}$$

となり，初期反応速度は基質初期濃度には依存しないことがわかる。式 (4.19)，(4.20) は初期濃度と初期速度との関係を表した式であり，1 次反応，ゼロ次反応を必ずしも意味していないことを特記したい。初期反応速度の解析は，いずれの初期濃度 c_{A0} に対しても，ゼロ次反応を仮定し解析している。

式 (4.16) を変形すると次式を得る。

$$\frac{1}{r_{R0}} = \frac{K_m}{r_{R,max}} \frac{1}{c_{A0}} + \frac{1}{r_{R,max}} \tag{4.21}$$

比活性を用いると

$$\frac{1}{\sigma_{E0}} = \frac{K_m}{\sigma_{E0,max}} \frac{1}{c_{A0}} + \frac{1}{\sigma_{E0,max}} \tag{4.22}$$

これらの式は Lineweaver–Burk の式と呼ばれ，比活性を用いる場合，$1/c_{A0}$ と $1/\sigma_{E0}$ の間の直線性から K_m，$\sigma_{E0,max}$ を決定することができる[8)]。**図 4.4** は，図 4.3 のデータを用い Lineweaver–Burk プロットを例示している。直線の y 切片は $1/\sigma_{E0,max}$ であるため，逆数より $\sigma_{E0,max}$ が求まる。一方，勾配は $K_m/\sigma_{E0,max}$ であるため勾配に $\sigma_{E0,max}$ を乗ずることによって K_m が求まる。図 4.4 の勾配は 0.019 4 μmol·mg·U^{-1}·mL^{-1}，y 切片は 0.002 73 mg·U^{-1} である。これより $\sigma_{E0,max} = 366$ U·mg^{-1}，$K_m = 7.10$ μmol·mL^{-1} が得られる。非線形最小二乗法で求めた値と良好に一致していることがわかる。

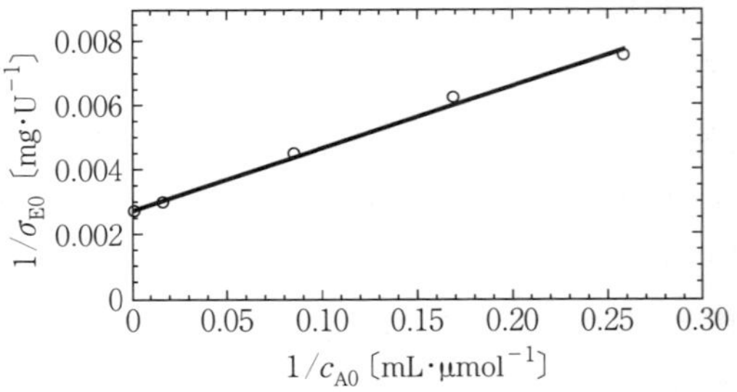
0.008
0.006
0.004
0.002
0
$1/\sigma_{E0}$〔mg·U^{-1}〕
0
0.05
0.10
0.15
0.20
0.25
0.30
$1/c_{A0}$〔mL·μmol^{-1}〕

図 4.4　Lineweaver–Burk プロット

Lineweaver–Burk プロットではなく，簡便に $r_{R,max}$，K_m を決定するためには，基質初期濃度が高い条件で反応速度を求め，式 (4.20) より当該反応速度を $r_{R,max}$ とする。次に，基質初期濃度が低い条件で反応速度を求め，式 (4.19) より反応速度を c_{A0} で割り，$r_{R,max}/K_m$ を求める。この値と，$r_{R,max}$ より K_m を求めることができる。**表 4.3** に Michaelis 定数の報告例を引用する。$c_{A0} \gg K_m$ のとき，最大反応速度は酵素濃度に比例する。したがって，最大速度 $r_{R,max}$ を酵素濃度を代用する変数として取り扱うことが多い。

酵素の最大反応速度 $r_{R,max}$ と絶対温度 T の間には **Arrehenius の関係**[9)]

$$r_{R,max} = k_0 \exp\left(-\frac{E}{RT}\right) \tag{4.23}$$

表 4.3　Michaelis 定数の報告例
（① Laidler，1958；②山根，1979；③ http://users.rcn.com/jkimball.ma.ultranet/BiologyPages/ E/EnzymeKinetics.html）

酵　素	基　質	K_m〔μmol・mL^{-1}〕	出典
グルコースオキシダーゼ	グルコース	7.7	②
インベルターゼ	ショ糖	50	②
グルコアミラーゼ	マルトース	1.2	②
β-ガラクトシターゼ	乳糖	4，7.5	②，③
アルコールデヒドロゲナーゼ	エタノール	13	②
アスパラギナーゼ	アスパラギン	0.018	②
アミノ酸オキシダーゼ	ロイシン	1.0	②
アミノアシラーゼ	アセチル-DL-メチオニン	5.7	②
ウレアーゼ	尿素	4.0	②
キモトリプシン	Gly-Tyr-Gly	108	③
ペプシン	Cbz-Glu--Tyr	1.79	①
トリプシン	キモトリプシノーゲン	1.30	①
アセチルコリンステラーゼ	アセチルコリン	0.09	③
β-ラクタマーゼ	ベンジルペニシリン	0.02	③
カタラーゼ	H_2O_2	1 100	③
カルボニックアンヒドラーゼ	CO_2	12	③
アデノシントリフォスファターゼ	ATP	0.013，0.016 7	①，②

がある。ここで，E は**活性化エネルギー**（activation energy）〔mJ・μmol^{-1}〕，k_0 は**頻度因子**（frequency factor），R は気体定数（$=0.008\,314$ mJ・μmol^{-1}・K^{-1}）である。Arrehenius は，胚種交布説を提案し，かつ，CO_2 温室効果を初めて予測した科学者である。

表 4.4 に活性化エネルギーの報告例を示す。H_2O_2 分解反応の活性化エネルギーは，無触媒条件では 75.2 mJ・μmol^{-1}，白金コロイド触媒条件では 46.0 mJ・μmol^{-1} であるがカターゼ存在下では 21.0 mJ・μmol^{-1} と著しく低下し 0.28 倍となり，酵素が活性化エネルギー低減化に貢献していることがわかる。

表 4.4　活性化エネルギーの報告例
（http://ja.wikipedia.org/wiki/%E9%85%B5%E7%B4%A0%E5%8F%8D%E5%BF%9C）

反応物成分	非酵素反応		酵素反応	
	添加物	E〔mJ・μmol^{-1}〕	酵素	E〔mJ・μmol^{-1}〕
H_2O_2	なし	75.2	カタラーゼ；EC1.11.1.6	21
	白金コロイド	46.0		
酢酸エチル	H^+	55.2	リパーゼ（トリアシルグリセリドリパーゼ）；EC3.1.1.3	17.8
ショ糖	H^+	111	インベルターゼ（β-D-フルクトフラノシダーゼ）；EC3.2.1.26	48.1
カゼイン	HCl(L)	83.6	キモトリプシン EC.3.4.21.1・EC.3.4.21.2	50.2

反応速度定数 $r_{\mathrm{R,max}}$ に関し，Arrehenius の式以外にも研究は多く行われている。衝突理論では，$r_{\mathrm{R,max}} \propto T^{1/2}\exp(-E/RT)$，遷移状態理論では，$r_{\mathrm{R,max}} \propto T\exp(-E/RT)$ という関係式が導出されている。

温度を高くすると酵素は失活する。このような現象を考慮し，式 (4.20) の代替案として次式が提案されている[10)]。

$$r_{\mathrm{R,max}} = \frac{k_1 T \exp\left(-\dfrac{E}{RT}\right)}{1 + k_2 \exp\left(-\dfrac{k_3}{RT}\right)} \tag{4.24}$$

ここで，k_1〔μmol·mL^{-1}·h^{-1}·K^{-1}〕，k_2〔−〕，k_3〔mJ·μmol^{-1}〕は，モデル定数である。分母が高温により酵素失活の効果を表している。

図 4.5 は，仔牛血清カルボニックアンヒドラーゼの活性の温度依存性を示している[11)]。仔牛の生育試適温度は 310 K である。式 (4.24) で相関ができることがわかる。図より仔牛血清由来の酵素の最大活性は 314 K であることがわかる。

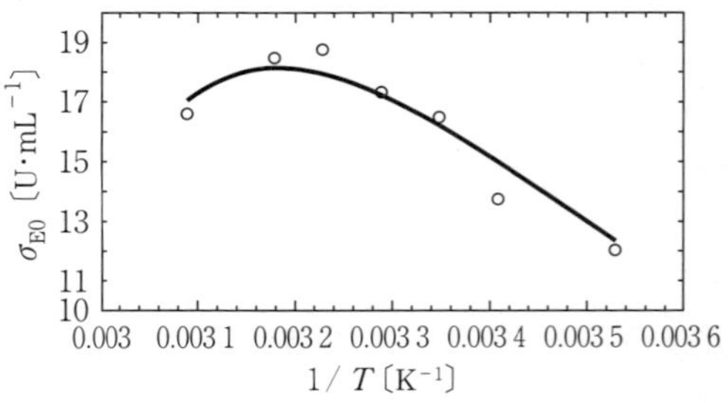
19
17
15
13
11
10
σ_{E0}〔U·mL^{-1}〕
0.003
0.003 1
0.003 2
0.003 3
0.003 4
0.003 5
0.003 6
1/ T〔K^{-1}〕

図 4.5　仔牛血清カルボニックアンヒドラーゼの温度依存性

酵素活性は，一定の pH で計測されるが，pH の異なる環境で酵素反応を実施する例は珍しくはない。プロトンは，酵素分子状の① 触媒活性にかかわる官能基，② 酵素-基質結合にかかわる官能基，③ 立体構造変化にかかわる官能基，および基質分子の官能基のイオン化状態を変化させ，反応速度に影響を及ぼす。作用機構が複雑であるため，速度論的記述はきわめて難しいが，ここでは単純なモデルを紹介する。

酵素 E とプロトン H が結合し複合体 EH を形成し，この複合体に基質 A が結合して EHA を形成，これより生成物成分 R と EH を生じ，EH はさらにプロトンと結合し EH_2^+ となる以下の反応機構を考える。

$$\left.\begin{array}{l} H^+ + EH \xrightleftharpoons{K_{1e}} EH_2^+ \\ H^+ + E^- \xrightleftharpoons{K_{2e}} EH \\ A + EH \xrightarrow{k_1} EHA \\ EHA \xrightarrow{k_2} A + EH \\ EHA \xrightarrow{k_3} R + EH \end{array}\right\} \tag{4.25}$$

解離定数は次式で定義される。

$$K_{1e} = \frac{c_{\mathrm{EH},0}\, c_{\mathrm{H^+},0}}{c_{\mathrm{EH_2^+},0}}, \qquad K_{2e} = \frac{c_{\mathrm{H^+},0}\, c_{\mathrm{H^+},0}}{c_{\mathrm{EH},0}}, \qquad K_{\mathrm{A}} = \frac{c_{\mathrm{EH},0}\, c_{\mathrm{A0}}}{c_{\mathrm{EHA},0}} \tag{4.26}$$

酵素の全濃度を c_{E0} とすると次式が成り立つ。

$$c_{\mathrm{E0}} = c_{\mathrm{E^-},0} + c_{\mathrm{EH},0} + c_{\mathrm{EHA},0} + c_{\mathrm{EH_2^+},0} \tag{4.27}$$

したがって次式を得る。

$$r_{\mathrm{R0}} = k_3 c_{\mathrm{EHA,0}} = \frac{r_{\mathrm{R,max}} c_{\mathrm{A0}}}{\left(1 + \dfrac{K_{2\mathrm{e}}}{c_{\mathrm{H^+,0}}} + \dfrac{c_{\mathrm{H^+,0}}}{K_{1\mathrm{e}}}\right) K_{\mathrm{A}} + c_{\mathrm{A0}}} \tag{4.28}$$

4.6 阻害条件下での単一酵素反応速度論

酵素反応は，基質が高濃度であったり，反応液中に基質の官能基と類似した構造の官能基を有する分子が存在したり，基質と酵素が結合し複合体を生成したときに酵素の立体構造が変化したりすると反応は**阻害**（inhibition）され，反応速度は低下する。以下，阻害の概要を示す。

4.6.1 基 質 阻 害

基質濃度が高いとき，反応速度が低下することがある。この現象は**基質阻害**（substrate inhibition）と呼ばれている。式 (4.11) を変形し，つぎの反応機構を考える。

$$\left.\begin{array}{l} \mathrm{E} + \mathrm{A} \xrightarrow{k_1} \mathrm{EA} \\ \mathrm{EA} \xrightarrow{k_2} \mathrm{E} + \mathrm{A} \\ \mathrm{EA} \xrightarrow{k_3} \mathrm{E} + \mathrm{R} \\ \mathrm{EA} + \mathrm{A} \xleftrightarrow{K_2} \mathrm{EA_2} \end{array}\right\} \tag{4.29}$$

定常状態近似を適用すると次式を得る。

$$r_{\mathrm{R0}} = k_3 c_{\mathrm{EA,0}} = \frac{k_3 c_{\mathrm{E0}}}{1 + \dfrac{K_1}{c_{\mathrm{A0}}} + \dfrac{c_{\mathrm{A0}}}{K_2}} \tag{4.30}$$

反応速度は，$c_{\mathrm{A0}} = (K_1 K_2)^{1/2}$ のときに最大値を示す。

4.6.2 拮 抗 阻 害

コハク酸デヒドロゲナーゼは，FAD を補酵素とし，次式に従い，コハク酸をフマール酸へと酸化する。

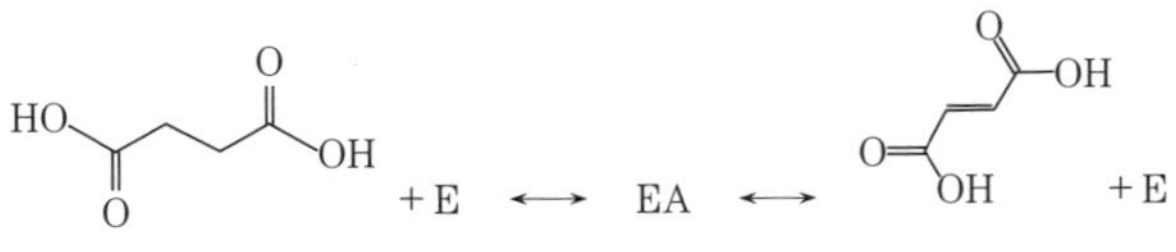
HO
O
OH
O
+E
EA
O
OH
O
OH
+E
コハク酸（A）　　フマール酸（R）　(4.31)

コハク酸と構造が似ているマロン酸が存在すると，式 (4.32) に従い，マロン酸は酵素の活性部位に結合し上記酵素反応を阻害する。

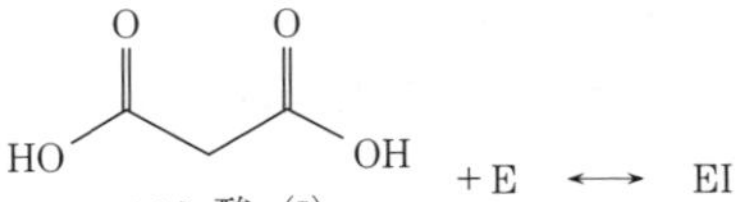
O
O
HO
OH
+E
EI
マロン酸（I）　(4.32)

マロン酸はコハク酸とは異なり C=C 二重結合に変換される炭素原子が2個不足しているため活性部位に結合はするが触媒作用は受けない。コハク酸はマロン酸と酵素の活性部位を競合する。このような阻害を**拮抗阻害**（competitive inhibition）と呼ぶ。式（4.31）のコハク酸と酵素から複合体を生成する反応の解離定数を K_A，式（4.32）の解離定数を K_i とする活性点の競合によって Michaelis-Menten 式は以下のようになる。

$$r_{R0} = \frac{r_{R,\max} c_{A0}}{\left(1 + \frac{c_{I0}}{K_i}\right) K_A + c_{A0}} \tag{4.33}$$

図 4.6 は，拮抗阻害の Lineweaver-Burk プロットを示す。阻害剤が存在すると $r_{R,\max}$ は変化はしないが K_m は増加する。

4.6.3　非拮抗阻害

反応液中に界面活性剤が存在すると酵素の疎水性表面，活性部位近傍に吸着し酵素を不活性化する。反応液中に酸化剤が存在すると酵素の SH 基を酸化し S-S 結合を形成し酵素を不活性化する。CN^-，H_2S，CO はカルボニックアンヒドラーゼ分子中の Zn^{2+}，カタラーゼ，ペルオキシダーゼ分子中の Fe^{2+}，ポリフェノールオキシダーゼ分子中の Cu^{2+} と錯塩を形成し酵素反応を阻害する。これらの不活性化は，阻害剤が酵素の活性部位以外の場所に結合することに起因しており**非拮抗阻害**（noncompetitive inhibition）と呼ばれている。酵素と基質の複合体 EA に阻害物質が結合したり，酵素と阻害物質の複合体 EI に基質が結合し複合体 EIA ができることが想定されている。それぞれの反応の解離定数を K_i，K_A とすると，反応機構は次式で表せる。

$$\left.\begin{array}{lll} A + E \longleftrightarrow EA \longrightarrow R + E & & \\ I + EI \longleftrightarrow EI & & K_i \\ A + EI \longleftrightarrow EAI & & K_A \\ I + EA \longleftrightarrow EAI & & K_i \end{array}\right\} \tag{4.34}$$

非拮抗阻害では，阻害剤の濃度を上げても阻害の程度は変わらない特徴がある。Michaelis-Menten 式は以下のようになる。

$$r_R = \frac{r_{R,\max} c_{A0}}{(1 + K_i c_I)(K_m + c_{A0})} \tag{4.35}$$

図 4.7 は，非拮抗阻害の Lineweaver-Burk プロットを示す。K_m は変化はしないが $r_{R,\max}$ は減少している。

4.6.4　アロステリック効果

Monod は酵素の活性部位以外の部位（allosteric 部位）に低分子化合物（エフェクター；effecter）が結合すると酵素の立体構造が変化する現象を**アロステリック効果**（allosteric effect）と

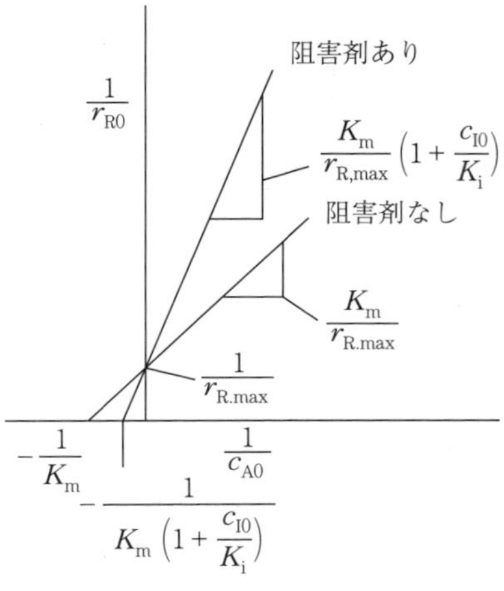

阻害剤あり
$\frac{1}{r_{R0}}$
$\frac{K_m}{r_{R,max}}\left(1+\frac{c_{I0}}{K_i}\right)$
阻害剤なし
$\frac{K_m}{r_{R.max}}$
$\frac{1}{r_{R.max}}$
$-\frac{1}{K_m}$
$\frac{1}{c_{A0}}$
$-\frac{1}{K_m\left(1+\frac{c_{I0}}{K_i}\right)}$

図 4.6　拮抗阻害の Lineweaver-Burk プロット

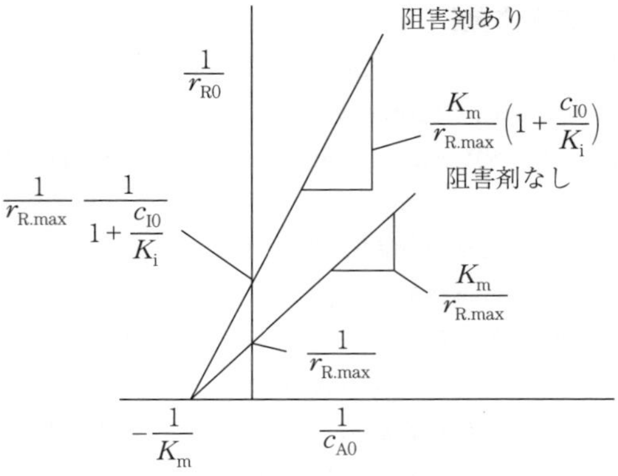

阻害剤あり
$\frac{1}{r_{R0}}$
$\frac{K_m}{r_{R.max}}\left(1+\frac{c_{I0}}{K_i}\right)$
阻害剤なし
$\frac{1}{r_{R.max}}\frac{1}{1+\frac{c_{I0}}{K_i}}$
$\frac{K_m}{r_{R.max}}$
$\frac{1}{r_{R.max}}$
$-\frac{1}{K_m}$
$\frac{1}{c_{A0}}$

図 4.7　非拮抗阻害の Lineweaver-Burk プロット

呼び酵素活性の制御にかかわる学識を開拓している（1 章の文献 19)）。アロステリック効果を示す酵素はアロステリック酵素と呼ばれている。酸素分子がヘモグロビンに結合するとヘモグロビンの立体構造が変化し，酸素は基質であると同時にエフェクターとして働き，隣の結合部位における酸素の親和性を向上させ反応を活性化する。一方，2.3-ビスホスホグリセリン酸は別のエフェクターであり，これがヘモグロビンのアロステリック部位に結合するとコンホメーションが変化し，酸素の他の結合部位に対する親和性が低下することが報告されている。アロステリック酵素の反応速度は，基質濃度に対しシグモイド型の曲線を描くことが多い。これを説明する数式モデルとしてつぎの Hill の式が適用されることが多い。

$$r_{R0}=r_{R,\,max}\frac{K_1c_{A0}^n}{1+K_1c_{A0}^n} \tag{4.36}$$

K_1 は会合定数，n は Hill 定数である。多くの場合，阻害剤が基質に類似している場合は拮抗阻害を示す。また，アロステリック阻害は拮抗的ではない阻害に該当する。

図 4.8 は，アロステリック効果を受けた酵素の反応速度を原料成分濃度に対してプロットした図である。反応速度を最大反応速度の 1/2 とするときの原料成分濃度を c_{A1} とすると，式 (4.36) より次式が成り立つことがわかる。

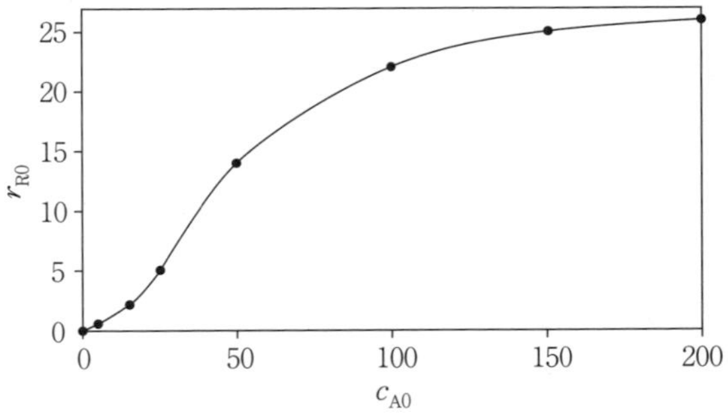

25
20
15
10
5
0
r_{R0}
0
50
100
150
200
c_{A0}

図 4.8　アロステリック効果

$$K_1=\frac{1}{c_{A1}^n} \tag{4.37}$$

【引用・参考文献】

1） Takai K, Sawasaki T, Endo Y. 2010. Practical cell-free protein synthesis system using purified wheat embryos. Nature Protocols. 5: 227-238.

2） Fischer E. 1894. Einfluss der configuration auf die wirkung der enzyme. Ber Dtsch Chem Ges. 27: 2985-2993.

3） 農研機構食品総合研究所. 2014. 酵素一覧.
http://www.naro.affrc.go.jp/org/nfri/yakudachi/koso/index.html

4） Wikipedia. 2014. Enzyme.
http://en.wikipedia.org/wiki/Enzyme

5） Henri V. 1903. Lois Générales de l'Action des Diastases, Hermann, Paris.

6） Menten L, Michaelis MJ. 1913. Die Kinetik der Invertinwirkung. Biochem Z. 49: 333-369.

7） Bergmeyer HU（ed）. 1974. Methods of enzymatic analysis, vol.1, Verlag Chmie weinheim, New York.

8） Lineweaver H, Burk D. 1934. The determination of enzyme dissociation constants. J Am Chem Soc. 56: 658-666.

9） Arrhenius S. 1884. Recherches sur la conductivité galvanique des électrolytes, doctoral dissertation, Stockholm, Royal publishing house, P.A. Norstedt & söner.

10） Johnson F, Eyring H, Williams R. 1942. The nature of enzyme inhibitions in bacterial luminescence; sulfanilamide, urethane, temperature, and pressure, J of Cell Comparative Physiol. 20: 247-268.

11） Ogata N, Ohtaguch K. 2006. Production in Escherichia coli and application of a recombinant carbonic anhydrase of the cyanobacterium Anabaena sp. strain PCC7120. J Chem Eng Jpn. 39: 351-359.

5. 生物細胞増殖反応の解析

5.1　増殖反応の概要

細胞増殖（cell growth）とは，細胞の成長と分裂（再生産）を指している。増殖は，生物の基本特性の一つである。成長は細胞径，分裂はポピュレーションの増加が関心の的となる。成長は，真核生物では，細胞径だけでなく，細胞内小器官径を問題とすることもある。分裂は，母細胞が分裂時刻に達した時に2個の嬢細胞となる現象である。生物個体が自己と同種の個体を作り出すことを生殖，繁殖という。生殖とは，生物の個体レベルでとらえた増殖を指している。生殖作用の際に個体を作り出す側を親，作られる側を子と呼ぶ。親子の関係で連なる生殖現象の単位を**世代**（generation）という。分子レベルで記述すると，種に固有なセットを成す遺伝情報を継代することを生殖と呼ぶ。生殖によって種が維持される。個体の場合，生殖のために分化する細胞を生殖細胞と呼び，その他の細胞を体細胞と呼ぶ。生殖細胞は，生命の起源から観察時点まで生殖細胞系列として一貫し連続している。一方，体細胞は世代を限度として消滅する。細胞が，生殖細胞となるか体細胞となるかという分化の方向性は，生殖細胞決定因子が担っている。この因子は発生初期の胚細胞質の中に存在している。生殖は，無性生殖と有性生殖に大別される。無性生殖は，原生動物の分裂，胞子による生殖のような細胞レベル無配偶子生殖と，多細胞個体の栄養生殖とから構成される。有性生殖は，生殖細胞からまず配偶子が生じ，つぎに受精によって配偶子が接合し二つの個体に起源する遺伝情報が掛け合わされる。

5.2　単一細胞の成長過程

細胞が誕生してからの経過時間を**細胞齢**（age）と呼び a〔h〕で表す。湿潤細胞の容積 v〔μm^3〕を**細胞径**（cell size）と呼ぶ。は，複製周期における細胞表層反応の全容が，現時点では，完璧には解明されていない反面, 以下の理由で細胞の活性を議論するための基本変数として注目されている。

① 生細胞を試料とすることができる。

② 測定時にトレーサーを必要とせず，測定が簡便，迅速である。

③ 測定時の条件設定が細胞の活性に及ぼす影響が少ない。

④ 細胞表層，細胞質量，細胞齢にかかわっている。

⑤ 細胞集団の増殖，基質消費，代謝生産などの速度過程を議論する際の基本変数である。

細胞容積の増加速度を w〔μm^3・h^{-1}〕とすると次式が成り立つ。

$$w=\frac{dv}{da} \tag{5.1}$$

単一細胞の容積変化の解析により，w に関し

① 細胞容積は細胞齢の1次関数とする直線型増殖：

$$w=k_0, \qquad v=v_0+k_0a \tag{5.2}$$

② 細胞容積は細胞齢の指数関数とする指数関数型増殖：

$$w=k_1v, \qquad v=v_0\exp(k_1a) \tag{5.3}$$

③ 細胞容積はRobertson-Ostwald則に従うとするシグモイド型増殖：

$$w=k_2v\left(1-\frac{v}{k_3v_0}\right), \qquad v=v_0\frac{k_3\exp(k_2a)}{k_3-1+\exp(k_2a)} \tag{5.4}$$

などのモデルが提出されている。v_0 は新生細胞の容積，k_0〔μm^3・h^{-1}〕，k_1〔h^{-1}〕，k_2〔h^{-1}〕，k_3〔－〕は一つの細胞の成長に関わるモデル定数である。式(5.4)は，細胞容積が新生細胞容積の k_3 倍となったときに細胞は成長を停止することを示している。多少の誤差を伴うが，緑藻 *Chlorella*，分裂酵母 *Schizosaccharomyces pombe*，出芽酵母 *Saccharomyces cerevisiae*，原生動物 *Tetrahymena pyriformis*，*Amoeba proteus* は直線型増殖，*Bacillus cereus*，*Salmonella typhimurium* は直線型増殖または指数関数型増殖，*B. megaterium*，*Pseudomonas aeruginosa*，*Serratia marcescens*，*Proteus morganii*，*Paramecium aurelia* では指数関数型増殖，*Escherichia coli* では直線型，指数関数型またはシグモイド型の増殖 *Streptococcus faecalis*，空中窒素固定菌 *Azotobacter agilis*，*A.vinelandii*，ミドリムシ *Euglna gracilis*，動物細胞チャイニーズハムスターはシグモイド型で記述することが多い[1)]。Von Bertaraffyは細胞容積増加速度は，細胞表面積に比例して単位時間に細胞に取り込まれる全物質量（全原料成分消費速度）から細胞容積に比例して単位時間に細胞外に分泌される全物質量（全生成物成分生成速度）との差に等しいとしている（1章の文献11)）。

細胞質量が細胞誕生時質量の2倍程度に達した時に**細胞分裂**（cell division）し新生細胞が誕生する。細胞分裂からつぎの細胞分裂までの時間を**世代時間**（generation time；細胞分裂時間，倍化時間）と呼び t_2 で表す。

5.3 細胞ポピュレーションの増殖過程

細胞の年齢を計測するためには，細胞をアイソトープでラベル化する手段が必要となる。この手段は工業用生物反応器では採用しがたいため，年齢に代えて，細胞容積 v をとらえる試みがなされている。反応液単位容積当りの容積 v から $v+dv$ までの細胞個体数を $n(t, v)dv$〔mL^{-1}〕，個体密度を N〔mL^{-1}〕，細胞の乾燥質量濃度を X〔mg・mL^{-1}〕，反応液中に懸濁する細胞の湿潤容積の平

均値を $\bar{v}$〔μm^3〕，湿潤細胞単位容積当りの乾燥細胞質量を ρ_C〔$mg \cdot \mu m^{-3}$〕で表すと，この変数と個体密度，細胞濃度の間には以下の関係がある。

$$N = \int_0^\infty n(t, v)\,dv \tag{5.5}$$

$$X = \rho_C \int_0^\infty v n(t, v)\,dv = \rho_C \bar{v} N \tag{5.6}$$

$n(t, v)$ を**細胞径分布関数**（cell size distribution function）と呼ぶ。細胞の死滅を無視し，時刻 t において容積が v の細胞の分裂速度を $\Gamma(v, t)$，容積 v' の細胞が分裂し，容積 v の細胞が誕生する**推移確率**（transition probability）を $p(v, v')$ とすると次式を得る[2)]。

$$\frac{\partial n(t, v)}{\partial t} + \frac{\partial}{\partial v}\{wn(t, v)\} = 2\int_v^\infty p(v, v')\Gamma(t, v')n(t, v')\,dv' - \Gamma(t, v)n(t, v) \tag{5.7}$$

細胞容積 $v = 0$ から∞にわたって積分すると，次式を得る。

$$\begin{aligned}\frac{dN}{dt} &= 2\int_0^\infty \int_v^\infty p(v, v')\Gamma(t, v')n(t, v')\,dv'dv - \int_0^\infty \Gamma(t, v)n(t, v)\,dv \\ &= \int_0^\infty \Gamma(t, v)n(t, v)\,dv = \bar{\Gamma} N = \nu\varepsilon N\end{aligned} \tag{5.8}$$

$$\frac{dX}{dt} = \rho_C \bar{w} N = \frac{\bar{w}}{\bar{v}} X = \mu_{app} X = \mu\phi X \tag{5.9}$$

ε，ϕ はカルチャー中の全細胞の中で細胞分裂している細胞の割合を示す時間の関数で 0～1 である。$\bar{v}$，$\bar{w}$ は，時刻 t における細胞容積，成長速度の平均値である。

図 5.1 は，液体培地を入れた回分生物反応器に増殖活性を整えた原核生物または真核生物の細胞を摂取したときの細胞乾燥質量濃度 X の経時変化を示す[3)]。反応開始直後，片対数方眼紙上で直線

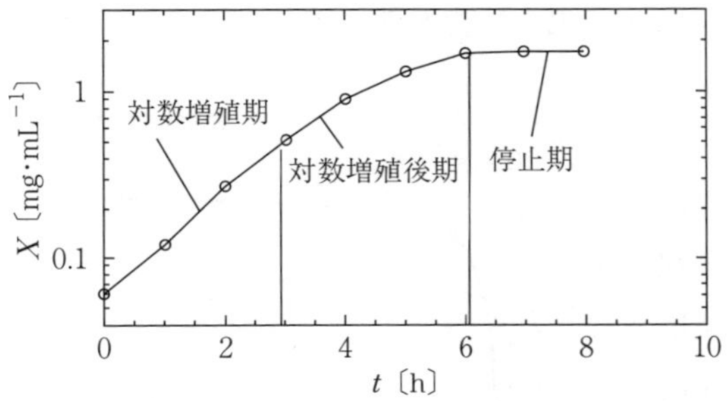
X〔mg·mL⁻¹〕
1
0.1
対数増殖期
対数増殖後期
停止期
0
2
4
6
8
10
t〔h〕

培地，MRS 培地；初期乳糖濃度，22.8 $\mu mol \cdot mL^{-1}$；初期菌体濃度，0.06 $mg \cdot mL^{-1}$；温度，315 K；pH，5.1

図 5.1　乳糖を炭素源とする乳酸桿菌 *Lactobacillus bulgaricus* No. 878 の回分増殖過程[3)]

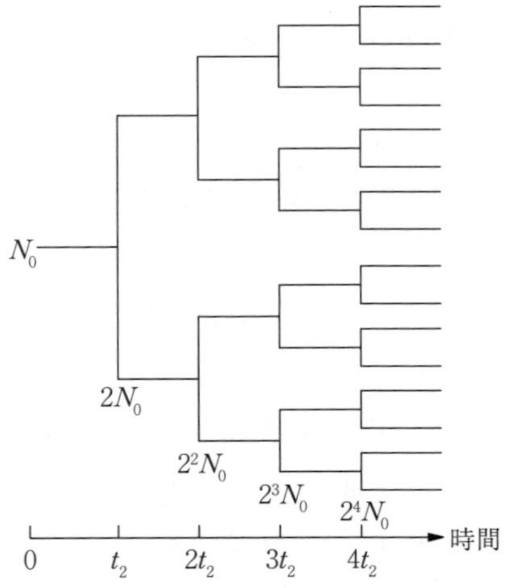
N0
2N0
2²N0
2³N0
2⁴N0
0
t2
2t2
3t2
4t2
時間

N_0：初期個体密度，　t_2：世代時間

図 5.2　個体密度の経時変化

を描いて細胞濃度は増加する。この時期を対数増殖期という。時間 0 から t_C（図 5.1 では 3 h）まで継続する。この時期，$\varepsilon=\phi=1$ であり，式 (5.8)，(5.9) は

$$\frac{dN}{dt}=\nu N \tag{5.10}$$

$$\frac{dX}{dt}=\mu X \tag{5.11}$$

となる。ν，μ は時間に無関係な係数であり，ν は**比再産速度**（specific reproduction rate），μ は**比増殖速度**（specific growth rate）と呼ばれる。対数方眼紙の直線勾配より μ が求まる。

対数増殖期では，細胞は，温度，原料成分，酸素雰囲気などの環境条件が適していれば世代時間 t_2 ごとに細胞分裂し個体数は 2 倍となる（**図 5.2**）。反応開始時の初期個体密度を N_0 で表すと，時間 t が経過した時の個体密度は次式で表せる。

$$N=N_0 2^{\frac{t}{t_2}} \tag{5.12}$$

式 (5.12) は細胞増殖に適用される以前から Malthus によって人口増加モデルとして定式化されている[4]。式 (5.12) の両辺を微分し式 (5.10) と比較すると次式を得る。

$$\nu=\frac{\ln 2}{t_2} \tag{5.13}$$

μ 値は，細胞を増殖させている原料成分，生成物などの濃度，温度，pH などの培養条件の影響を受ける。Monod は，原料成分グルコースの初期濃度 c_{A0} を変えて大腸菌 *Escherichia coli* を回分増殖させて対数増殖期の比増殖速度 μ を求め，次式で相関できることを示した[5]。

$$\mu=\frac{\mu_m c_{A0}}{K_S+c_{A0}} \tag{5.14}$$

μ_m は**最大比増殖速度**（maximum specific growth rate），K_S は**飽和定数**（saturation constant）と呼ばれる。**Monod の式**（Monod's kinetics）は酵素反応の Michaelis-Menten 式と同形である。Monod の原文では，式 (5.14) は，原料成分 A の初期濃度と対数増殖期の比増殖速度との関係を示しており，対数増殖期の間，成分 A の濃度 c_A が変化しても μ 値は一定であることを示している。増殖速度を制限する原料成分を**増殖制限基質**（growth-rate limiting component）という。この用語は，成分 A の濃度が 0 になった時点で増殖が停止することを必ずしも意味していない。式 (5.14) は，成分 A が増殖制限基質ではない場合にも成立することが多い。

図 5.3 は，乳酸桿菌 *Lactobacillus bulgaricus* の μ 値と乳糖初期濃度 c_{A0} の関係を示す[3]。細胞増殖停止時の c_A 値は 0 ではなく，乳糖は増殖制限基質ではないが，図の曲線は式 (5.14) の相関（$\mu_m=0.894\ \mathrm{h^{-1}}$，$K_S=6.75\ \mathrm{\mu mol\cdot mL^{-1}}$）が妥当であることを示している。式 (5.14) の定数 μ_m，K_S が既知であれば原料成分初期濃度から比増殖速度

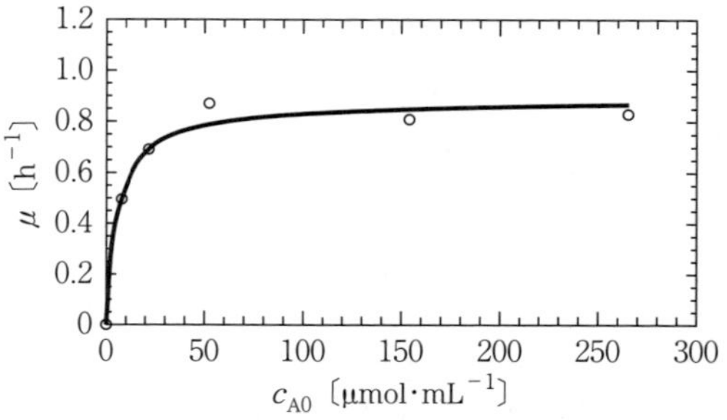

1.2
1.0
0.8
0.6
0.4
0.2
0
μ〔h⁻¹〕
0
50
100
150
200
250
300
c_A0〔μmol·mL⁻¹〕

図 5.3　*L. bulgaricus* の比増殖速度 μ と乳糖初期濃度 c_{A0} の関係[3]

を予測できる。逆に原料成分濃度の測定が難しい場合，原料成分を十分に薄めて細胞を増殖させ対数増殖中の比増殖速度を分析すると原料成分濃度を見積もることができる。式 (5.14) より，μ の値が $\mu_{\mathrm{m}}/2$ となるときの c_{A0} の値は K_{S} である。c_{A0} が K_{S} と比較し十分に小さい場合は，μ は c_{A0} に比例する。

$$\mu=\left(\frac{\mu_{\mathrm{m}}}{K_{\mathrm{S}}}\right)c_{\mathrm{A0}} \tag{5.15}$$

c_{A0} が K_{S} と比較し十分に大きい場合は，μ は c_{A0} とは無関係に一定となる。

$$\mu=\mu_{\mathrm{m}} \tag{5.16}$$

式 (5.6) より対数増殖期では，次式を得る。

$$\mu=\nu+\frac{1}{\bar{v}}\frac{d\bar{v}}{dt} \tag{5.17}$$

対数増殖期では，細胞の平均容積は一定であることが多く，$\mu=\nu$ を仮定し得る。

対数数増殖期の比増殖速度 μ は，原料成分や生成物成分の濃度が高い条件では，c_{A0}，c_{R0} の影響を受け，温度，pH の影響も受ける。基質濃度が高い場合，増殖反応は阻害され比増殖速度は低下することがある。このような基質阻害条件に対し，基質阻害を考慮した酵素反応速度式（式 (4.30)）が応用されている。

$$\mu=\frac{k_{\mathrm{E3}}c_{\mathrm{E0}}}{1+\dfrac{K_1}{c_{\mathrm{A0}}}+\dfrac{c_{\mathrm{A0}}}{K_2}} \tag{5.18}$$

図 5.4 は，pH6.0，308 K で酢酸上に回分増殖する *Candida utilis* の比増殖速度への高濃度酢酸の影響[6] を示す。図中の曲線は，式 (5.14) でフィッティング（$k_{\mathrm{E3}}c_{\mathrm{E0}}=0.570\ \mathrm{h^{-1}}$，$K_1=0.0196\ \mathrm{\mu mol\cdot mL^{-1}}$，$K_2=0.264\ \mathrm{\mu mol\cdot mL^{-1}}$）した結果を示す。比増殖速度は，$c_{\mathrm{A0}}=(K_1K_2)^{1/2}$ のときに最大となり，これより高濃度側では低下することがわかる。式 (5.14)，(5.18) 以外に原料成分 A の濃度と比増殖速度との関係に関わる数式モデルは多数提案されている。詳細は文献 7) ～ 9) に委ねたい。

反応液中に生成する成分 R の濃度 c_{R} が高くなると増殖速度が低下することがある。これを**生産物阻害**（product inhibition）と呼び，次式を適用することが多い。

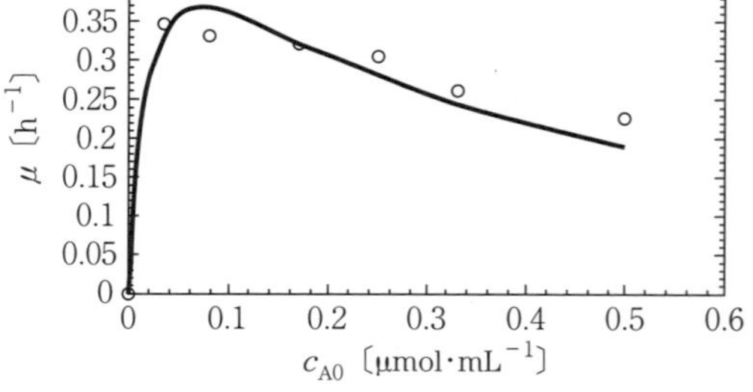
μ 〔h^{-1}〕
c_{A0} 〔μmol·mL^{-1}〕

図 5.4 酵母 *Candida utilis* の比増殖速度に対する基質（酢酸）阻害

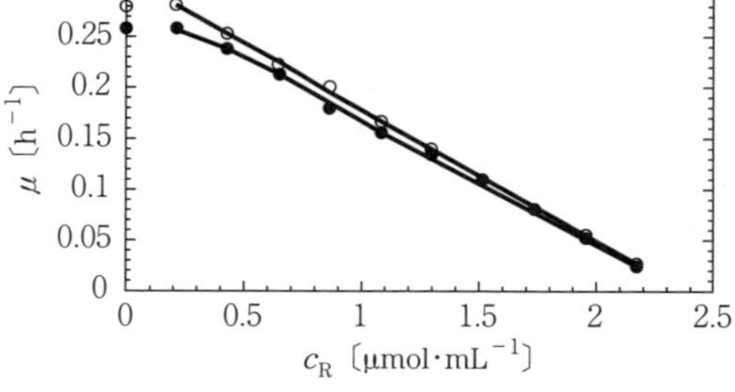
μ 〔h^{-1}〕
c_{R} 〔μmol·mL^{-1}〕

図 5.5 酵母 *S. cerevisiae*（○），*S. uvarum*（●）の比増殖速度に対する生産物（エタノール）阻害

$$\mu=\frac{\mu_{\rm m}c_{\rm A0}}{K_{\rm S}+c_{\rm A0}}\left(1-\frac{c_{\rm R}}{K_{\rm R}}\right) \tag{5.19}$$

$$\mu=\frac{\mu_{\rm m}c_{\rm A0}}{K_{\rm S}+c_{\rm A0}}\exp\left(-\frac{c_{\rm R}}{K_{\rm R}}\right) \tag{5.20}$$

図 5.5 は，回分増殖する酵母（A）*Saccharomyces cerevisiae* または半数体 *Saccharomyces uvarum* の培養開始後 2.5 h にエタノールを濃度 $c_{\rm R}$ を変えて添加し，添加後の比増殖速度 μ を測定した結果[10] を示す。低濃度範囲（$c_{\rm R}<0.217$ mmol·mL^{-1}）を除くと式 (5.19) が成立していることがわかる。増殖停止時の濃度 $c_{\rm R}$ から $K_{\rm R}$ を求めると，*S. cerevisiae* では 2.35 μmol·mL^{-1}，*S. uvarum* では 3.41 μmol·mL^{-1} であることがわかる。係数 $K_{\rm R}$ が大きいほど，酵母は高い濃度のエタノールに耐性を示すため，$K_{\rm R}$ は**エタノール耐性**（ethanol tolerance）の指標として採用されている。式 (5.20) に関しては文献 11）を参照されたい。

比増殖速度は反応器温度の影響を受ける。増殖至適温度より低い温度では，絶対温度を T，増殖反応の活性化エネルギーを E，気体定数を R，頻度因子を $k_{\rm T0}$ として，Arrhenius 式（式 (4.23)）を増殖反応に適用すると次式を得る。

$$\mu=k_{\rm T0}\exp\left(-\frac{E}{RT}\right) \tag{5.21}$$

多くの論文が式 (5.21) を採用している。増殖至適温度より高い温度範囲を含めた式として，式 (4.24) に示した Johnson らの式

$$\mu=\frac{k_{\rm T1}T\exp\left(-\frac{E}{RT}\right)}{1+k_{\rm T2}\exp\left(-\frac{k_{\rm T3}}{RT}\right)} \tag{5.22}$$

が適用されている。**図 5.6** は，単細胞性藍色細菌 *Synechococcus* sp. strain PCC7942/1 を CO_2 上に光合成増殖させたときの μ に及ぼす温度の影響を示す（4 章の文献 11)）。図の曲線は式 (5.22) の適用結果（$k_{\rm T1}=3.32\times10^7$ K^{-1}·h^{-1}；$E/R=7\,661$ K；$k_{\rm T2}=4.79\times10^{22}$；$k_{\rm T3}/R=16\,316$ K）を示す。酵素活性の温度依存性と同じく細胞の比増殖速度も Johnson らの式で整理できることがわかる。

pH の影響に関しては，式 (4.28) を応用した次式を用いることが多い。

$$\mu=\frac{\mu_{\rm m}c_{\rm A0}}{\left(1+\frac{K_{\rm 2H}}{c_{\rm H^+}}+\frac{c_{\rm H^+}}{K_{\rm 1H}}\right)K_{\rm A}+c_{\rm A0}} \tag{5.23}$$

この式より，μ が最大となる条件は

$$c_{\rm H+}=\left(K_{\rm 1H}K_{\rm 2H}\right)^{\frac{1}{2}} \tag{5.24}$$

または

$$pH=-\frac{1}{2}\left(\log K_{\rm 1H}+\log K_{\rm 2H}\right) \tag{5.25}$$

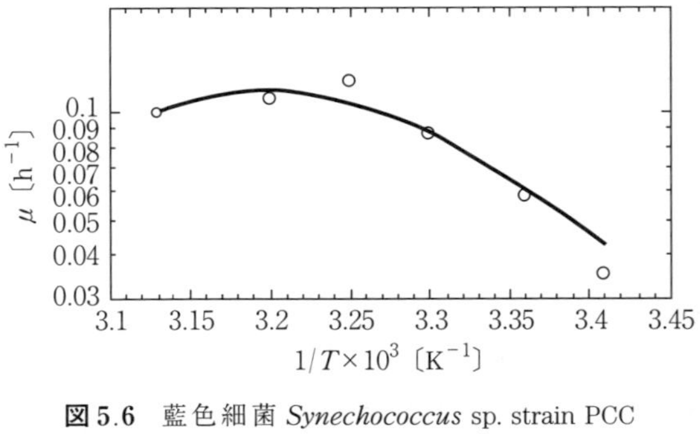

μ〔h⁻¹〕
0.1
0.09
0.08
0.07
0.06
0.05
0.04
0.03
3.1
3.15
3.2
3.25
3.3
3.35
3.4
3.45
1/T×10³〔K⁻¹〕

図 5.6　藍色細菌 *Synechococcus* sp. strain PCC 7942/1 の比増殖速度の温度依存性

のときであることがわかる。**図 5.7** は，ワイン製造用の酵母 *Saccharomyces cerevisiae* の比増殖速度 μ と（a）プロトン濃度 $c_{\mathrm{H^+}}$（$=10^{-pH}\,\mathrm{mmol \cdot mL^{-1}}$），（b）pH との関係を示す[12]。図（a）は，図 5.4 に似ている。図の曲線は式 (5.23) を仮定しフィッティング（$\mu_{\mathrm{m}}=0.273\,\mathrm{h^{-1}}$，$K_{\mathrm{A}}=0.012\,8\,\mathrm{mmol \cdot mL^{-1}}$，$K_{1\mathrm{E}}=7.69\times10^{-6}\,\mathrm{mmol \cdot mL^{-1}}$，$K_{2\mathrm{E}}=0.000\,123\,\mathrm{mmol \cdot mL^{-1}}$）した結果を示す。図（b）は横軸に pH を目盛った図を示す。至適 pH は，式 (5.60) より 4.51 であることがわかる。図（b）では，至適 pH より酸性側，アルカリ性側で μ と pH との関係には大略，対称性が認められる。

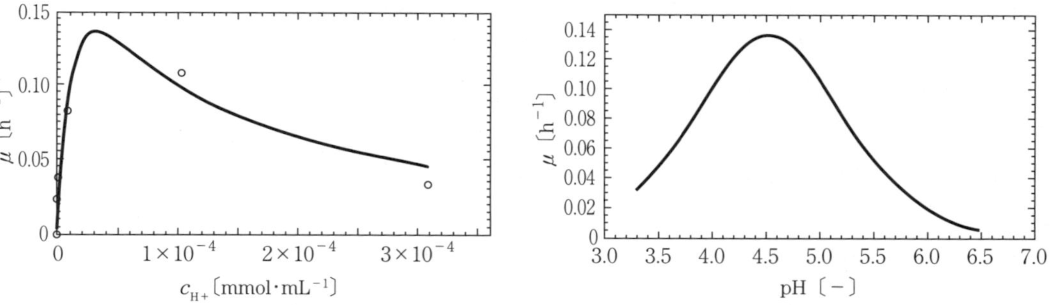
0.15
0.10
0.05
0
μ〔h^{-1}〕
0
1×10^{-4}
2×10^{-4}
3×10^{-4}
$c_{\mathrm{H+}}$〔mmol·mL^{-1}〕
0.14
0.12
0.10
0.08
0.06
0.04
0.02
0
μ〔h^{-1}〕
3.0
3.5
4.0
4.5
5.0
5.5
6.0
6.5
7.0
pH〔−〕

（a）　プロトン濃度依存性　　（b）　pH 依存性

図 5.7　酵母 *S. cerevisiae* の比増殖速度のプロトン濃度，PH 依存性

対数増殖期が終了する時刻 t_{C} 以降，図 5.1 の増殖曲線の勾配が低下している。対数増殖している細胞の割合対 ϕ が 1 から 0 に減少している。この時期を**対数増殖後期**（late-logarithmic growth phase）と呼ぶ。式 (5.9) より，割合 ϕ はつぎの関係式で記述できることがわかる[3]。

$$\phi=\frac{\bar{w}}{\mu\bar{v}} \tag{5.26}$$

式 (5.2)，(5.3)，(5.4) の速度定数 k_0，k_1，k_2，k_3 を対数増殖期，対数増殖後期において一定と仮定すると，直線型増殖，指数型増殖，シグモイド型増殖それぞれについて以下のように記述できる。

$$\phi=\frac{k_0}{\mu\bar{v}} \qquad \text{直線型増殖} \tag{5.27}$$

$$\phi=\frac{k_1}{\mu} \qquad \text{指数型増殖} \tag{5.28}$$

$$\phi=\frac{k_2}{\mu}\left\{1-k_4\left(1+\sigma^2\right)\right\} \qquad \text{シグモイド型増殖} \tag{5.29}$$

σ は細胞径分布の**変異係数**（＝標準偏差／平均容積；coefficient of variation）であり，その自乗である**無次元分散**（dimensionless variance）σ^2 は次式で定義される。

$$\sigma^2=\frac{1}{\bar{v}^2}\left\{\frac{1}{N}\int_0^\infty (v-\bar{v})^2 n(t,v)\,dv\right\}=\frac{\overline{v^2}}{\bar{v}^2}-1 \tag{5.30}$$

$\overline{v^2}$ は細胞容積の 2 次モーメントで

$$\overline{v^2}=\frac{1}{N}\int_0^\infty v^2 n(t,v)\,dv \tag{5.31}$$

と表される。k_4 は $\bar{v}/(k_3v_0)$ であり，シグモイド型増殖で $\bar{v}/v_0$ は一定とみなした。対数増殖後期において，直線型増殖では $\bar{v}$，シグモイド型増殖では σ^2 が大きくなることで ϕ が小さくなることがわかる。指数型増殖では ϕ の値が減少する傾向は説明できない。

図 5.8 は，細胞径分布の変異係数細 σ の経時変化を示す。増殖曲線は図 5.1 と類似であり，0～3 h が対数増殖期，3～5 h が対数増殖後期，5 h 以降が停止期である。対数増殖中 σ は一定であり値も小さいが，対数増殖後期で増加し，停止期では再び一定値を示すことがわかる。式 (5.29) から予測される経時変化と一致しており，この実験系ではシグモイド型増殖が支配的であることがわかる。式 (5.29) より，細胞径分布の広がりを小さくすることが増殖活性の向上につながることが演繹される。

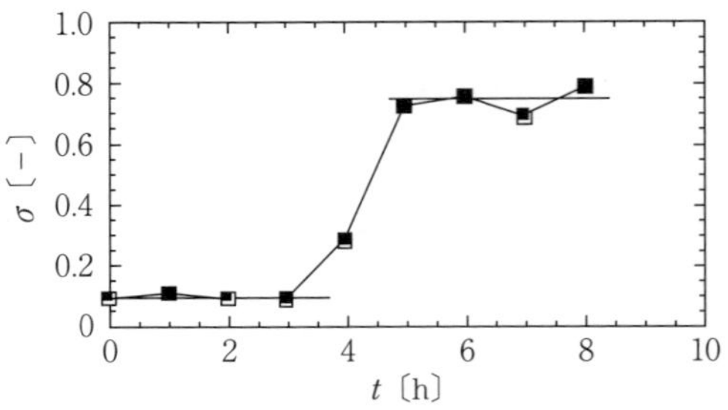
1.0
0.8
0.6
0.4
0.2
0
σ〔－〕
0
2
4
6
8
10
t〔h〕

乳糖（52.6 μmol･mL^{-1}）を炭素源とする MRS 培地（pH，5.1，315 K）上で乳酸桿菌 *Lactobacillus bulgaricus* No.878 を回分培養

図 5.8　回分増殖過程における細胞径分布の変異係数の経蒔変化[3)]

対数増殖後期が終了する時刻を t_f とする。図 5.8 が示すように，対数増殖後期（$t_C<t<t_f$）では，細胞濃度は片対数方眼紙上で時間に対して放物線状に変化することが多い。時刻 t_C，t_f の細胞濃度を X_C，X_f とする。細胞濃度の対数を時間に関し多項式展開して，次式で補間を試みる。

$$\phi=\frac{t_f-t}{t_f-t_C} \tag{5.32}$$

割合 ϕ 割は対数増殖後期開始時には 1，時刻 t_f で 0 に到達することがわかる。

式 (5.32) では，実験特性に基づき，係数 ϕ を時間 t の一次関数として表記したが，河野，浅井は，以下の関数を仮定している[13)]。

$$\phi=\frac{X_C(X_f-X)}{X(X_f-X_C)} \tag{5.33}$$

この関数は式 (5.32) と近似的に等しい。

式 (5.14) が原料成分 A の初期濃度 c_{A0} の関数として取り扱われているため，原料成分 A の濃度 c_A の変化速度 r_A に触れる。

$$r_A=\frac{dc_A}{dt}=-q_AX \tag{5.34}$$

$(-r_A)$ は原料成分の消費速度，q_A は**比消費速度**（specific consumption rate）である。つぎの比率を，成分 A に対する細胞質量の**微分収率**（instantaneous fractional yield）と呼ぶ。

$$y=\frac{dX}{(-dc_A)}=\frac{\mu_{app}}{q_A}=\frac{\phi}{q_A}\mu \tag{5.35}$$

乳糖上で回分増殖する *L. bulgaricus* の場合，時々刻々変化する細胞濃度 X と未反応乳糖濃度 c_A の間には，**図 5.9** のように微分収率が培養全過程を通じ一定となっている[3)]。この場合，c_A と X の間に直線関係が認められるため次式が成り立つことがわかる。c_{Af} は停止期における成分 A の濃度，Y〔g·mmol^{-1}〕は細胞質量の**総括収率**（yield）である。

$$y=\frac{X-X_0}{c_{A0}-c_A}=\frac{X_f-X_0}{c_{A0}-c_{Af}}=Y=\text{一定} \tag{5.36}$$

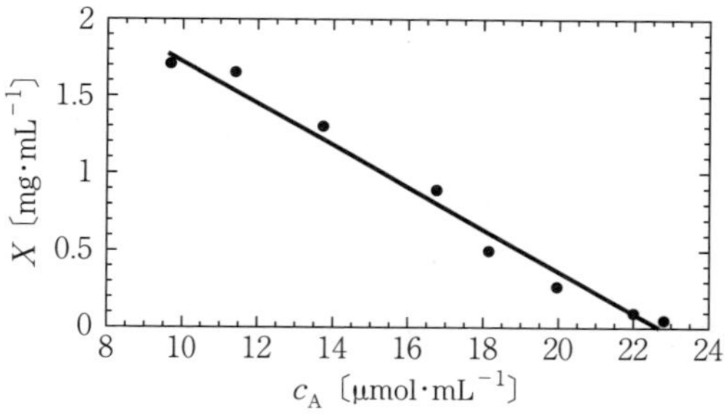
2
1.5
1
0.5
0
8
10
12
14
16
18
20
22
24
X〔mg·mL⁻¹〕
c_A〔μmol·mL⁻¹〕

図 5.9　回分増殖中の乳酸桿菌細胞濃度と未反応乳糖濃度の関係

このような特別な場合，式 (5.35) において y，μ が一定であるため ϕ と q_A は比例し，時間的に変化することがわかる。Y 値は原料成分がグルコースの場合，*Escherichia coli* が 0.118 mg·μmol^{-1}，*Saccharomyces cerevisiae* が 0.090 mg·μmol^{-1} 程度であるが，エタノールの場合，*Pseudomonas fluorescens* が 0.022 5 mg·μmol^{-1}，*Candida utilis* が 0.031 2 mg·μmol^{-1} と低下している（2 章の文献 3)）。メタン，メタノール，酢酸，エタノールなどの低分子量化合物を原料としたときの収率は低く，糖類を原料とした場合には高い。

Monod の式が成り立つ場合，式 (5.11)，(5.14) および式 (5.9)，(5.32) より，対数増殖期，対数増殖後期の時刻 t における細胞濃度はそれぞれ次式で表現できる。

$$\left.\begin{aligned}
X&=X_0\exp(\mu t)=X_0\exp\left(\frac{\mu_m c_{A0}}{K_S+c_{A0}}t\right) && (t<t_C\text{のとき})\\
X&=X_0\exp\left\{\mu t_C+\mu\frac{t-t_C}{t_f-t_C}\left(t_f-\frac{t+t_C}{2}\right)\right\}\\
&=X_0\exp\left[\frac{\mu_m c_{A0}}{K_S+c_{A0}}\left\{t_C+\frac{t-t_C}{t_f-t_C}\left(t_f-\frac{t+t_C}{2}\right)\right\}\right] && (t_C<t<t_f\text{のとき})
\end{aligned}\right\} \tag{5.37}$$

時刻 t における原料成分 A の濃度は式 (5.37) を式 (5.36) に代入することで解析できる。

時刻 t_f 以降を**停止期**（stationary phase）と呼ぶ。停止期では，式 (5.9) より $\phi=0$ となる。個々の細胞の成長速度式に関連付けると式 (5.27)，(5.28)，(5.29) より，$k_0=k_1=k_2=0$ がこの条件に相当していることがわかる。式 (5.37) より以下を得る。

$$X_f=X_0\exp\left(\frac{\mu_m c_{A0}}{K_S+c_{A0}}\frac{t_C+t_f}{2}\right) \tag{5.38}$$

Monod は，原料成分 A としてマンニトールを選び，大腸菌をマンニトール上に増殖させる実験において，X_f と c_{A0} の間に直線関係があることを初めて見出している（**図 5.10**）[5)]。

$X_f \gg X_0$，$c_{Af}=0$ であるとすれば，式 (5.36) より，この直線関係は次式で表せる。

$$X_f=X_0+Y(c_{A0}-c_{Af})=Yc_{A0} \tag{5.39}$$

図 5.1 には示されていないが，増殖停止時状態の時刻 t_D 以降，細胞濃度が次式に従って減少することがある。

$$\frac{dX}{dt} = -K_d X \qquad (5.40)$$

この時期を**死滅期**（death phase），係数 K_d を**比死滅速度**（specific death rate）と呼ぶ。

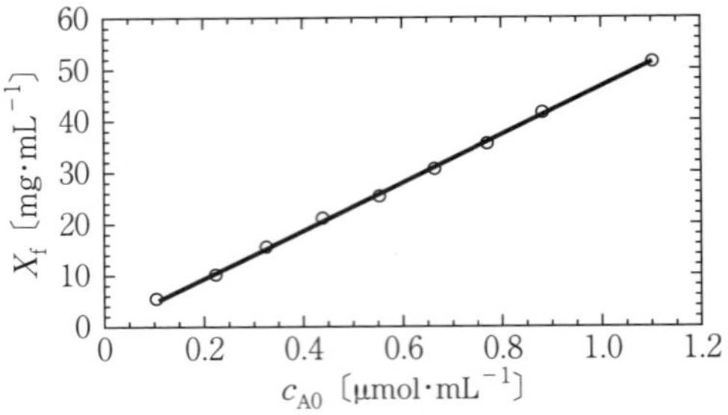

X_f〔mg·mL^{-1}〕
c_{A0}〔μmol·mL^{-1}〕

図 5.10　大腸菌の停止期細胞濃度と基質（マンニトール）初期濃度の関係

式 (5.37)，(5.39)，(5.40) より細胞の回分増殖過程，式 (5.36) より原料成分の回分消費過程が予測できるが，生物の中には対数増殖期が明確ではなく，回分増殖の進行とともに増殖速度が向上し，最大速度に達した後に増殖速度を低下させ始め，やがて停止期に至る増殖曲線が得られる場合もある。このような場合，式 (5.4) と同型の次式が適用されることが多い。

$$\frac{dX}{dt} = k_{1X} X\left(1 - \frac{X}{k_{2X} X_0}\right), \qquad X = X_0 \frac{k_{2X}\exp(k_{1X}t)}{k_{2X} - 1 + \exp(k_{1X}t)} \qquad (5.41)$$

式 (5.41) の適用は，M'Kendrick と Pai が大腸菌の増殖過程に適用した[14] のが発端となっている。この式は，ロジステック式と呼ばれ，Verhulst は 19 世紀に人口増加に対して同式を適用している[15]。比増殖速度は，培養開始時刻にだけ観測され，$\mu = k_{1X}(1 - 1/k_{2X})$ である。**図 5.11** に，29.2 μmol·mL^{-1} 乳糖上の黒色麹菌 *Aspergillus niger* の回分増殖過程を示す[16]。図中の曲線は，式 (5.41) を適用（$X_0 = 0.0646$ mg·mL^{-1}，$k_{1X} = 0.0555$ h^{-1}，$k_{2X} = 44$）した結果を示す。良好に一致していることがわかる。停止期細胞濃度 $X_f (= k_{2X} X_0)$ は 2.84 mg·mL^{-1} と解析できる。

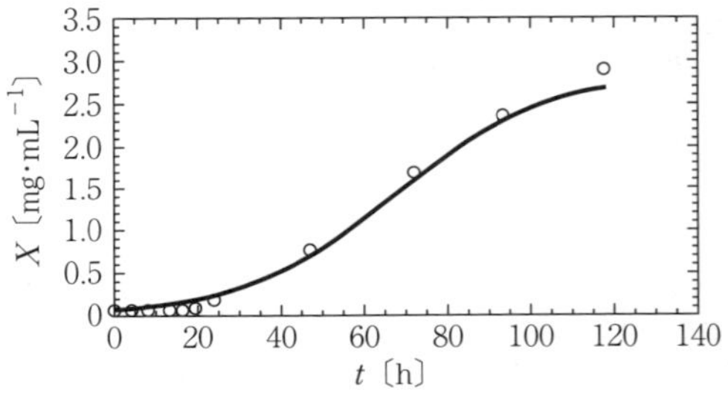

X〔mg·mL^{-1}〕
t〔h〕

図 5.11　Aspergillus niger 回分増殖過程の実測値（○）とロジステック式を用いたシミュレーション（実線）の比較

Monod の式を拡大解釈し，培養液中の原料成分濃度 c_A が変化すると次式に従い，増殖速度が変化すると見立てる研究論文がある。

$$\frac{dX}{dt} = \frac{\mu_m c_A}{K_S + c_A} X \qquad (5.42\,a)$$

$$\frac{dc_A}{dt} = -\frac{1}{Y}\frac{dX}{dt} = -\frac{1}{Y}\frac{\mu_m c_A}{K_S + c_A} X \qquad (5.42\,b)$$

この場合，培養開始時の比増殖速度は，$\mu = \mu_m c_{A0}/(K_S + c_{A0})$ であるが，時間がわずかに経過すると式 (5.42 b) に従い c_A は低下する。これに応じ，式 (5.42 a) 右辺の係数 $\mu_m c_A/(K_S + c_A)$ は，時刻 $t = 0$ のときよりも小さくなる。対数増殖期間の長さは 0 であることが演繹される。

癌細胞の増殖を評価する数式モデルとして，つぎの Gompertz 関数が多用されている。

$$X(t)=k_1\exp\left\{ln\left(\frac{X_0}{k_1}\right)\exp\left(-k_2t\right)\right\} \tag{5.43}$$

X は腫瘍の大きさ〔mm〕，X_0 は初期値，k_1 は無限時間で到達する腫瘍の大きさ（$=X_f$），k_2 は正の定数である。抗癌剤投与は増殖活性 μ_{app} の高い細胞程，効果的であることが推論できる。

5.4　細胞周期と増殖反応

動物では配偶子，コケ，シダ類などでは胞子を形成する際に染色体数が分裂前の半分となる。これを**減数分裂**（meiosis）という。多くの生物は，栄養を摂取，成長する時期と繁殖のための時期を有している。生物の成長，生殖による変化が一通り現れる周期現象を**生活環**（life cycle）という。大腸菌 *Escherichia coli* を捕食する原生生物 *Tetrahymena pyriformis* は，餌を探し求めるときの形態，食胞を形成する形態，細胞分裂するときの形態を異にし生活環を形成している。生物学的排水処理プロセスでは捕食–被食関係が成立する反面，被食者の濃度が0にならないことが知られているが，被食者を摂取できない状態の捕食者が生活環で出現することが当該反応機構の鍵となっていることが指摘されている[17]。生活環，減数分裂は増殖反応解析上，重要な概念であるが，これらに関しては他書を参照されたい。

細胞分裂で誕生した嬢細胞が成長し母細胞となって再度，細胞分裂を行い，つぎの新生細胞になるまでの過程を**細胞周期**（cell cycle）という。真核生物の細胞周期研究は活発であり抗癌剤開発，現代医学に対し知識の基礎を提供している。真核生物の細胞周期は，**G_1 期**（gap 1 stage），**S 期**（synthetic stage），**G_2 期**（gap 2 stage），**M 期**（mitotic stage）から成る。S 期は DNA 合成期，M 期は細胞分裂期，G_1，G_2 期は M 期と S 期に挟まれたギャップを指している。G_1 期，S 期，G_2 期を合わせて**間期**（interphase）と呼ぶ。**図 5.12** は，出芽酵母の細胞周期を示す。細胞分裂で生じた嬢細胞は，G_1 期において，顕微鏡下でとらえられる形態に関してはあまり変化を伴わない状態で細胞径を大きくする。代謝活性が高く，S 期で必要とされる DNA 複製関連酵素が合成され，細胞小器官の合成も進む。真核生物の細胞内に存在する DNA とタンパク質の複合体は**クロマチン**（chromatin）と呼ばれる。G_1 期の遺伝物質はクロマチン状態で存在する。G_1 期には，DNA 上の**自立複製配列**（autonomously replicating sequence, ARS）と**複製開始点認識複合体**（origin recognition complex, ORC）とが結合し**複製前複合体**（prereplicative complexes, pre-PC）が形成される。その後，出芽しS期を迎える。ORC は，複製の出発

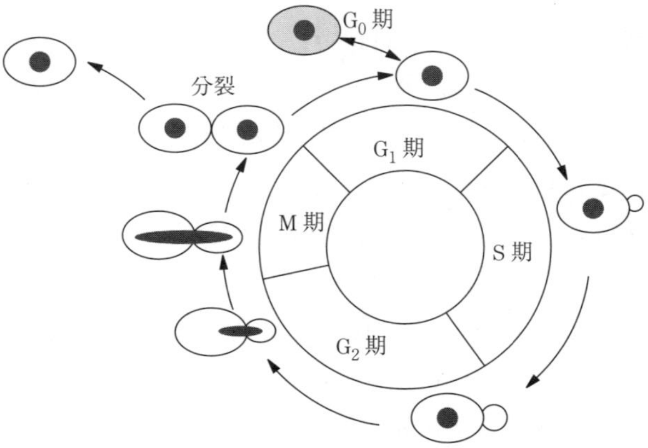
G0 期
分裂
G1 期
M 期
S 期
G2 期
図 5.12　出芽酵母 *Saccharomyces cerevisiae* の細胞周期

点を与える。芽は時間の経過とともに成長し，出芽直後から細胞はDNA合成を始める。**サイクリン依存性キナーゼ**（cyclin-dependent kinase, Cdk）および**Dbf4キナーゼ**（Dbf4-dependent kinase, Ddk）がpre-PCを活性化し，DNA伸長を開始する。開始時，染色体は，DNA二重螺旋がコイル状にまとめられた染色分体として存在し，DNAヘリカーゼが二重螺旋の水素結合を切断して一本鎖DNAを生成する。次いで2本の鋳型鎖をもとにDNAポリメラーゼが相補的塩基対を順次結合させ，リーディング鎖，ラギング鎖を合成する。ヒストン（histone）はクロマチン構成タンパク質群（11.4-20.8 kDa）であり分子量はDNAと等しい。塩基性が強いためにDNAとの親和性が強い。S期のヒストン合成活性は高いがRNA転写とタンパク質合成活性は低い。動物細胞では核の近くに中心体があり細胞分裂の際に**紡錘体**（spindle apparatus）の極となって細胞の両極に移動する。G_1期には中心体は二つであるが，S期で複製され四つとなる。ヒストン紡錘体とは，細胞分裂の際に染色体を嬢細胞に分離する構造体であり，細胞の形態を維持するための**細胞骨格**（cytoskelton）の一部である。

DNA合成が完了し，すべての染色体が**セントロメア**（centromere）でつながれた姉妹染色体分体を形成できた段階でG_2期に移行する。タンパク質合成が再び活性化する。細胞分裂時にクロマチンが染色体を形成し，紡錘体によって分配される分裂様式を有糸分裂という。この時期には，有糸分裂に要する微小管が合成される。

核分裂に続いて生起する細胞質の分離現象を**細胞質分裂**（cytokinesis）という。出芽酵母ではM期に芽の大きさが最大値に達する。M期では，有糸分裂，細胞質分裂が起こる。M期では，染色体凝縮，核膜消失が起こり，染色体が赤道面上にまず並び紡錘体が完成する。次いでセントロメア付近にあった姉妹染色体分体が紡錘体に引かれるように分離，移動し細胞の両極に向かい，脱凝縮，核膜再形成が起こる。アクチンは球状のタンパク質であり螺旋状の多量体を形成し細胞骨格のアクチンフィラメントの素材を提供する。別の細胞骨格である微小管がアクチンフィラメント収縮環の内側に集結し，分裂溝を内側に収縮させることで細胞質分裂が進行し，細胞が二つとなる。世代時間をt_2，G_1期，S期，G_2期，M期の長さをそれぞれt_{G1}，t_S，t_{G2}，t_Mとする。**表5.1**に真核細胞の世代時間および間期の各時間[18]を世代時間で規格化した無次元時間を例示する。動物細胞では世代時間t_2が16～24 h，$t_{G1}:t_S:t_{G2}:t_M=5:7:3:1$である。卵細胞は$G_1$期，$G_2$期がほとんどなく，神経，筋肉，リンパ球は分裂しない休眠状態の細胞であり**G_0期**（quiescent）細胞と呼ばれる。

対数増殖細胞の成長過程が直線型増殖に従い，すべての細胞が年齢t_2，細胞径$2v_0$になったときに2分裂し細胞径v_0になるとする。年齢a～$a+da$の細胞を$n_a(a)da$とし，$a^*=a/t_2$，$n_a^*(a^*)=n_a(a)t_2/N$とすると，式(5.2)，(5.7)より

$$n_a^*=2\ln 2\exp(-a^*\ln 2) \tag{5.44}$$

を得る。G_1期，S期，G_2期，M期の細胞の個体密度をN_{G1}，N_S，N_{G2}，N_Mで表し，個体密度に対する相対値を$N_{G1}^*(=N_{G1}/N)$，$N_S^*(=N_S/N)$，$N_{G2}^*(=N_{G2}/N)$，$N_M^*(=N_M/N)$，t_{G1}，t_S，t_{G2}，t_Mをt_2で除した無次元年齢を$a_1^*=0$，a_2^*，a_3^*，$a_4^*=1$とおくと，$N_{G1}^*=2\{1-\exp(a_2^*\ln 2)\}$，$N_s^*=2\{\exp(-a_2^*\ln 2)-\exp(-a_3^*\ln 2)\}$，$N_{G2}^*=2\{\exp(-a_3^*\ln 2)-1/2\}$を得る。

表 5.1　細胞周期時間の例

生物種	世代時間	間期の相対的時間			
	t_2〔h〕	t_{G1}/t_2〔−〕	t_S/t_2〔−〕	t_{G2}/t_2〔−〕	t_M/t_2〔−〕
出芽酵母 *Saccharomyces cerevisiae*	2.1	0.20	0.33	0.33	0.14
分裂酵母 *Schizosaccharomyces prombe*	2.33	0	0.08	0.86	0.06
ニホンコウジカビ *Aspergillus oryzae* 先端核	1.66	—	0.42	—	—
ニホンコウジカビ *Aspergillus oryzae* 後部核	2.72	—	0.45	—	—
原生動物 *Tetrahymena pyriformis* 大核	3.5	0.32	0.32	0.29	0.07
原生動物 *Tetrahymena pyriformis* 小核	3.5	0	0.09	0.85	0.06
コナミドリムシ *Chlamydomonas reinhardii*	24	0.58	0.21	0	0.21
緑藻 *Chlorella* sp.	24	0.42	0.42	—	—
コムギ *Triticum durum*	14	0.17	0.46	0.30	0.07
ヒト繊維芽細胞	30	0.37	0.4	0.18	0.05
ヒト白血病細胞	33.1	0.46	0.34	0.17	0.03
ヒト HeLa 細胞	20.5	0.39	0.34	0.20	0.07

真核生物の細胞周期上には，細胞の加齢に伴い細胞周期上の各成長段階の細胞を次ぎの成長段階へ進行させるか否かをオンオフ制御する**細胞周期チェックポイント**（cell cycle checkpoint）がコードされている。**G_1/S チェックポイント**（G_1/S checkpoint），**G_2 チェックポイント**（G_2 checkpoint），**間期チェックポイント**（metaphase checkpoint）に関する研究例が多い。チェックポイントでは，サイクリン依存性キナーゼ（34 kDa）とサイクリン（50 ～ 60 kDa）の複合体が中心的役割を担っている。G_1/S チェックポイントでは，① 栄養成分が十分であるか，② 多細胞生物では**サイトカイン**（cytokine）があり増殖が許容されている細胞であるか，③ G_1 期 DNA に損傷がないこと，④ DNA 合成に要するヌクレオチド量が十分であること，⑤ 増殖が必要な細胞であるかなどがチェックされる。サイトカインは，細胞から放出される糖鎖の多い低分子（8–30 kDa）ペプチドで，極微量で生理活性を示す細胞間情報伝達分子である。G_1 期細胞は異常を検知すると，チェックポイント制御因子を活性化し S 期への移行を停止し，休眠状態の G_0 期細胞となる。Hartwell は，出芽酵母を用いた系統的な研究の中で細胞周期に異常をきたした cdc（cell division cycle）変異株を単離し新しい細胞周期を開始するか，G_1 期にとどまるか，分化して有性生殖経路に入るかを決定する因子を G_1/S チェックポイントと名付け，当該遺伝子 CDC 28 を**スタート**（Start）と名付けた[19]。その後，CDC 28 の遺伝子産物は**プロティンキナーゼ**（protein kinase）であることが解明されている。プロテインキナーゼは ATP のリン酸基をアミノ酸残基にあるヒドロキシ基に移動させ，共有結合させることでリン酸基をタンパク質分子に付加する酵素である。ターゲットとなるアミノ酸の 99 %以上はセリン，スレオニンであるが 0.1 %以下のチロシンのリン酸化は生物学的に重要である。ヒトゲノム遺伝子の中には，500 種類のプロテインキナーゼがコードされている。細胞内タンパク質の 30 %はプロテインキナーゼの作用を受けシグナル伝達，代謝調節にかかわっている。

癌（cancer）は，遺伝的変異によって自律的制御機構に破綻を生じて増殖を行うようになった細胞集団の中で周囲組織に湿潤し転移を起こす悪性腫瘍を指している。無治療のままでは全身へ転移し，患者を死に至らしめる疾患である。正常な細胞では，DNA 傷害，癌遺伝子活性化，ストレス，刺激に応じ，ヒト癌抑制遺伝子産物 p 53（分子量 53 k のタンパク質）が活性化し，DNA 修復，**アポトーシス**（apoptosis）誘導，細胞増殖制御，組織形成・分化調整，組織幹細胞制御などの反応機構を起動し，G_1/S チェックポイントの制御を司っているといわれる。アポトーシスは，多細胞生物構成細胞のプログラム化された細胞死を指している。DNA 修復機構でも修復が難しい重度の DNA 損傷の場合，チェックポイント活性化の後に，細胞は細胞膜構造に変化を引き起こし，核が凝縮し，DNA やタンパク質は酸素によって断片化を起こし，細胞は激しく動きながらくびれ，細胞内小器官は小型袋状の小胞へと分解し死滅するが，当該過程を経由した細胞死を意味している。なお，細胞はアポトーシス以外に**ネクローシス**（necrosis；壊死）という細胞死を有する。物理的破壊，化学的損傷，血流の減少などによって細胞が事故死する現象を指している。

アポトーシスには，p 53 上のリン酸化部位が関与している。**癌細胞**（carcinoma cell）の多くは，p 53 遺伝子に変異が生じており G_1/S チェックポイントが正常には作動しない。このため増殖が停止しない癌細胞が発生してくるといわれている。G_1/S チェックポイントを欠いた癌細胞では，放射線照射，DNA 障害性抗癌剤への感受性が極端に低下する。癌治療への応用を意図した研究において，肺癌を形成したマウスの p 53 の機能を回復させたところ，細胞の増殖制御機構が回復し腫瘍が縮小したことが観察されている[20)]。

G_0 期では，タンパク質合成は抑制され，細胞周期進行に関わるタンパク質の一部は分解される。軽度の DNA 損傷検知の場合，DNA 修復機構が働き，損傷を修復する。異常が完全に除去された時点で細胞周期は再開する。癌細胞は，G_1/S チェックポイントを失うことによってアポトーシスへは向かわなくなる反面，DNA 障害を蓄積しやすくなっている。正常細胞では，DNA 障害の修復は，G_1/S および G_2 チェックポイントを作動させることで駆動されているが，癌細胞では，G_2 チェックポイントだけを利用して増殖を進めている。

G_2 チェックポイントは，G_2 期から M 期に移行する際のチェックポイントであり，DNA 損傷などでこれが活性化すると M 期開始が阻害され，細胞周期は G_2 期で停止する。DNA 損傷を認識すると，ATM と Rad3 関連プロテインキナーゼ（ataxia-telangiectasia mutated related，ATR）がリン酸化され活性化する。シグナル伝達のカスケードが働き，cdc2 が高リン酸化された不活性な状態に保たれ，M 期に進行せずに細胞周期が停止する。

微生物が産生し生体細胞の増殖，機能を阻害する物質を抗生物質という。作用機序に従えば，核酸合成阻害剤（**リファンピシン**（rifampicin）），細胞壁合成阻害剤（**ラクタム**（lactam）系，**ホスホマイシン**（fosfomycin），**バンコマイシン**（vancomycin）），タンパク質合成阻害剤（テトラサイクリン系，**マクロライド**（macrolide）**系**，**アミノグリコシド**（aminoglycoside）系，クロラムフェニコール）などに分類される。

悪性腫瘍の化学治療薬を抗癌剤という。抗癌剤は，細胞周期チェックポイントに作用する物薬剤，用量規定因子が異なる薬剤，異なる部位に作用しシナジーが得られる薬剤を組み合せて調合されている。一般に，アルキル化薬は細胞周期には依存せずに作用し，他は細胞周期に特異的に作用する。ステロイドは G_1 期，代謝拮抗薬，トポイソメラーゼ阻害薬は S 期，ビンカアルカロイド系などの微小管機能阻害薬は M 期に作用する。

M 期では，G_2 期までの段階で複製された対を成す染色分体のセントロメアの一部に，細胞の両極から微小管が伸びて結合し染色体を娘細胞に分離する紡錘体が現れる。M 期では，一対の染色分体が対称になっているか，細胞分裂は正常に進行し得るかなどがチェックされる。染色分体が移動し始めた後も紡錘体チェックポイントタンパク質の活性化，不活化によって，染色体の分離が抑制される。

原核生物は，一般に，真核生物の細胞周期が有する G_1 期，S 期，G_2 期，M 期といった各段階が明確ではなく，各段階は同時並行的に進行する。*Escherichia coli* を例にとると，成長段階，DNA 複製・分配段階，細胞分裂段階に分けて細胞成長過程を解析することが多い。新生細胞が成長し，ある細胞容積に到達すると細胞分裂への方向付けがなされ，DNA 複製が起動する。DNA 複製は，*oriC* を起点として開始する。この起点に真核生物の pre-RC 様タンパク質構造を形成し，環状 DNA のリーディング鎖，ラギング鎖の 2 方向に複製タンパク質が移動し DNA 複製が進行し，複製起点の反対側の終点（*ter*）に到達すると DNA 複製が終結する。DNA 複製が進行中に細胞隔壁様被膜の形成も同時に進行する。*oriC* は，複製され二つになった後，複製が進んでいる最中に，真核生物アクチンに似たタンパク質（*MreB*）が関与し，それぞれ細胞の両極に向かって移動する。細胞隔壁様被膜には膜結合型 DNA 転移酵素（*Ftsk*）が局在化している。複製された新生 DNA の一方が細胞隔壁様被膜を通過する際，膜結合型酵素 *Ftsk* によって細胞分裂時のミスチェックを受ける。*Ftsk* によって収縮環が形成され細胞分裂が進行し，二つの細胞が誕生する。

細胞懸濁液には，細胞周期の異なる段階で成長する細胞が含まれている。細胞周期を解析するためには，特定の時期にいる細胞を回収したり，細胞周期チェックポイントに関わる薬剤を投入し，すべての細胞の増殖休止位置を揃え，その後薬剤負荷を解除し，同一年齢から全細胞の成長を再開したり，標識物質 ^{3}H-チミジンで S 期細胞だけを標識したりする実験手段が適用されている。このような培養は**同調培養**（synchronous culture）と呼ばれている。細胞を**ノコダゾール**（nocodazole）で処理すると間期チェックポイントである M 期で細胞の成長を休止させることが可能である。高濃度チミジンで処理すると DNA 合成が停止し S 期で細胞の成長は休止させることができる。タンパク質合成阻害剤の**シクロヘキシミド**（cycloheximide）を投与するとタンパク質合成段階に細胞を同期させることができる。

5.5　ケモスタットの細胞増殖反応

図 5.13 は，**完全混合流れ反応器**（mixed flow reactor）を用いた**連続培養**（continuous culture）生物反応器を示す。培地成分は**培地貯槽**（medium reservoir）から移槽ポンプまたは重力落下によって完全混合流れ反応器へと送られる。完全混合流れ反応器に予め植え付けられた細胞は，培地

貯槽から送られる原料成分を摂取し増殖すると同時に代謝生成物を反応液中に生成する。反応液の容積を V〔mL〕，原料供給液の流量を v〔$mL \cdot h^{-1}$〕とすると，次式で定義される液の**空間速度**（space velocity）D〔h^{-1}〕は**希釈率**（dilution rate）と呼ばれる。

$$D = \frac{v}{V} \tag{5.45}$$

希釈率の逆数は，**空間時間**（space time）であり，**平均滞留時間**（mean resident time）である。

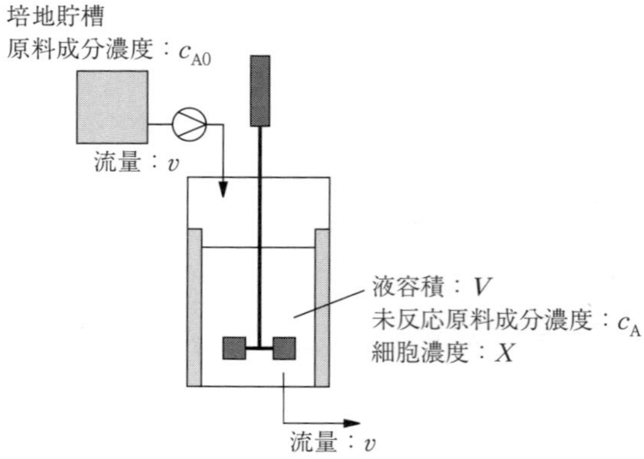
培地貯槽
原料成分濃度：c_{A0}
流量：v
液容積：V
未反応原料成分濃度：c_A
細胞濃度：X
流量：v

図 5.13　連続培養生物反応器

反応器内の細胞，未反応原料成分，生成物成分は培地供給流量と同じ流量で出口から反応器外に移槽される。培地貯槽中の原料成分 A の濃度を c_{A0}〔$\mu mol \cdot mL^{-1}$〕，反応液中の未反応成分 A の濃度を c_A〔$\mu mol \cdot mL^{-1}$〕，細胞濃度を X〔$mg \cdot mL^{-1}$〕とするとつぎの物質収支式を得る。

$$\frac{dc_A}{dt} = D(c_{A0} - c_A) - q_A X \tag{5.46}$$

$$\frac{dX}{dt} = (\mu_{app} - D)X \tag{5.47}$$

q_A〔$\mu mol \cdot mg^{-1} \cdot h^{-1}$〕は原料成分 A に対する細胞の比消費速度，$\mu_{app}$ は細胞の見かけの比増殖速度である。希釈率が低く原料成分の供給速度が細胞増殖を制限している場合，反応液中細胞集団の一部だけが原料成分を消費し細胞分裂できるが，増殖できない細胞は流体の流れに乗って反応器外に流出する。したがって式 (5.47) の比増殖速度は μ ではなく，μ_{app} で表した。希釈率が高いとき，増殖できない細胞が反応器外に流出する速度は高く，μ_{app} は定常状態の比増殖速度 μ に近づく。真核生物の場合，G_0 細胞は流体の流れに乗って反応器外へ流出する。

ケモスタット（chemostat）とは，**定常状態**（steady state）で操作される連続生物反応器を指す。式 (5.46)，(5.47) は，定常状態では次式を与える。

$$q_A = D\frac{c_{A0} - c_A}{X} = \frac{D}{Y} \tag{5.48}$$

$$\mu_{app} = \mu = D \tag{5.49}$$

希釈率 D，培地貯槽中の原料成分濃度 c_{A0} は反応器の操作変数であるため，これらの式はケモスタットでは，細胞の増殖活性，原料成分消費活性，生成物成生成活性を意識的に操作できることを表している。式中の Y は原料成分物質量に対する細胞質量の収率を表す。

$$Y = \frac{X}{c_{A0} - c_A} \tag{5.50}$$

回分生物反応では，対数増殖期の比増殖速度 μ と原料成分の初期濃度 c_{A0} の間に Monod の式（式 (5.14)）が成立することを記述したが，Monod は 1950 年にケモスタット状態における比増殖速度

μ と反応器内成分 A 濃度とを次式で相関している[21)]。

$$\mu = D = \frac{\mu_m c_A}{K_S + c_A} \tag{5.51}$$

式 (5.14) の μ，μ_m，K_S と式 (5.51) の μ，μ_m，K_S は，一般的には，異なる変数であることを特記したい。反応器の操作が $D>\mu_m$ のとき，希釈速度に増殖速度が追いつかないため，定常状態では，反応器内細胞はすべて反応器外に流出する。この状態を**ウォッシュアウト**（washout）という。D が μ_m より小さい場合，未反応原料成分濃度，細胞濃度は次式で記述できる。

$$c_A = \frac{D}{\mu_m - D} K_S \tag{5.52}$$

$$X = Y\left(c_{A0} - \frac{D}{\mu_m - D} K_S\right) \tag{5.53}$$

細胞増殖反応速度 $r_X = \mu X$ は，細胞の生産性とも呼ばれる。Monod の式を前提とした場合，式 (5.53) より

$$r_X = \mu X = DY\left(c_{A0} - \frac{D}{\mu_m - D} K_S\right) \tag{5.54}$$

であるため，細胞生産性 r_X が最大となる希釈率 D_{opt} は，$dr_X/dD=0$ を解くことにより

$$D_{opt} = \mu_m \left\{1 - \left(\frac{K_S}{K_S + c_{A0}}\right)^{\frac{1}{2}}\right\} \tag{5.55}$$

となる[22)] ことがわかる。このときの細胞生産性の最大値 $r_{X,\,max}$ は

$$r_{X,\,max} = \mu_m Y\left\{c_{A0} - 2K_S^{\frac{1}{2}}(c_{A0} + K_S)^{\frac{1}{2}} + 2K_S\right\} \tag{5.56}$$

となる。**図 5.14** は，希釈率を変えたときの定常状態における細胞濃度，未反応原料成分濃度，細胞生産性の計算例を示している。図説明に書いた条件を用いて D_{opt} を求めると 0.395 h^{-1} であり，細胞生産性の最大値は $r_{X,\,max}$ は 0.926 $mg \cdot mL^{-1} \cdot h^{-1}$ であることがわかる。

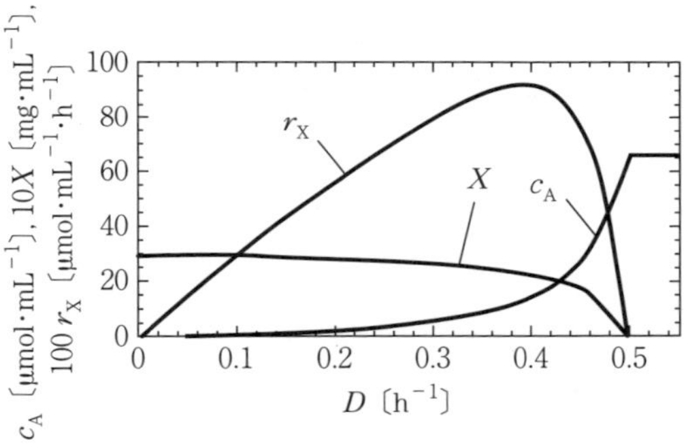
c_A〔μmol·mL⁻¹〕, 10X〔mg·mL⁻¹〕, 100 r_X〔μmol·mL⁻¹·h⁻¹〕
100
80
60
40
20
0
0　0.1　0.2　0.3　0.4　0.5
D〔h⁻¹〕
r_X
X
c_A

培地貯槽中の原料成分の濃度 c_{A0}，66.7 $\mu mol \cdot mL^{-1}$；原料成分 A に対する細胞の収率 Y，0.0439 $mg \cdot \mu mol^{-1}$；飽和定数 K_S，4.41 $\mu mol \cdot mL^{-1}$；最大増殖速度 μ_m，0.526 h^{-1}

図 5.14　ケモスタットを用いた細胞増殖反応

5.6　流加培養の細胞増殖反応

流加培養（fed batch culture）生物反応器（**図 5.15**）とは，原料成分は供給されるが，生成物成分は反応が終了するまで反応器外に取り出さないような完全混合流れ反応器を用いた細胞培養操作を表している。液の出口がないために反応液量は供給流量によって増加する。真核生物を取り扱う

場合，G_0 細胞は反応器出口がないため反応器内に蓄積する。

反応液容積，反応器全体に含まれる原料成分 A の物質量，反応器全体に含まれる細胞の質量に関し，以下の物質収支式が得られる。

$$\frac{dV}{dt} = v \tag{5.57}$$

$$\frac{d(c_A V)}{dt} = vc_{A0} - q_A XV \tag{5.58}$$

$$\frac{d(XV)}{dt} = \mu_{app} XV \tag{5.59}$$

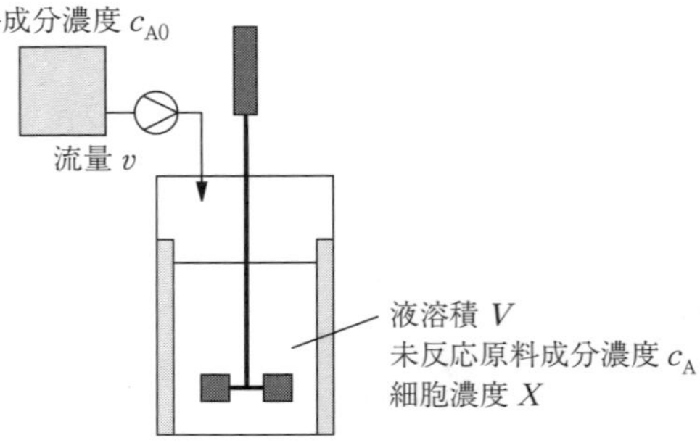
培地貯槽
原料成分濃度 c_{A0}
流量 v
液溶積 V
未反応原料成分濃度 c_A
細胞濃度 X

図 5.15　流加培養生物反応器

D を式 (5.45) で表すと，これらの式より式 (5.46)，(5.47) と同じ式が導かれる。原料成分 A の濃度，細胞濃度が時間的に変化しない場合には，式 (5.48)，(5.49) に一致する式が得られる。流加培養生物反応器でもケモスタット状態を得ることが可能である。式 (5.57) において流量を一定（$v = v_0$）とする定流量操作が多く応用されている。一方，D を一定とする場合，式 (5.45)，(5.57) より次式を得る。

$$v = v_0 \exp(Dt) = DV \tag{5.60}$$

流量が時間に対して指数的に変化するように流量制御できれば，希釈率を一定とした操作が可能である。

5.7　複合生物増殖反応の解析

5.7.1　遺伝子組換え菌の増殖反応

図 5.16 は，外来遺伝子をプラスミド DNA をベクターとし宿主を形質転換した遺伝子組換え菌の細胞分裂と外来遺伝子の脱落現象を描いている。宿主には大腸菌を想定している。組換え DNA 実験では，野生株と遺伝子保持株とを区別するために抗生物質などの薬剤耐性遺伝子を有するプラスミド DNA を使用し薬剤の選択圧を負荷した状態で野生株を死滅させ，遺伝子保持株を選び出す。組換え菌は，薬剤選択圧のもと保存されるが，生物反応器を用いて大量培養する際に高価な薬剤を使用せずに培養する可能性が検討されている，薬剤選択圧を使用しない場合，細

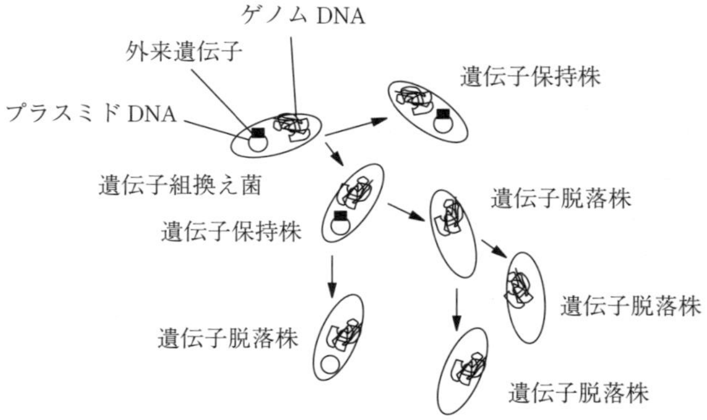
ゲノム DNA
外来遺伝子
プラスミド DNA
遺伝子組換え菌
遺伝子保持株
遺伝子保持株
遺伝子脱落株
遺伝子脱落株
遺伝子脱落株
遺伝子脱落株

図 5.16　遺伝子組換え菌の細胞分裂と外来遺伝子の脱落

胞分裂後，外来遺伝子を欠失したプラスミドを保持する菌，プラスミドを欠失した菌が登場する。これらを遺伝子脱落株と呼ぶ。このような状況においてカルチャーは，遺伝子保持株と遺伝子脱落株から構成される複合生物の**混合培養**（mixed culture）液と呼べる。一般に遺伝子保持株と遺伝子脱落株は同一の原料成分を競合消費する。遺伝子保持株，遺伝子脱落株の細胞濃度を X_1，X_2，比増殖速度を μ_1，μ_2，遺伝子の脱落率を p とすると，選択圧なしの回分増殖反応は次式で記述できる[23)]。

$$\left.\begin{aligned} \frac{dX_1}{dt} &= \mu_1(1-p)X_1 \\ \frac{dX_2}{dt} &= \mu_1 p X_1 + \mu_2 X_2 \end{aligned}\right\} \tag{5.61}$$

培養開始時における遺伝子保持株の初期濃度を $X_{1,0}$ とし，遺伝子脱落株の初期濃度は 0 とする。この時，次式を得る。

$$\left.\begin{aligned} X_1 &= X_{1,0}\exp\{\mu_1(1-p)t\} \\ X_2 &= X_{1,0}\frac{\mu_1 p}{\mu_1(1-p)-\mu_2}\left[\exp\{\mu_1(1-p)t\} - \exp(\mu_2 t)\right] \end{aligned}\right\} \tag{5.62}$$

細胞全体の濃度

$$X = X_1 + X_2 \tag{5.63}$$

の中に遺伝子保持株の占める割合を $\xi(=X_1/X)$ とすると次式を得る。

$$\xi = \frac{1-p-\alpha}{1-p-\alpha+p\left[1-\{\exp(\mu_1 t)\}^{-1+p+\alpha}\right]} = \frac{1-p-\alpha}{1-p-\alpha+p\left(1-2^{-(1-p-\alpha)G}\right)} \tag{5.64}$$

ただし

$$\alpha = \frac{\mu_2}{\mu_1}, \qquad G = \frac{t}{t_2} = \frac{\mu_1 t}{0.693} \tag{5.65}$$

であり，α は遺伝子保持株の比増殖速度に対する遺伝子脱落株の比増殖速度の比，t_2 は世代時間でありGは世代数を表す。一般に α は 1 より大きい。

図 5.17 は，25 世代目（$G=25$）における遺伝子保持株の割合 $\xi_{G=25}$ に対する相対比増殖速度 α の影響を示す。α が 1.2 の場合，p が 0.003 以下であれば選択圧を負荷しなくてもカルチャーは遺伝子保持株の挙動を示し得ることがわかる。

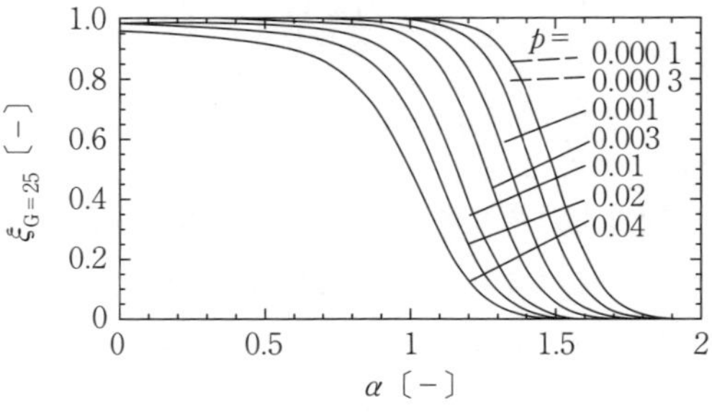
p =
0.000 1
0.000 3
0.001
0.003
0.01
0.02
0.04
1.0
0.8
0.6
0.4
0.2
0
0.5
1
1.5
2
$\xi_{G=25}$〔－〕
α〔－〕

図 5.17　遺伝子の安定性

5.7.2　ケモスタットにおける複合生物増殖反応

同一の原料成分を消費する 2 種類の細胞群が，連続生物反応器で生育している場合，各生物の増殖，原料成分の消費速度は次式で表せる。

1 2 3 4 5 6 7 8 9 10

$$\frac{dc_{\mathrm{A}}}{dt}=D(c_{\mathrm{A0}}-c_{\mathrm{A}})-q_{\mathrm{A1}}X_1-q_{\mathrm{A2}}X_2$$
$$=D(c_{\mathrm{A0}}-c_{\mathrm{A}})-\frac{\mu_{\mathrm{app},1}}{Y_1}X_1-\frac{\mu_{\mathrm{app},2}}{Y_2}X_2 \quad (5.66)$$

$$\frac{dX_1}{dt}=(\mu_{\mathrm{app},1}-D)X_1 \quad (5.67)$$

$$\frac{dX_2}{dt}=(\mu_{\mathrm{app},2}-D)X_2 \quad (5.68)$$

ここで X_1，X_2 は生物 1，2 の細胞濃度，$\mu_{\mathrm{app},1}$，$\mu_{\mathrm{app},2}$ は生物 1，2 の見かけ比増殖速度，q_{A1}，q_{A2} は原料成分 A に対する生物 1，2 の比消費速度，Y_1，Y_2 は原料成分 A に対する生物 1，2 の細胞質量収率である。2 種類の生物が共存できるケモスタット状態があるとすれば，次式を満足する必要がある。

$$\left.\begin{aligned}&\mu_{\mathrm{app},1}=\mu_{\mathrm{app},2}=D\\&c_{\mathrm{A0}}-c_{\mathrm{A}}=\frac{X_1}{Y_1}+\frac{X_2}{Y_2}\end{aligned}\right\} \quad (5.69)$$

生物 1，2 についてケモスタットの Monod の式が成り立つ場合，式 (5.52) より

$$c_{\mathrm{A}}=\frac{D}{\mu_{\mathrm{m1}}-D}K_{\mathrm{S1}}=\frac{D}{\mu_{\mathrm{m2}}-D}K_{\mathrm{S2}}=c_{\mathrm{A0}}-\frac{X_1}{Y_1}-\frac{X_2}{Y_2} \quad (5.70)$$

が導かれる。この式全体を成立させる反応条件の設定は容易ではないことが推論できる。

原料成分 A を消費して増殖する生物 1 を生物 2 が捕食する反応は，活性汚泥槽で観察されている。被食者の細胞濃度を X_1，捕食者のの細胞濃度を X_2，生物 1，2 の見かけ比増殖速度を $\mu_{\mathrm{app},1}$，$\mu_{\mathrm{app},2}$，生物 1 の原料成分 A に対する比消費速度，細胞質量をそれぞれ q_{A1}，Y_1，生物 2 の生物 1 に対する比消費速度，細胞質量収率をそれぞれ $q_{1,2}$，Y_2 とすると 2 生物混合培養液では次式が成り立つ。

$$\left.\begin{aligned}&\frac{dX_1}{dt}=(\mu_{\mathrm{app},1}-D)X_1-q_{1,2}X_2=(\mu_{\mathrm{app},1}-D)X_1-\frac{\mu_{\mathrm{app},2}}{Y_2}X_2\\&\frac{dX_2}{dt}=(\mu_{\mathrm{app},2}-D)X_2\\&\frac{dc_{\mathrm{A}}}{dt}=D(c_{\mathrm{A0}}-c_{\mathrm{A}})-q_{\mathrm{A1}}X_1=D(c_{\mathrm{A0}}-c_{\mathrm{A}})-\frac{\mu_{\mathrm{app},1}}{Y_1}X_1\end{aligned}\right\} \quad (5.71)$$

捕食者は原生動物，被食者は真正細菌であることが多く，$\mu_{\mathrm{app},2}\ll\mu_{\mathrm{app},1}$ および $X_2\ll X_1$ が成り立つ。ケモスタットは，条件 $\mu_{\mathrm{app},1}=\mu_{\mathrm{app},2}=D$ を前提とするため，式 (5.71) に支配される捕食–被食関係では定常状態は存在しないことがわかる。定常操作を行うためには，被食者の増殖を行わせるための生物反応器と捕食者の増殖を行わせるための生物反応器を直列結合し，それらの希釈率をそれぞれ $\mu_{\mathrm{app},1}$，$\mu_{\mathrm{app},2}$ に一致させるように設定したり，分離器や循環流れを設定する必要がある。

【引用・参考文献】

1）太田口和久. 1989. 細胞径分布と応用技術. 粉体工学誌. 26: 33-39.
2）Eakman JM, Fredrickson AG, Tsuchiya HM. 1966. Statistics and dynamics of microbial cell populations.

Chem Eng Prog Symp Ser. 62: 37-49.

3) Ohtaguchi K, Nasu A, Koide K, Inoue I. 1987. Effects of size structure on batch growth of lactic acid bacteria. J Chem Eng Jpn. 20: 557-562.

4) Malthus T. 1798. An essay on the principle of population, Printed for J. Johnson, in St. Paul's Church-Yard.

5) Monod J. 1949. The growth of bacterial cutures. Ann Rev Microbiol. 3: 371-394.

6) Jackson JV, Edwards VH. 1975. Kinetics of substrate inhibition of exponential yeast growth. Biotechnol. Bioeng. 17: 943-964.

7) Moser H. 1958. The dynamics of bacterial populations maintained in the chemostat, Carnegie Institution of Washington, Washington DC.

8) Teissier G. . 1942. Croissance des populations bacteriennes et quantite d'alimente dispoible. Rev Sci Extrait du No. 3208: 209-231.

9) Contois DE. 1959. Kinetics of bacterial growth: Relationship between population density and specific growth rate of continuous cultures. J Gen Microbiol. 21: 40-50.

10) Brown SW, Oliver SG, Harrison DEF, Righelato RC. 1981. Ethanol inhibition of yeast growth and fermentation: differences in the magnitude and complexity of the effect. Appl Microbiol Biotechnol. 11: 151-155.

11) Nagatani M, Shoda M, Aiba S. 1968. Kinetics of product inhibition in alcohol fermentation. J Fermnt Technol. 46: 241-248.

12) Yalcin SK, Ozbas ZY. 2008. Effects of pH and temperature on growth and glycerol production kinetics of two indigenous wine strains of Saccharomyces cerevisiae from Turkey. Brazilian J of Microbiol. 39: 325-332.

13) Kono T, Asai T. 1969. Kinetics of fermentation processes. Biotechnol. Bioeng. 11: 293-321.

14) M'Kendrick AG, Pai MK. 1911. The rate of multiplication of microorganisms: A mathematical study. Proc Roy Soc Edinburgh. 31: 649-655.

15) Verhulst PF. 1838. Notice sur la loi que la population poursuit dans son accroissement. Correspondance mathématique et physique. 10: 112-113.

16) Villena G. K, Gutierrez-Correa M. 2012. Kinetic analysis of Aspergillus niger cellulose and xylanase production in biofilm and submerged fermentation. J of Microbiol and Biotechnol Res. 2: 805-814.

17) Swift ST, Najita IY, Ohtaguchi K, Fredrickson AG. 1982. Some physiological aspects of the autecology of the suspension-feeding protozoan Tetrahymena pyriformis. Microb Ecology. 8: 201-215.

18) 柳田友道. 1981. 微生物科学, 2. 成長・増殖・増殖阻害, 学会出版センター.

19) Hartwell LH. 1973. The additional genes required for deoxyribonucleic acid synthesis in Saccharomyces Cerevisiae. J Bacteriol. 115: 966-974.

20) Feldser DM, Kostova KK, Winslow MM, Taylor SE, Cashman C, Whittaker CA, Sanchez-Rivera FJ, Resnick R, Bronson R, Hemann MT, Jacks T. 2010. Stage-specific sensitivity to p53 restoration during lung cancer progression. Nature. 468: 572-575.

21) Monod J. 1950. La technique de culture continue theorie et application, Annales de L'nstitut Pateur, Masson, Paris, 79: 390-410.

22) Aiba S, Humphrey AE, Millis NF, 1965. Biochemical Engineering, U. of Tokyo Press.

23) Imanaka T, Aiba S. 1981. A perspective on the application of genetic engineering stability of recombinant plasmid. Ann. N. Y. Acd. Sci., 369: 1-14.

6. 生物細胞代謝反応の解析

6.1 代謝反応の概要

代謝とは新陳代謝の略称である。生物細胞は，動的平衡状態を維持するために，物質の変換（物質代謝），エネルギーの変換（エネルギー代謝）を行っている。分解，生合成としての物質代謝をそれぞれ**異化作用**（catabolism），**同化作用**（anabolism）と呼ぶ。異化作用では，細胞外原料成分（有機物あるいは無機物）を分解し，ATP を合成する。同化作用では，ATP として蓄えられた化学エネルギーを用い，生体高分子を合成する。ATP は，1 分子のグルコースが嫌気的に乳酸となる場合 2 分子，好気的に解糖し完全酸化する場合 38 分子生成する。

細胞がエネルギーを獲得して ATP を合成し，この ATP を各種反応を進めるための化学エネルギーとして利用したり，力学エネルギー（筋肉，鞭毛，繊毛，細胞分裂など），電気エネルギー（発電器官，神経伝達），光エネルギー（光励起反応，発光など）として利用する諸反応の全体をエネルギー代謝と呼ぶ。エネルギーの獲得は，主として生体膜の**プロトン輸送 ATPase**（proton translocating ATPase）反応を介して行われる。

図 6.1 は，真核生物葉緑体の**チラコイド膜**（thylakoid membrane），藍色細菌の光合成膜の**電子伝達系**（electron transport chain）を示す。電子伝達系とは，酸化還元反応が連鎖的に起こり電子の移動が起こる系を指している。チラコイド膜とは，葉緑体や藍色細菌の細胞内で膜に結合した区画を指している。葉緑体内部の高粘性水溶性部分である**ストロマ**（stroma）はチラコイド膜と接している。チラコイド膜上には 4 種類のタンパク質複合体（① 光化学系 Ⅰ（photosystem Ⅰ）複合体（PS Ⅰ，P700），② 光化学系 Ⅱ（photosystem Ⅱ）複合体（PS Ⅱ，P680），③ シトクロム b/f 複合体，④ H^+－ATP 合成酵素複合体）がある。前 3 者は電子伝達系を形成している。PS Ⅰ，Ⅱには色素クロロフィルが結合している。PS Ⅱの反応中心に光が照射され

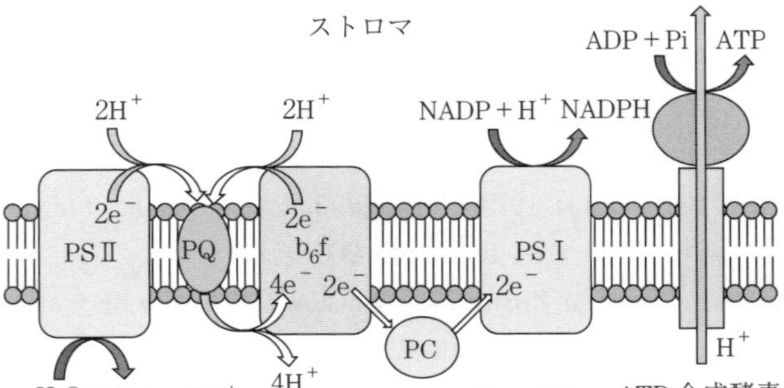
ストロマ
ADP＋Pi
ATP
2H+
2H+
NADP＋H+
NADPH
2e−
PSⅡ
PQ
2e−
b6f
4e−
2e−
PSⅠ
2e−
PC
H+
H2O
1/2O2＋2H+
4H+
ルーメン
ATP 合成酵素

図 6.1 光合成膜電子伝達系

ると電子伝達系は水から電子を奪ってプロトンとし O_2 を発生する。放出された電子はプラストキノン（PQ）に移動する。電子を受容したプラストキノンはストロマ側の H^+ と結合しシトクロム b/f 複合体へと移動し，この複合体に電子を渡し，**ルーメン**（lumen）側に H^+ を放出する。電子は，プラストシアニン経由で PS Ⅰに伝達され，反応中心を経て $NADP^+$ に渡され NADPH を生じる。NADPH は CO_2 還元反応，糖合成反応に利用される。CO_2 還元反応は ATP 分解反応のエネルギーを要するが ATP は電子伝達系で生じたプロトンの輸送に共役している。水 2 分子が分解すると 2 個の電子，4 個の H^+，1 分子の O_2 が生成する。ルーメンに蓄積した H^+ はストロマとの間でプロトン濃度勾配を形成する。この勾配を利用し，**ATP 合成酵素**（ATP synthase）が ATP を合成する。ストロマには光合成関連酵素が溶けている。

図 6.2 は，真核生物小器官ミトコンドリアを表している。大きさが 1 ～ 2 μm 程度であり，細胞 1 個当り 100 ～ 2 000 個含まれている。**内膜**（inner membrane）はひだ状に折れ込んで複雑な平板状クリステを形成している。**酸化的リン酸化**（oxidative phosphorylation）の盛んなミトコンドリアのクリステ（cristae）はより複雑である。内膜内空間は**マトリックス**（matrix）と呼ばれる。クエン酸回路，β-酸化系などの可溶性酵素が高濃度に蓄えられている。

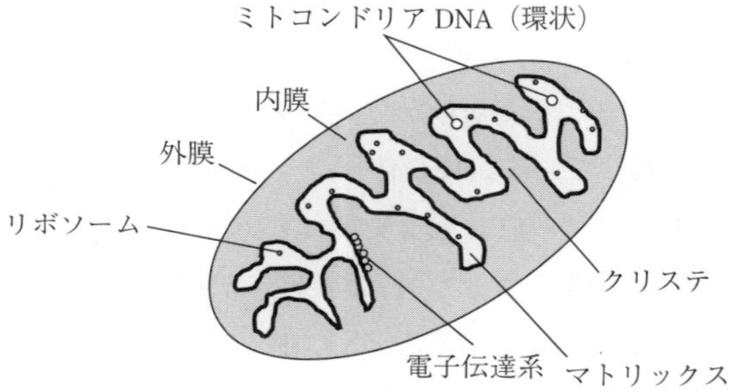
ミトコンドリア DNA（環状）
内膜
外膜
リボソーム
クリステ
電子伝達系
マトリックス

図 6.2　ミトコンドリア

図 6.3 は，酸化的リン酸化反応を行う真核細胞ミトコンドリア内膜や細菌の細胞膜の電子伝達系である**呼吸鎖**（respiratory chain）を示す。内膜はイオン透過性が低いため，電子伝達系のエネルギーによって H^+ の電気化学ポテンシャル差を維持できる。このような状態でミトコンドリアでは，物質の酸化によるエネルギーを用い，酸化的リン酸化を行い，ATP を合成している。ミトコンドリア（図 6.2）の電子伝達系は内膜上で膜間スペース側に存在する。H^+ は膜間スペースに蓄積される。図 6.3 で外側と表示された部分が膜間スペースであり，内側と表示された部分が内膜で囲まれ

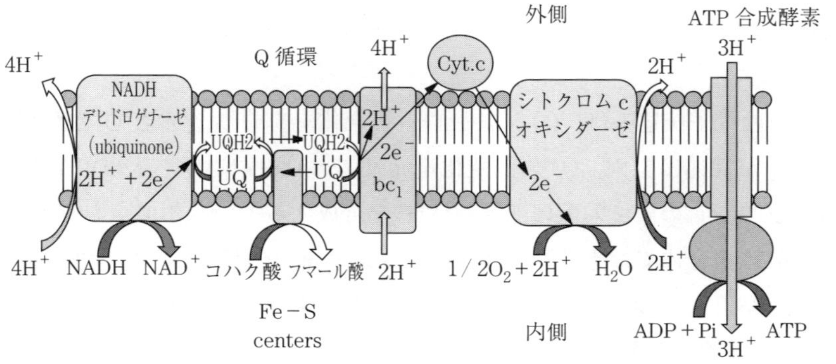
外側
ATP 合成酵素
4H+
Q 循環
4H+
Cyt.c
2H+
3H+
NADH
デヒドロゲナーゼ
(ubiquinone)
2H+ + 2e−
UQH2
UQH2
UQ
UQ
2H+
2e−
bc1
シトクロム c
オキシダーゼ
2e−
4H+
NADH
NAD+
コハク酸
フマール酸
2H+
1/2O2 + 2H+
H2O
2H+
Fe − S
centers
内側
ADP + Pi
ATP
3H+

図 6.3　呼吸鎖電子伝達系

たマトリックス部分を指している。

ミトコンドリア内膜に存在する分子量 0.1 ～ 1M の巨大タンパク質を呼吸鎖複合体という。呼吸鎖複合体 I を NADH デヒドロゲナーゼ（ユビキノン），II をコハク酸脱水素酵素，フマール酸還元酵素，III をシトクロム bc1 複合体，IV をシトクロム c オキシダーゼという。NADH は，基質を酸化しエネルギーを得る反応の補酵素である。複合体 I では，解糖系およびクエン酸回路から得られた NADH を 1 分子酸化して NAD^+ とし，**プロトンポンプ**（proton pump）機構，キノンサイクル機構を用いて，ユビキノン（UQ，補酵素 Q，コエンザイム Q10）へ電子伝達している。UQ は，疎水性物質で原核生物細胞膜，真核生物ミトコンドリア内膜に存在する電子伝達体で，呼吸鎖複合体 I と III との電子伝達を担っている。複合体 I では，ミトコンドリア内側のプロトン 4 分子を外側に輸送する。複合体 II は，コハク酸デヒドロゲナーゼ（SDH）と称し，好気的条件では FAD を補酵素としてコハク酸酸化，フマール酸生成，Fe-S タンパク質を介しての UQ への電子伝達を行っている。UQ はユビキノール（UQH_2），FAD は $FADH_2$ となる。複合体 III はシトクロム bc_1 複合体（Cyt bc1）と称し，UQH_2 からシトクロム c に電子伝達を行っている。UQH_2 を酸化しプロトンを間接的に放出している。複合体 IV はシトクロム c オキシダーゼ（COX，SOX）と称し，還元型シトクロム c，UQH_2 から最終電子受容体である O_2 へ電子伝達を行い，還元型シトクロム c を酸化しプロトンポンプ機構によって H^+ を膜外に放出し，最終電子受容体である O_2 に電子伝達を行い，酸素を消費し水を生成している。NADH の酸化によって得られた電子 1 個が複合体 I，III，IV を通過すると約 5 個のプロトンが膜外に放出される。膜の内外にプロトン濃度勾配が形成される。これと膜電位からなるプロトン駆動力を利用し，ATP 合成酵素が ADP とリン酸から ATP を合成している。4 種類の複合体による 3 段階の酸化還元反応は次式で表せる。

$$\mathrm{NADH} + \mathrm{H}^+ + \frac{1}{5}\mathrm{FADH_2} + \frac{3}{5}\mathrm{O_2} \longrightarrow \mathrm{NAD}^+ + \frac{1}{5}\mathrm{FAD} + \frac{6}{5}\mathrm{H_2O} \tag{6.1}$$

1 分子 NADH，1/5 分子 $FADH_2$ が 3/5 分子 O_2 で酸化され 17/5 分子の ATP が生合成される。

ATP 合成酵素であるが，Mitchell は 1961 年に**化学浸透圧仮説**（chemiosmotic hypothesis）を提出，プロトンの電気化学的ポテンシャルが ATP の合成に寄与していると言う視点を導入した[1)]。1981 年，Boyer らは回転触媒仮説を提出，ATP 合成酵素は触媒部位のサブユニットを回転させていることを発表した[2)]。回転する分子としての ATP 合成酵素は，分子モーターのモデルとして専門家の関心を集めている。

光合成と呼吸鎖の電子伝達系は，① シトクロム複合体を有し，② 水と O_2 が反応に関与，③ 類似化合物 PQ，UQ が反応に参画，④ 類似酸化還元反応 NADH/NAD^+，NADPH/$NADP^+$ が共役，⑤ 電子の流れをプロトンの濃度勾配に変換し ATP を合成するという類似点を有する。相違点として，① H_2O が呼吸鎖複合体では電子受容体，光合成では電子供与体として参加，② 電子の流れが逆が挙げられる。PS I，II は光エネルギーを吸収し進行する。光合成では，光エネルギーの獲得によって逆の電子伝達系を稼働させていることが確認できる。

6.2 代謝反応の速度論

DNA 含量は，酵母細胞 1 個当り 46 ng，ミトコンドリア 1 個当り 0.1 ng と細胞内空間位置によって異なる。本書では，細胞内成分の含量の空間的分布を考慮した速度論は取り扱わず，細胞全体が有する成分量に注目した速度論を取り扱う。

細胞外原料成分 A の濃度を c_A〔μmol·mL^{-1}〕，細胞濃度（乾燥質量基準）を X〔mg·mL^{-1}〕，細胞外生成物成分 R の濃度を c_R〔μmol·mL^{-1}〕とする。ここでは，対数増殖細胞を対象とし，比増殖速度を μ〔h^{-1}〕とする。細胞単位質量当りの反応速度を比速度という。原料成分 A の比消費速度を q_A〔μmol·mg^{-1}·h^{-1}〕，生成物成分 R の比生成速度を q_R〔μmol·mg^{-1}·h^{-1}〕とする。細胞外成分 A は細胞内に輸送された後に細胞内で，成分 i（i=B，C，…）へと順次代謝されると考え，細胞単位質量（乾燥質量）当りに含まれる中間物質 i の量を m_i〔μmol·mg^{-1}〕，分子量を M_i〔μg·μmol^{-1}〕で表す。細胞内で生起する反応または細胞内酵素に番号付け（j=1，2，…，J）を行い，単位乾燥細胞質量当りの j 番反応の反応速度を R_j〔nmol·mg^{-1}·h^{-1}〕，この反応における成分 i の化学量論係数を a_{ij} とする。このとき，以下の関係式が成り立つ。

$$\frac{d(m_i X)}{dt} = \left(\sum_j a_{ij} R_j\right) X \tag{6.2}$$

左辺を部分微分し，式 (5.11) を代入すると次式を得る。

$$\frac{dm_i}{dt} = \sum_j a_{ij} R_j - \mu m_i \tag{6.3}$$

成分 i の分子量 M_i を式 (6.3) の両辺に乗じ，細胞内の全物質について総和を求めると，次式を得る。

$$\frac{d}{dt}\left(\sum_i M_i m_i\right) = \sum_i M_i \sum_j a_{ij} R_j - \mu \sum_i M_i m_i \tag{6.4}$$

$\sum_i M_i m_i$ は細胞単位質量当りの細胞の乾燥質量であるため 1 であり，次式を得る[3)]。

$$\mu = \sum_i M_i \left(\sum_j a_{ij} R_j\right) \tag{6.5}$$

式 (6.3) において化学平衡では，成分 i の生成速度と消費速度が釣り合うため次式が成り立つ。

$$\sum_j a_{ij} R_j = 0 \tag{6.6}$$

Schoenheimer は，生命とは代謝の持続的変化であり，生命が動的平衡にある（1 章の文献 8)）と述べたが，増殖細胞の場合，式 (6.3) が示すように細胞の代謝は動的であり絶えず構成成分を生成している。本書では，式 (6.3) 左辺が 0 となる次式が成り立つ状態を動的平衡と呼ぶ。

$$\sum_j a_{ij} R_j = \mu m_i \tag{6.7}$$

式 (6.5) に基づけば，細胞内で生起している個々の反応速度の総和が細胞全体の増殖速度と釣り合っていることが生命現象の本質にあることがわかる。細胞内の反応速度とは，物質の流れを表しているため，この式は生命を動的変化による流れとして表現している。式 (6.7) より，反応速度 R_j が定まると動的平衡にある細胞の組成 m_i が定まることがわかる。Monod は，すべての生物は機械のように首尾一貫し，全体として統合された機能単位を構成していると述べた（1 章の文献 19)）が，式 (6.5) は，Monod の観点を反映していると考える。

6.3　CO_2 固定反応

本書では CO_2 固定を起点として代謝連関を考える。生物は CO_2 を栄養素とするか否かに注目し，以下のように分類される。

① **独立栄養生物**（autotroph）：細胞内のすべての有機代謝物質を CO_2 を還元して合成し，一切，栄養素として有機化合物を要求しない生物

- **化学合成独立栄養生物**（chemoautotroph）：電子供与体となる化合物を生体の化学的暗反応によって酸化しエネルギーを獲得する生物
- **光合成独立栄養生物**（photoautotroph）：細胞が有する光化学系で H_2O や H_2S などの電子供与体を酸化しエネルギーを獲得する生物

② **従属栄養生物**（heterotroph）：栄養素を外部からの有機化合物に依存する生物

持続的発展を意識した技術を構築する場合，最大の要点は CO_2 を有機化する反応を拡大することが大切であり，① で原料を確保し，② または ① で目的を達することが鍵となる。

6.3.1　化学合成による CO_2 固定反応

3.8 Gya 以前に地球上には生命体が存在したことを示す化石が発見されている。3.5 Gya の海底下熱水活動域に好熱性，絶対嫌気性で古細菌の**メタン細菌**（methanogen）が存在し，CO_2 と H_2 から CH_4 を生成したことが推論されている。**化学合成**（chemosynthesis）を営むこの想定生物は，H_2 を電子供与体，CO_2 を電子受容体としており，化学合成独立栄養生物である。メタン細菌は，20 %CO_2，80 %H_2 混合ガス中で培養される[4)]。

$$CO_2 + 4H_2 \longrightarrow CH_4 + 2H_2O \qquad (6.8)$$

この反応の標準エネルギー変化は，$\Delta G^0 = -131\ \mathrm{kJ \cdot mol^{-1}}$ である。この反応は 7 種の素反応で進められる。メタン細菌の回分培養では，比増殖速度 $0.064\ \mathrm{h^{-1}}$ で菌体がこの混合ガス中に増殖しメタンの水素に対する収率は理論比 0.25 に略一致し 0.245 であることが報告されている。なお，3.5 Gya の海底下熱水活動域の化石研究で上野はさらに硫酸還元菌の代謝を支持するデータを獲得している。硫酸還元菌は硫酸塩を電子受容体としている。

化学合成は，地球生命史初期に登場した生物以外にも多くの生物が営むことが知られており，化学合成に関わる酵素を**表 6.1** に要約する。表中の反応式に O_2 の記載がある酵素は 2.5 Gya 以降に登場した新しい酵素である。EC4.1.1.39 は次節以降で述べる光合成反応の鍵酵素であるが，光がない状態でも反応は進行するためこの表に加えた。

表 6.1　CO_2 からの化学合成にかかわる酵素

EC	酵素名	反応式
1.1.1.42	イソクエン酸デヒドロゲナーゼ	*threo*-Ds-イソクエン酸 + $NADP^+$ ⟷ 2-オキソグルタル酸 + CO_2 + NADPH + H^+
1.1.1.44	ホスホグルコン酸デヒドロゲナーゼ	6-ホスホ-グルコン酸 + $NADP^+$ ⟷ リブロース-5-P + CO_2 + NADPH + H^+
1.1.1.84	ジメチルリンゴ酸デヒドロゲナーゼ	3,3-ジメチル-リンゴ酸 + NAD^+ ⟷ 2-オキソイソ吉草酸 + CO_2 + NADH + H^+
1.1.1.92	オキサログリコール酸レダクターゼ	グリセリン酸 + CO_2 + $NAD(P)^+$ ⟷ オキサログリコール酸 + NAD(P)H + H^+
1.1.1.155	ホモイソクエン酸デヒドロゲナーゼ	ホモイソクエン酸 + NAD^+ ⟷ 2-オキソアジピン酸 + CO_2 + NADH + H^+
1.2.1.2	ギ酸デヒドロゲナーゼ	HCOOH + NAD^+ ⟷ CO_2 + NADH + H^+
1.2.2.2	ピルビン酸デヒドロゲナーゼ（シトクロム）	ピルビン酸 + フェリシトクロム b_1 + H_2O ⟷ 酢酸 + CO_2 + NADH + H^+ フェロシトクロム b_1
1.2.4.1	ピルビン酸デヒドロゲナーゼ（リポ酸）	ピルビン酸 + 酸化型リポ酸 ⟷ 6-S-アセチルヒドロリポ酸 + CO_2
1.2.7.1	ピルビン酸シンターゼ	ピルビン酸 + CoA + 酸化型 Fed ⟷ アセチル CoA + CO_2 + 還元型 Fed
1.2.7.3	2-オキソグルタル酸シンターゼ	2-オキソグルタル酸 + CoA + 酸化型 Fed ⟷ スクシニル-CoA + CO_2 + 還元型 Fed
1.3.1.13	プレフェン酸デヒドロゲナーゼ（$NADP^+$）	プレフェン酸 + $NADP^+$ ⟷ 4-ヒドロキシフェニルピルビン酸 + CO_2 + NADPH + H^+
1.3.3.3	コプロポルフィリノーゲンオキシダーゼ	コプロポルフィリノーゲン－Ⅲ + O_2 ⟷ プロトポルフィノーゲン－Ⅲ + $4CO_2$
1.7.3.3	尿酸オキシダーゼ	尿酸 + O_2 + $2H_2O$ ⟷ アラントイン + H_2O_2 + CO_2
1.13.11.27	4-ヒドロキシフェニルピルビン酸ジオキシゲナーゼ	4-ヒドロキシフェニルピルビン酸 + O_2 ⟷ ホモゲンチジン酸 + CO_2
1.13.12.1	アルギニン 2-モノオキシゲナーゼ	Arg + O_2 ⟷ グアニジノブチルアミド + CO_2 + H_2O
1.14.13.1	サリチル酸 1-モノオキシゲナーゼ	サリチル酸 + NADH + O_2 ⟷ カテコール + NAD^+ + H_2O + CO_2
2.1.2.10	グリシンシンターゼ	5,10-CH_2-H_4 葉酸 + CO_2 + NH_3 + 還元型水素キャリヤータンパク質 ⟷ H_4-Gly + 酸化型水素キャリヤータンパク質 + H_2O
2.3.1.41	3-オキソアシルシンターゼ	アシル-ACP + マロニル-ACP ⟷ 3-オキソアシル-ACP + CO_2 + ACP
2.7.2.2	カルバミン酸キナーゼ	ATP + NH_3 + CO_2 ⟷ ADP + カルバモイルリン酸
2.7.2.5	カルバモイルリン酸シンターゼ	2ATP + NH_3 + CO_2 + H_2O ⟷ 2ATP + 2Pi + カルバモイルリン酸
4.1.1.3	オキサロ酢酸デカルボキシラーゼ	オキサロ酢酸 ⟷ ピルビン酸 + CO_2
4.1.1.4	c アセト酢酸デカルボキシラーゼ	アセト酢酸 ⟷ アセトン + CO_2
4.1.1.12	アスパラギン酸 4-デカルボキシラーゼ	Asp ⟷ Ala + CO_2
4.1.1.15	グルタミン酸デカルボキシラーゼ	Glu ⟷ 4-アミノ酪酸 + CO_2
4.1.1.16	リシンデカルボキシラーゼ	Lys ⟷ カダベリン + CO_2
4.1.1.19	アルギニンデカルボキシラーゼ	Arg ⟷ アグマチン + CO_2
4.1.1.20	ジアミノピメリン酸デカルボキシラーゼ	meso-2,6-ジアミノピメリン酸 ⟷ Lys + CO_2
4.1.1.22	ヒスチジンデカルボキシラーゼ	His ⟷ ヒスタミン + CO_2
4.1.1.31	ホスホエノールピルビン酸カルボキシラーゼ	Pi + オキサロ酢酸 ⟷ H_2O + PEP + CO_2

表6.1（続き）

EC	酵素名	反応式
4.1.1.32	ホスホエノールピルビン酸カルボキシキナーゼ(GTP)	GTP＋オキサロ酢酸 ⟷ GDP＋PEP＋CO_2
4.1.1.39	リブロース2リン酸カルボキシラーゼ	リブロース-1,5-P_2＋CO_2 ⟷ 2（3-3-ホスホ-D-グリセリン酸）
4.1.1.49	ホスホエノールピルビン酸カルボキシキナーゼ(ATP)	ATP＋オキサロ酢酸 ⟷ ADP＋PEP＋CO_2
4.1.3.18	アセト乳酸シンターゼ	2ピルビン酸 ⟷ 2-アセト乳酸＋CO_2
4.2.1.1	カルボン酸デヒドラターゼ	H_2CO_3 ⟷ CO_2＋H_2O
6.3.3.3	デチオビオチンシンターゼ	ATP＋7,8-ジアミノノナン酸＋CO_2 ⟷ ADP＋Pi＋デチオビオチン
6.3.4.6	尿素カルボキシラーゼ	ATP＋尿素＋CO_2 ⟷ ADP＋Pi＋2NH_3＋2CO_2
6.3.4.14	ビオチンカルボキシラーゼ	ATP＋ビオチンカルボキシルキャリヤープロティン＋CO_2 ⟷ ADP＋Pi＋カルボキシビオチンカルボキシルキャリヤープロティン
6.4.1.1	ピルビン酸カルボキシラーゼ	ATP＋ピルビン酸＋CO_2＋H_2O ⟷ ADP＋Pi＋マロニル CoA
6.4.1.2	アセチル-CoA カルボキシラーゼ	ATP＋アセチル-CoA＋CO_2＋H_2O ⟷ ADP＋Pi＋マロニル CoA
6.4.1.3	プロピオニル-CoA カルボキシラーゼ	ATP＋プロピオニル-CoA＋CO_2＋H_2O ⟷ ADP＋Pi＋メチルマロニル CoA
6.4.1.4	メチルクロトノイル-CoA カルボキシラーゼ	ATP＋3-メチルクロトノイル-CoA＋CO_2H_2O ⟷ ADP＋Pi＋3-メチルグルタコニル CoA

6.3.2　光合成による CO_2 固定反応

〔1〕　**細菌型光合成**　　図6.4に光合成色素を示す。原地球は O_2 が存在しない嫌気状態であったが，化学合成独立栄養生物の活動によって水が生成され，水分子が気相に移動して生じた水蒸気の分子に紫外線が当たることで極微量に O_2 が生成し始めたと考えられている。海底熱水活動域付近で貧栄養，貧エネルギー状態で生育した当初の化学合成独立栄養生物の中に，やがてMgを含むポリフィリンのバクテリオクロロフィル（bacteriochlorophyll）を代謝生成する細菌が登場したといわれている。バクテリオクロロフィルにはa～gがあるが図(A)にバクテリオクロロフィルaを示す。バクテリオクロロフィルはクロロ

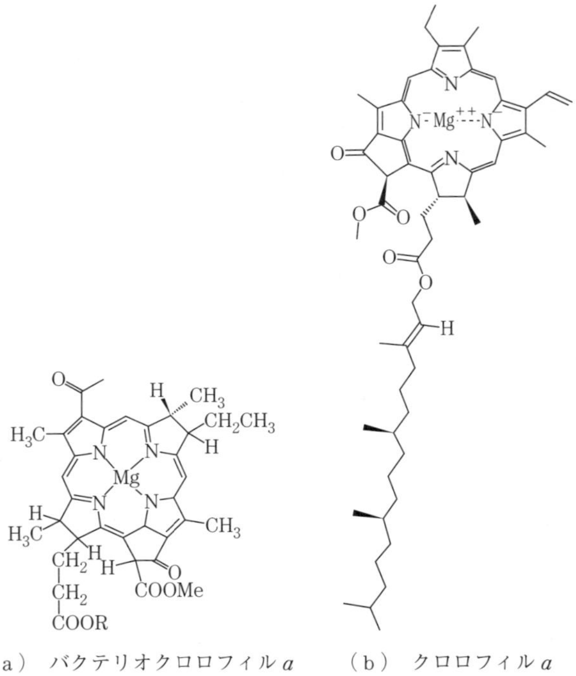
H
CH3
CH2CH3
H3C
H
N
N
Mg
N
N
H
H3C
CH3
CH2
H
H
O
CH2
COOMe
COOR
O
Mg++
N
N
N
N
O
O
O
O
O
H

（a）　バクテリオクロロフィル *a*　　（b）　クロロフィル *a*

図6.4　クロロフィル

フィル（図（B））に類似した青緑色色素で吸収波長を（ ）内に示すと a(805 nm, 830 ～ 890 nm)，b(835 ～ 850 nm, 1020 ～ 1040 nm)，c(745 ～ 755 nm)，c_5(740 nm)，d(705 ～ 740 nm)，e(719 ～ 726 nm)，g(670 ～ 788 nm) である。バクテリオクロロフィルは，可視光よりは波長の長い近赤外線を捕捉する性質を有するため，この物質を有する細菌は，海底熱水活動域にまで到達できる太陽光の近赤外線，あるいは，熱水噴出口近くの 673 K に温められた環境から放射される近赤外線を吸収し，励起状態に変換して光合成反応を進め，CO_2 を有機物に固定化し化学合成を営む能力を獲得したと考えられている。この細菌は，**光合成細菌**（photosynthetic bacteria）である。光合成独立栄養増殖をする最初の生物である。狭義の光合成細菌は 1 種類の光化学反応系だけを有し，水を酸化し O_2 を発生させることが出来なかった。藍色細菌や高等植物の光合成とは異なる光合成細菌の光合成を，**細菌型光合成**（bacterial photosynthesis）と呼んでいる。細菌型光合成では，図 6.1 の水の代わりに無機物質（H_2S，S，$S_2O_3{}^{2-}$，H_2），有機化合物などを電子供与体として用い，光エネルギーを補足するための光合成色素として，カロチノイドが利用されていた。光合成細菌の緑色イオウ細菌は還元力として H_2S を用い，紅色細菌は有機化合物を用いていた。紅色細菌は，バクテリオクロロフィル *a* を光化学反応中心としていた。

〔2〕 **Calvin 回路**　いまから 2.7 Gya，電子供与体として水を用い，酸素発生型の光合成を営む最初の生物，藍色細菌が登場している。藍色細菌は，上記した緑色イオウ細菌，紅色細菌が合体したような細胞であり，光化学系を二つ有し，図 6.1 のような電子伝達を行い，光合成色素がバクテリオクロロフィル *a* からクロロフィル *a* へと変化している。

図 6.5 は，**Calvin 回路**（Calvin cycle，**C_3 回路**，還元型ペントースリン酸回路）[5] と呼ばれる CO_2 を有機化する光合成反応を示している。原核生物の藍色細菌，真核生物の藻類，高等植物などの葉緑体ストロマが行っている代謝経路である。光合成細菌でも活性が確認されている。Calvin 回路では，多糖に変換される系，再び炭酸固定反応に使用される系が共存している。Calvin 回路は，CO_2 を原料成分とし太陽光で駆動できるため，持続的発展を達成するための最重要反応を提供している。図で記号 C1，C2，…，C13 を付した 13 種類の酵素がかかわっている。本書の図中，下線を付した酵素は不可逆反応触媒を示す。酵素名は図 6.5 内に記した。反応 C1，C2，C3，C5，C6，C9，C11 は不可逆反応であり，Calvin 回路は不可逆反応が多い。図では，可逆反応であっても一方向の動きだけを描いた。この方向は，Calvin 回路全体が決める方向である。Calvin 回路の各段階を量論関係を意識して書き上げると**表 6.2** のようになる。

CO_2 固定は，Calvin 回路主要糖リブロース 1,5 ビスリン酸（RuBP）が CO_2 を受け入れカルボキシル化され，C3 化合物 3-ホスホグリセリン酸（PGA）を生成する反応（C1）を始点としている。RuBP → PGA → 1,3-ビスホスホグリセリン酸（BPG）→ グリセルアルデヒド 3 リン酸（GAP）→ フルクトース-6 リン酸（F6P）→ キシルロース-5-リン酸（Xu5P）→ リブロース-5-リン酸（Ru5P）→ RuBP は代謝経路がループを形成している。CO_2 および上記 7 化合物以外にジヒドロキシアセトンリン酸（DHAP），エリトロース-4-リン酸（E4P），セドヘプツロース-7-リン酸（S7P），セドヘプツロース 1,7-ビスリン酸（SBP），Ru5P が回路を構成している。炭素数は，CO_2 が 1，PGA,

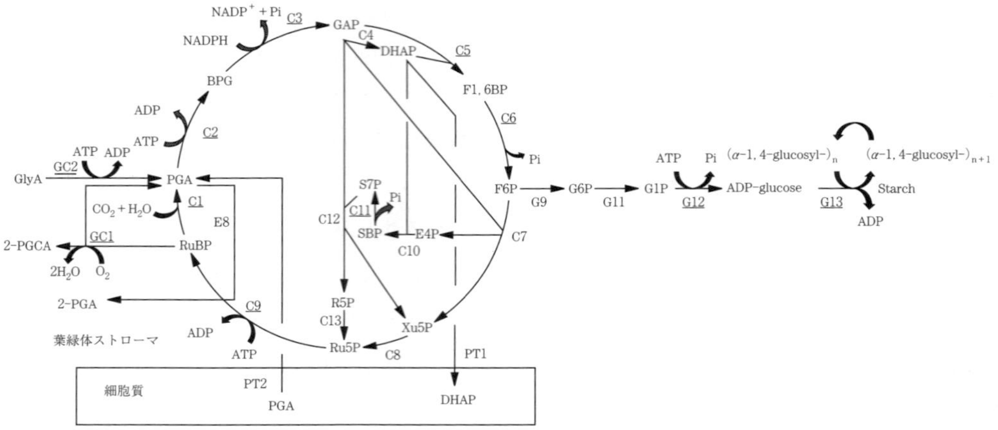
NADP$^+$ + Pi
C3
GAP
C4
NADPH
DHAP
C5
BPG
F1, 6BP
ADP
C6
ATP
C2
Pi
ATP
ADP
GC2
GlyA
PGA
S7P
Pi
ATP
Pi
(α-1, 4-glucosyl-)$_n$
(α-1, 4-glucosyl-)$_{n+1}$
F6P
G9
G6P
G11
G1P
G12
ADP-glucose
G13
Starch
ADP
CO$_2$ + H$_2$O
C1
E8
C12
C11
SBP
E4P
C10
C7
2-PGCA
GC1
RuBP
2H$_2$O
O$_2$
2-PGA
C9
R5P
C13
Xu5P
葉緑体ストローマ
ADP
ATP
Ru5P
C8
PT1
細胞質
PT2
PGA
DHAP

RuBP，リブロース-1, 5-ビスリン酸；PGA，3-ホスホグリセリン酸；BPG，1, 3-ビスホスホグリセリン酸；GAP，グリセルアルデヒド-3-リン酸；R5P，リボース -5- リン酸；Ru5P，リブロース -5- リン酸；S7P，セドヘプツロース-7-リン酸；SBP，セドヘプツロース 1, 7-ビスリン酸；Xu5P，キシルロース-5-リン酸；E4P，エリトロース-4-リン酸；DHAP，ジヒドロキシアセトンリン酸；F1, 6BP，フルクトース-1, 6-ビスリン酸；F6P，フルクトース-6-リン酸；G6P，グルコース-6-リン酸；G1P，グルコース-1-リン酸；ADPG，ADP-グルコース；starch，デンプン；(α-1,4-glucosyl)$_n$，α-1,4-グルコシル n 重合体；GlyA，グリセリン酸；2-PGCA，2-ホスホグリコール酸；2-PGA，2-ホスホグリセリン酸；

C1，GC1，リブロースビスリン酸カルボキシラーゼ / オキシゲナーゼ（Rubisco）；C2，ホスホグリセリン酸キナーゼ；C3，グリセルアルデヒド-3-リン酸デヒドロゲナーゼ；C4，トリオースリン酸イソメラーゼ；C5，アルドラーゼ；C6，フルクトース-1, 6-ビスホスファターゼ；C7，トランスケトラーゼ；C8，リブロース-5-リン酸-3-エピメラーゼ；C9，ホスホリブロキナーゼ；C10，アルドラーゼ；C11，セドヘプツロース-1, 7-ビスホスファターゼ；C12，トランスケトラーゼ；C13，リボース-5-リン酸イソメラーゼ；E8，ホスホグリセリン酸ムターゼ；G9，グルコースリン酸イソメラーゼ；G11，ホスホグルコースムターゼ；G12，ADP グルコースピロホスホリラーゼ；G13，デンプンシンターゼ；E8，ホスホグリセリン酸ムターゼ；；GC2，グリセロールキナーゼ；PT，Pi トランスケーター

図 6.5　Calvin 回路およびデンプン合成経路

BPG，GAP，DHAP が 3，E4P が 4，Ru5P，RuBP，R5P，Xu5P が 5，F6P，F1,6BP が 6，S7P，SBP が 7 である。ここで，R_{C1}，R_{C2}，…，R_{C13} は，酵素 C1，C2，…，C13 が触媒する各反応の細胞単位質量当りの反応速度を表す。細胞単位質量に含まれる Calvin 回路の 13 種の構成成分 PGA，BPG，GAP，DHAP，E4P，Ru5P，RuBP，R5P，Xu5P，F1,6BP，F6P，S7P，SBP の物質量を m_{PGA}，m_{BPG}，…，m_{SBP} とし，それぞれにつき動的平衡状態を仮定し式 (6.7) に相当する 13 個の式を導出し整理すると次式を得る。

表 6.2　Calvin 回路の各段階の量論関係

化学反応式	各段階	式番号
RuBP + CO_2 + H_2O → 2PGA	R_{C1}	(6.9 a)
PGA + ATP → BPG + ADP	R_{C2}	(6.9 b)
BPG + NADPH + H^+ → GAP + $NADP^+$	R_{C3}	(6.9 c)
GAP → DHAP	R_{C4}	(6.9 d)
GAP + DHAP → F1,6BP	R_{C5}	(6.9 e)
F1,6BP + H_2O → F6P + Pi	R_{C6}	(6.9 f)
GAP + F6P → Xu5P + E4P	R_{C7}	(6.9 g)
Xu5P → Ru5P	R_{C8}	(6.9 h)
Ru5P + ATP → RuBP + ADP	R_{C9}	(6.9 i)
E4P + DHAP → SBP	R_{C10}	(6.9 j)
SBP + H_2O → S7P + Pi	R_{C11}	(6.9 k)
GAP + S7P → R5P + Xu5P	R_{C12}	(6.9 l)
R5P → Ru5P	R_{C13}	(6.9 m)

$$(R_{C1}+3R_{GC1}+3R_{GC2}+3R_{PT2})-(6R_{ST1}+3R_{E8}+5R_{GC1}+3R_{PT1})$$
$$-\mu\{3(m_{PGA}+m_{BPG}+m_{GAP}+m_{DHAP})+4m_{E4P}+5(m_{R5P}+m_{Xu5P}+m_{Ru5P}+m_{RuBP})$$
$$+6(m_{F1,6BP}+m_{F6P})+7(m_{S7P}+m_{SBP})\}=0 \tag{6.10}$$

CO_2 固定を担う酵素は，**リブロースビスリン酸カルボキシラーゼ/オキシゲナーゼ**（RubisCO）である。この酵素は，地球上で最も多量に存在する酵素であり，明所では CO_2 固定カルボキシラーゼ（C1）活性，暗所では CO_2 放出オキシゲナーゼ（GC1）活性を示す。R_{GC1} は暗所 Rubisco の CO_2 放出速度，R_{GC2} はグリセリン酸（GlyA）からの PGA 合成速度，R_{PT2} は細胞質 PGA に Pi トランスケーターが働きかけて葉緑体ストロマ PGA へと輸送する速度，R_{ST1} は F6P が G6P となり，α-1,4-グルコシル結合の天然高分子多糖重合体重重 $\alpha-1,4$-グルカンである貯蔵糖**デンプン**（ST）へと合成される速度を表す。R_{E8} は PGA が 2-ホスホグリセリン酸（2-PGA）となり糖代謝経路に入る速度を表す。R_{PT1} は葉緑体ストロマ DHAP に Pi トランスケーターが働き掛けて細胞質 DHAP へと輸送する速度を表す。式 (6.10) 左辺第 1 の（　）内は細胞外，細胞質から葉緑体ストロマ Calvin 回路に入る有機化合物の消費速度，第 2 の（　）内は葉緑体ストロマ Calvin 回路から細胞外，細胞質に成分を輸送する速度，第 3 の{　}内は炭素の物質量に換算した Calvin 回路 13 成分の総括物質量を表す。

明所反応を考え，細胞質と葉緑体ストロマとの間の輸送，細胞増殖による細胞構成素材の合成を無視できるような仮想的状態を考え，式 (6.9) の全体像をとらえると次式を得る。

$$3CO_2+6NADPH+9ATP+6H^++(11/2)H_2O$$
$$\longleftrightarrow (1/2)F6P+6NADP^++9ADP+(17/2)Pi \tag{6.11}$$

Calvin 回路では，CO_2 が 6 分子固定されると**糖新生**（gluconeogenesis）系に組み込まれるのに十分な炭素が供給される。F6P は，高等植物葉緑体または藍色細菌細胞内において，図 6.5 の矢印に従い，G9 の作用でグルコース-6-リン酸（G6P）となり，グルコース-1-リン酸（G1P），ADP-グルコース（ADPG）を経由し，酵素 G11，G12，G13 の作用によってデンプンに変換される。デンプンは，重合度を n とすると，分子式は $(C_6H_{10}O_5)_n$，分子量は $162n$ で表せる。デンプン合成経路の各段階を量論関係を意識して書き上げると**表 6.3** のようになる。反応式中の物質名略称は図 6.5 内の説明に対応している。

式 (6.9)，(6.12) は総括すると，細胞増殖がない仮想的状態では式 (6.13) で記述できる。

表 6.3　デンプン合成経路の各段階の量論関係

化学反応式	各段階	式番号
F6P → G6P	R_{G9}	(6.12 a)
G6P → G1P	R_{G11}	(6.12 b)
G1P + ATP → ADPG + Pi	R_{G12}	(6.12 c)
ADPG + ($\alpha-1,4$-glucosyl) → ($\alpha-1,4$-glucosyl)$_2$ + ADP	R_{G13}	(6.12 d)
ADPG + ($\alpha-1,4$-glucosyl)$_2$ → ($\alpha-1,4$-glucosyl)$_3$ + ADP	R_{G13}	(6.12 e)
⋮		
ADPG + ($\alpha-1,4$-glucosyl)$_{n-1}$ → ($\alpha-1,4$-glucosyl)$_n$ + ADP	R_{G13}	(6.12 f)

$$6(n-1)CO_2+12(n-1)NADPH+19(n-1)ATP+12(n-1)H^++11(n-1)H_2O$$
$$\longleftrightarrow ST+12(n-1)NADP^++19(n-1)ADP+18(n-1)Pi \quad (6.13)$$

Calvin 回路で固定化された CO_2 はデンプンとして葉緑体に蓄えられる。

〔3〕 **C_4 回　路**　20 世紀中旬に，Kortschak らは，サトウキビ光合成の初期産物は PGA ではなく，リンゴ酸（Mal）やアスパラギン酸（Asp）のような炭素原子 4 個を骨格とする C_4 ジカルボン酸であることを観察，**C_4 回路**（C4 cycle）（**図 6.6**）を報告した[6]。C_4 回路は，脱炭酸を営む酵素の種類によって，① NADP-リンゴ酸酵素型（NADP-ME 型），② NAD-リンゴ酸酵素型（NAD-ME 型），③ ホスホエノールピルビン酸（PEP）カルボキシナーゼ型（PEP-CK 型）の 3 種に分類される。図 6.6 は NADP-ME 型を例示している。C_4 回路には**葉肉細胞**（mesophyll cell）と**維管束鞘細胞**（bundle sheath cell）と称する 2 種類の細胞が関与することがわかっている。

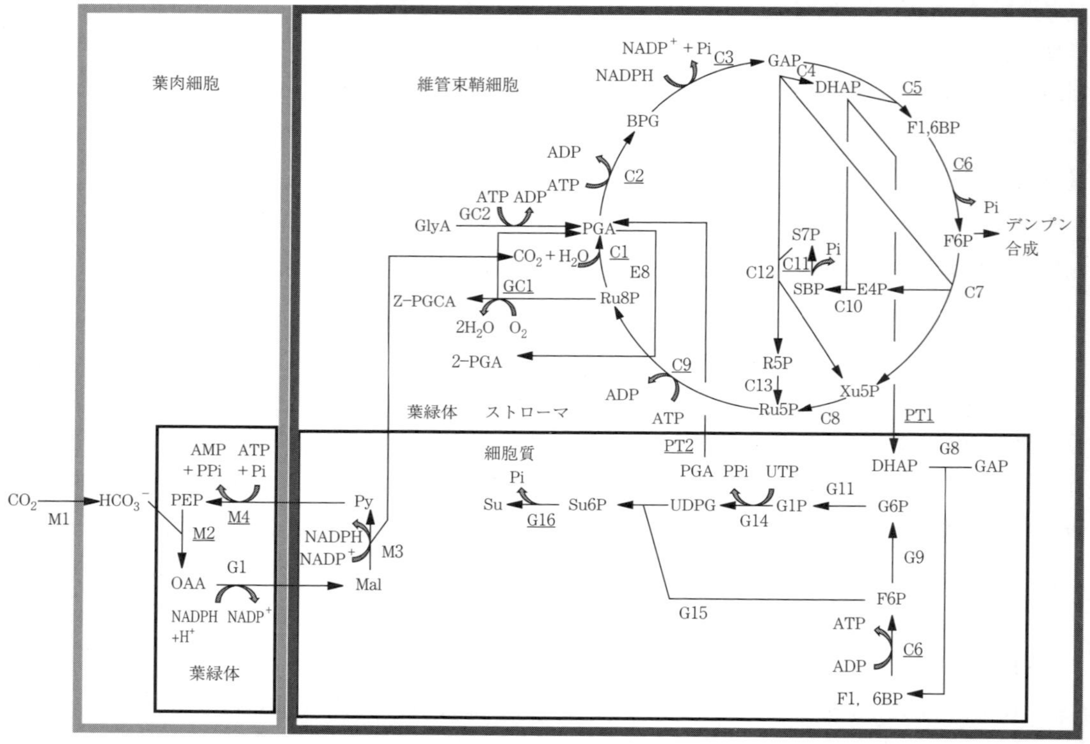
葉肉細胞
維管束鞘細胞
NADP⁺ +Pi
C3
GAP
C4
NADPH
DHAP
C5
F1,6BP
BPG
C6
ADP
ATP
C2
Pi
ATP ADP
GC2
GlyA
PGA
F6P
デンプン
合成
S7P
CO₂+H₂O
C1
Pi
C11
C12
E8
SBP
E4P
C7
GC1
C10
Z-PGCA
Ru8P
2H₂O O₂
2-PGA
R5P
C9
C13
Xu5P
ADP
Ru5P
C8
葉緑体　ストローマ
ATP
PT1
PT2
G8
細胞質
AMP ATP
+PPi +Pi
PGA PPi UTP
DHAP
GAP
Pi
G11
CO₂
HCO₃⁻
PEP
Py
Su
Su6P
UDPG
G1P
G6P
M1
M4
G16
G14
M2
NADPH
NADP⁺
M3
G9
G1
OAA
Mal
F6P
NADPH NADP⁺
+H⁺
G15
ATP
C6
ADP
葉緑体
F1，6BP

左枠内が葉肉細胞；右枠内が維管束鞘細胞；OAA，オキサロ酢酸；Mal，リンゴ酸；Py，ピルビン酸；PEP，ホスホエノールピルビン酸；RuBP，PGA，BPG，GAP，DHAP，F1,6BP，F6P，Xu5P，E4P，SBP，S7P，R5P，Ru5P，G6P，G1P，図 6.5 参照；GlyA，グリセリン酸；2-PGA，2-ホスホグリセリン酸；2-PGCA，2-ホスホグリコール酸；UDPG，ウリジン-2-リン酸グルコース；Su6P，ショ糖-6-リン酸；Su，ショ糖；

C1，C2，…，C13，ST1，GC1，GC2，E8，PT1，PT2，図 6.5 参照；T8，リンゴ酸デヒドロゲナーゼ；M1，カルボニックアンヒドラーゼ；M2，ホスホエノールピルビン酸（PEP）カルボキシラーゼ；M3，リンゴ酸デヒドロゲナーゼ（脱炭酸）；M4，ピルビン酸，正リン酸ジキナーゼ；G1，リンゴ酸デヒドロゲナーゼ；G2，フルクトース-1,6-ビスホスファターゼ；G9，グルコース-6-リン酸イソメラーゼ；G8，フルクトース 1,6-ビスリン酸アルドラーゼ；G14，UDPG シンターゼ；G15，ショ糖リン酸シンターゼ；G16，ショ糖リン酸ホスファターゼ

図 6.6　C_4 回路（NADP-ME 型）

C_4 回路は，カルボニックアンヒドラーゼが触媒する**CO_2 濃縮機構**（CO_2 concentrating mechanism）によって CO_2 が重炭酸イオン（HCO_3^-）として濃縮されることに始点を置く。これを反応 M1 と表す。葉肉細胞葉緑体に局在する PEP カルボキシラーゼによって HCO_3^- は PEP に取り込まれ，C_4 ジカルボン酸であるオキサロ酢酸（OAA）を生成する。OAA は**リンゴ酸デヒドロゲナーゼ**（malate dehydrogenase，MDH）によって Mal に変換される。Mal は細胞質に移動しピルビン酸（Py）および CO_2 となる。Py は葉緑体に移動し HCO_3^- 受容体である PEP に変換される。

維管束鞘細胞ストロマでは，式 (6.9) に従い Calvin 回路によって CO_2 を固定する。維管束鞘細胞葉緑体ストロマで生成した DHAP は Pi トランスケーター（反応 PT1）によって維管束鞘細胞の細胞質に移動する。サトウキビの場合，細胞質において，酵素 C5，C6，ST1，ST2，S1，S2，S3 の作用によって次式に従い，DHAP から FBP を経由して F6P，G6P を生成し，最終生成物としてショ糖（Su）を合成する。ショ糖は，グルコースとフルクトースがグルコシド結合した二糖（$C_{12}H_{22}O_{11}$）である。加水分解するとグルコースとフルクトースを生ずる。作物のサトウキビ，キビ，トウモロコシ，アワ，ヒエ，飼料のバーミュダグラス，パヒアグラス，シバ，雑草のオヒシバ，ハマスゲなどは C_4 植物である。

総括すると細胞増殖がない場合には以下で記述できる。

$$6(n-1)CO_2 + 12(n-1)NADPH + 19(n-1)ATP + 12(n-1)H^+ + 11(n-1)H_2O$$
$$\longleftrightarrow Su + 12(n-1)NADP^+ + 19(n-1)ADP + 18(n-1)Pi \qquad (6.14)$$

Calvin 回路で固定化された CO_2 はデンプンとして葉緑体に蓄えられる。G15 の反応を触媒するショ糖リン酸シンターゼは，正リン酸によって阻害され，ウリジン-2 リン酸グルコース（UDPG）と拮抗した阻害作用を受ける。ショ糖は細胞質に蓄えられる。

〔4〕 **CAM 植物**　**CAM**（crassulacean acid metabolism）は，ベンケイソウ型有機酸合成を指している。夜間，葉に有機酸を貯え，昼間，これを消費するような光合成を営む植物を指している。昼夜に濃度が変動する有機酸は主としてリンゴ酸である。C_4 植物では，高等植物 1 個体内で，葉肉細胞，維管束鞘細胞という 2 種類の細胞が CO_2 固定を分担作業していたが，CAM 植物では一つの細胞が昼と夜との時間差を利用し CO_2 固定を進めている。CAM 植物型光合成は，被子植物（ベンケイソウ科，サボテン科，ラン科，ユリ科，トウダイグサ科など）で多数確認されている。CO_2 受容体となる PEP は，昼間合成されたデンプンの生分解反応によって供給される。昼間の反応は，Mal が脱炭酸されて生じるピルビン酸（Py）または PEP を起点として行われる。

6.4　無機窒素固定反応

大気中の N_2 分子の中には，雷の放電，紫外線によって酸化され窒素酸化物となって土壌，河川，湖沼，海洋に溶解し生物に摂取されるものがある。一方，真正細菌（細菌，放線菌，藍色細菌），古細菌の中には，下記反応触媒**ニトロゲナーゼ**（nitrogenase）を有し，大気中の N_2 分子を NH_3 に変換する**生物学的窒素固定**（biological nitrogen fixation）を営むものも多い。

$N_2 + 6H^+ + 6e^- + 12ATP + 12H_2O \rightarrow 2NH_3 + 12ADP + 12Pi$　(6.15)

ニトロゲナーゼは次式に示す副反応を営み，プロトン還元活性を有し H_2 を生成する。

$2H^+ + 2e^- + 4ATP + 4H_2O \rightarrow H_2 + 4ADP + 4Pi$　(6.16)

この反応は，還元的 ATP アーゼ活性と呼ばれている。ニトロゲナーゼの窒素固定活性，還元的 ATP アーゼ活性を総合すると次式が得られる。

$N_2 + 8H^+ + 8e^- + 16ATP \rightarrow 2NH_3 + H_2 + 16ADP + 16Pi$　(6.17)

高等植物，藻類，藍色細菌は，一般に，分子状の窒素以外に硝酸イオン（NO_3^-），アンモニウムイオン（NH_4^+）のような無機態窒素を消費し，アミノ酸，タンパク質，含窒素有機化合物を生合成している。NO_3^- 硝酸レダクターゼによって亜硝酸イオン（NO_2^-）へと還元され，次いで亜硝酸シンターゼによって NH_4^+ にまで還元される。生成した NH_4^+ はグルタミンシンターゼによってグルタミン酸（Glu）に取り込まれグルタミン（Gln）を生成する。細菌の場合，1 分子の Gln はグルタミン酸シンターゼによって 2 分子の 2-オキソグルタル酸（2-OG）と反応し Glu を再生する。これらの反応を以下に示す。

$NO_3^- \rightarrow NO_2^-$　(6.18 a)

$NO_2^- \rightarrow NH_4^+ \rightarrow NH_3 + H^+$　(6.18 b)

$NH_3 + Glu + ATP \rightarrow Gln + ADP + Pi$　(6.18 c)

$Gln + 2\ 2\text{-}OG + NADPH \rightarrow 2Glu + NADP^+$　(6.18 d)

式 (6.18 c)，(6.18 d) が同時に進行することによって NH_4^+ は α アミノ基に蓄積する。この機構は **GOGAT 回路**（**図 6.7**）と呼ばれている。

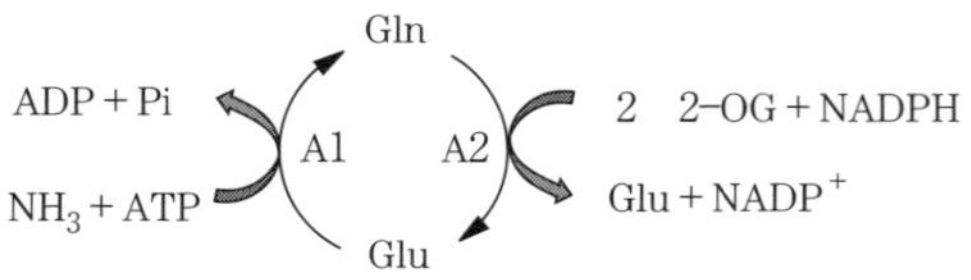
Gln
ADP + Pi
NH3 + ATP
A1
A2
2　2-OG + NADPH
Glu + NADP+
Glu

Glu，グルタミン酸；Gln，グルタミン；2-OG，2-オキソグルタル酸；A1，グルタミンシンターゼ；A2，グルタミン酸シンターゼ

図 6.7　GOGAT 回路

6.5 解 糖 系 反 応

食物連鎖の起点を与える化学合成生物，光合成細菌，藍色細菌，高等植物が，自然界に於いてエネルギーを変換し CO_2 から生合成したリンゴ酸などの有機酸，貯蔵糖デンプン，ショ糖などは，生産者個体内で代謝回転しさまざまな形態で生命活動に供せられている。食物連鎖の上位の消費者はこれらの生成物を代謝し生命活動を営んでいる。分解者は，生命活動の結果生じた物質を代謝し生命活動を営んでいる。これら生物の活動を支える上で最も重要な代謝経路に一つがグルコース（G）をピルビン酸（Py）へと分解する**解糖系**（glycolysis）である。解糖系には，**Embden-Meyerhof-Parnas**（**EMP**）**経路**，**ペントースリン酸経路**（PPP，pentose phosphate pathway），**Entner-Doudoroff**（**ED**）**経路**などがある。

6.5.1 Embden-Meyerhof-Parnas 経路

図 6.8 に EMP 経路を示す。1940 年に Embden，Meyerhof，Parnas によって提案された[7)]。真核生物，嫌気性真正細菌の糖代謝系である。10 種類の酵素 E1，E2，…，E10 が関与している。EMP 経路の各段階を量論関係を意識して書き上げると**表 6.4** のようになる。

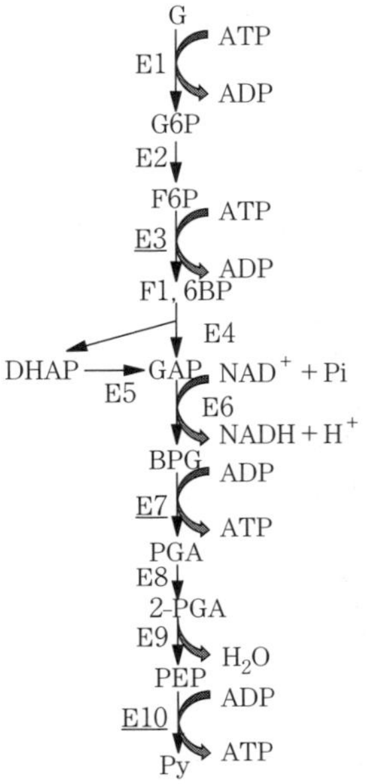
G
ATP
E1
ADP
G6P
E2
F6P
ATP
E3
ADP
F1, 6BP
E4
DHAP
GAP
NAD$^+$ + Pi
E5
E6
NADH + H$^+$
BPG
ADP
E7
ATP
PGA
E8
2-PGA
E9
H_2O
PEP
ADP
E10
ATP
Py

G6P，グルコース-6-リン酸；F6P，フルクトース-6-リン酸；F1, 6BP，フルクトース-1, 6-ビスリン酸；GAP，グリセルアルデヒド-3-リン酸；DHAP，ジヒドロキシアセトンリン酸；BPG，1, 3-ビスホスホグリセリン酸；PGA，3-ホスホグリセリン酸；2-PGA，2-ホスホグリセリン酸；PEP，ホスホエノールピルビン酸；Py，ピルビン酸

E1，ヘキソキナーゼ；E2，グルコース-6-リン酸イソメラーゼ；E3，ホスホフルクトキナーゼ-1；E4，フルクトース 1, 6-ビスリン酸アルドラーゼ；；E5，トリオースリン酸イソメラーゼ；E6，グリセルアルデヒド-3-リン酸デヒドロゲナーゼ；E7，ホスホグリセリン酸キナーゼ：E8，ホスホグリセリン酸ムターゼ；E9，ホスホピルビン酸ヒドラターゼ：E10，ピルビン酸キナーゼ

図 6.8　EMP 経路

表 6.4　EMP 経路の各段階を量論関係の化学反応式

化学反応式	各段階	式番号
G + ATP → G6P + ADP	R_{E1}	(6.19 a)
G6P → F6P	R_{E2}	(6.19 b)
F6P + ATP → F1,6BP + ADP	R_{E3}	(6.19 c)
F1,6BP → GAP + DHAP	R_{E4}	(6.19 d)
DHAP → GAP	R_{E5}	(6.19 e)
GAP + NAD$^+$ + Pi → BPG + NADH + H$^+$	R_{E6}	(6.19 f)
BPG + ADP → PGA + ATP	R_{E7}	(6.19 g)
PGA → 2-PGA	R_{E8}	(6.19 h)
2-PGA → PEP + H_2O	R_{E9}	(6.19 i)
PEP + ADP → Py + ATP	R_{E10}	(6.19 j)

EMP 経路酵素の中には Calvin 回路酵素，糖新生経路酵素が合計 4 個含まれており，E2 と ST1，E4 と C5，E5 と C4，E6 と C3 は，それぞれ同一酵素上で生起する逆向きの反応を示し，$R_{E2} = -R_{ST1}$；$R_{E4} = -R_{C5}$；$R_{E5} = -R_{C4}$；$R_{E8} = -R_{C3}$ である。図では，可逆反応であっても一方向の動きだけを描いた。E1，E3，E7，E10 は不可逆反応を触媒する酵素である。EMP 経路では，G，G6P，F6P，F1,6BP，GAP，DHAP，BPG，PGA，2-PGA，PEP，Py が解糖系成分として代謝を受けているが，これら 11 成分を他の代謝物質との間に相互作用がなく，細胞が増殖していない仮想的状態では，反応全体は次式に要約できる。

$$G + 2NAD^+ + 2ADP + 2P_i \rightarrow$$
$$2Py + 2NADH + 2H^+ + 2ATP + 2H_2O \qquad (6.20)$$

無酸素状態でもグルコース 1 分子当り 2 分子の ATP を生産することが可能である。3 段階目の反応である F6P から F1,6BP へのリン酸化を触媒するホスホフルクトキナーゼ-1（PFK-1, phosphofructokinase-1）の反応は不可逆反応である。この反応と逆向きの F1,6BP から F6P への変換は，この酵素とは別の**フルクトース-1,6-ビスホスファターゼ-1**（fructose-1,6-bisphosphatase-1）が触媒する。どちらの酵素が働くかという制御機構を取り扱うためには，シグナル伝達物質にかかわる知見を深めることが大事である。

6.5.2　ペントースリン酸経路

図 6.9 の G6P から 6-ホスホグルコノ-1,5-ラクトン（6-PGl）方向に向かう矢印は，ペントースリン酸経路（PPP）と呼ばれる。G6P から F6P 方向に向かう矢印は EMP 経路（図 6.8）である。PPP，EMP 経路は，脂質合成，ヌクレオチド合成，シキミ酸経路，有機酸合成などに向かう代謝経路の始点，およびそれらからの終点となっている。PPP は，酸化的ペントースリン酸経路，ヘ

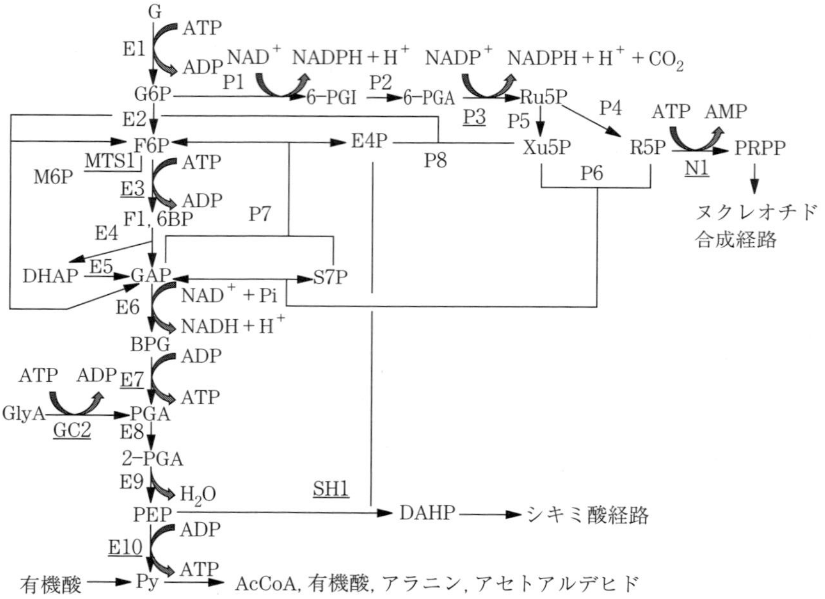
G
ATP
E1
ADP
NAD^+
$NADPH + H^+$
$NADP^+$
$NADPH + H^+ + CO_2$
G6P
P1
6-PGl
P2
6-PGA
P3
Ru5P
P4
P5
ATP
AMP
E2
F6P
E4P
P8
Xu5P
R5P
N1
PRPP
M6P
MTS1
P6
E3
ATP
ADP
F1, 6BP
P7
ヌクレオチド
合成経路
E4
DHAP
E5
GAP
S7P
E6
$NAD^+ + Pi$
$NADH + H^+$
BPG
ADP
ATP
ADP
E7
ATP
GlyA
PGA
GC2
E8
2-PGA
E9
H_2O
SH1
PEP
DAHP
シキミ酸経路
ADP
E10
ATP
有機酸
Py
AcCoA, 有機酸, アラニン, アセトアルデヒド

G6P，グルコース-6-リン酸；6-PGl，6-ホスホグルコノ-1，5-ラクトン；6-PGA，6-ホスホグルコン酸；Ru5P，リブロース-5-リン酸；R5P，リボース-5-リン酸；Xu5P，キシルロース-5-リン酸；S7P，セドヘプツロース-7-リン酸；E4P，エリトロース-4-リン酸；GAP，グリセルアルデヒド-3-リン酸；F6P，フルクトース-6-リン酸；G，F6P，F1，6BP，GAP，DHAP，BPG，PGA，2-PGA，PEP，Py，図 6.8 参照；GlyA，図 6.5 参照；M6P，マンノース-6-リン酸；PRPP，ホスホリボシル-2-リン酸；DAHP，3-デオキシ arabino-ヘプツロソン酸 7 リン酸；P1，グルコース-6-リン酸デヒドロゲナーゼ；P2，6-ホスホグルコノラクトナーゼ；P3，ホスホグルコン酸デヒドラターゼ；C13，リボース-5-リン酸イソメラーゼ；C8，リブロース-5-リン酸-3-エピメラーゼ；C12，トランスケトラーゼ；P4，トランスアルドラーゼ；C7，トランスケトラーゼ；M1，マンノースリン酸イソメラーゼ；GC2，図 6.7 参照；N1，リボースリン酸ピロホスホキナーゼ；SH1，ホスホ-2-ケト-3-デオキシヘプトン酸アルドラーゼ

図 6.9　ペントース-リン酸経路と EMP 経路

キソース-リン酸（Hexose Monophosphate）**経路**（HMP），Warburg-Dickens 経路などの別名を有する。8 種類の酵素が関与している。

植物，動物の肝臓，脂肪組織，精巣，副腎皮質，授乳期乳腺などで比較的高い活性が報じられている。量論関係は**表 6.5** のようになる。

表 6.5　ペントースリン酸経路の各段階の量論関係

化学反応式	各段階	式番号
G6P + $NADP^+$ → 6-PGl + NADPH + H^+	R_{P1}	(6.21 a)
6-PGl + H_2O → 6-PGA	R_{P2}	(6.21 b)
6-PGA + $NADP^+$ → Ru5P + NADPH + H^+ + CO_2	R_{P3}	(6.21 c)
Ru5P → R5P	R_{P4}	(6.21 d)
Ru5P → Xu5P	R_{P5}	(6.21 e)
R5P + Xu5P → GAP + S7P	R_{P6}	(6.21 f)
GAP + S7P → F6P + E4P	R_{P7}	(6.21 g)
Xu5P + E4P → GAP + F6P	R_{P8}	(6.21 h)

PPP 酵素の中には Calvin 回路酵素，糖新生経路酵素が合計 4 個含まれており，P4 と C13，P5 と C8，P6 と C12，P8 と C7 は，それぞれ同一酵素上で生起する逆向きの反応を示し，$R_{P4} = -R_{C13}$；$R_{P5} = -R_{C8}$；$R_{P6} = -R_{C12}$；$R_{P8} = -R_{C7}$ である。P3 は不可逆反応である。植物は，EMP 経路，PPP を有するが G6P を経由する流れの 30 % が PPP の反応に関与している。酵母も EMP 経路，PPP を有する。EMP 経路と PPP の両経路を有する細胞では，式 (6.19 b) に従って G6P は F6P に変換され EMP 経路に，式 (6.21 a) に従って 6-PGl に変換され PPP に入る。

デオキシリボース，リボースは核酸の合成に不可欠な糖骨格であるが，PPP の R5P が原料となっている。PPP は，1 分子の G6P を代謝し，1 分子の CO_2 と 2 分子の NADPH を生成している。NADPH の生成源として脂質合成にもかかわっている。

細胞単位質量に含まれる EMP 経路および PPP の合計 17 種の構成成分 G6P，F6P，F1,6BP，GAP，DHAP，BPG，PGA，2-PGA，PEP，Py，6-PGl，6-PGA，Ru5P，R5P，Xu5P，S7P，E4P の物質量を m_{G6P}，m_{F6P}，…，m_{E4P} とし，それぞれに付き動的平衡状態を仮定し式 (6.7) に相当する 17 個の式を導出し整理すると次式を得る。

$$\begin{aligned}&(6R_{E1} + 5R_{P1} + 3R_{GC2} + 3R_{OA1}) - (6R_{MT1} + 3R_{SH1} + 3R_{AC1} + 3R_{OA2} + 5R_{N1} + 3R_{Ala1} + 3R_{ET1})\\&\quad - \mu\{3(m_{GAP} + m_{DHAP} + m_{BPG} + m_{2\text{-}PGA} + m_{PGA} + m_{PEP} + m_{Py}) + 4m_{E4P}\\&\quad + 5(m_{6\text{-}PGl} + m_{6\text{-}PGA} + m_{R5P} + m_{Ru5P} + m_{Xu5P}) + 6(m_{G6P} + m_{F6P} + m_{F1,6BP}) + 7m_{S7P}\} = 0\end{aligned} \qquad (6.22)$$

R_{GC2} はグリセリン酸（GlyA）から PGA への反応速度，R_{OA1} は他の代謝経路上の有機酸から Py への反応速度，R_{MT1} は F6P から M6P への反応速度，R_{SH1} は PEP と E4P から DAHP への反応速度，R_{N1} は R5P から PRPP への反応速度，R_{N1} は R5P から PRPP への反応速度，R_{AC1} は Py からアセチル CoA（AcCoA，$CH_3COSCoA$）への反応速度，R_{OA2} は Py から有機酸への反応速度，R_{Ala1} は Py からアラニンへの反応速度，R_{ET1} は Py からアセトアルデヒドへの反応速度，R_{N1} は R5P から PRPP への反応速度を示す。グルコースの比消費速度を q_A〔$\mu mol \cdot mg^{-1} \cdot h^{-1}$〕（$= 10^{-3}R_{E1}$〔$nmol \cdot mg^{-1} \cdot$

h^{-1}]）で表す。G6P から F6P に向かう選択率を $s_{E2/E1}(=R_{E2}/R_{E1})$，G6P から 6-PGl に向かう選択率を $s_{P1/E1}(=R_{P1}/R_{E1})$，G6P から F6P を経由し EMP 経路で Py を合成する反応経路の収率を $y_{E10/E2}(=R_{E10}/R_{E2})$，G6P から 6-PGl を経由し PPP で F6P，GAP となり Py を合成する反応経路の収率を $y_{E10/P1}(=R_{E10}/R_{P1})$ と置くと，Py の合成速度は次式で表せる。

$$R_{E10}=(y_{E10/E2}s_{E2/E1}+y_{E10/P1}s_{P1/E1})R_{E1}$$
$$=10^3(y_{E10/E2}s_{E2/E1}+y_{E10/P1}s_{P1/E1})q_A \qquad (6.23)$$

EMP 経路，PPP と他の代謝経路との相互作用を無視し，細胞増殖が無視できる仮想的状態では，式（6.21）で表す PPP の反応全体は次式に要約できる。

$$3G+6NADP^+\rightarrow 2F6P+GAP+3CO_2+6NADPH+6H^+ \qquad (6.24)$$

6.5.3　Entner-Doudoroff 経路

図 6.10 は，Entner-Doudoroff（ED）経路[8] を示す。好気性真正細菌の代謝系である。EMP 経路，PPP にはない酵素に対し図では番号 ED1，ED2 を付した。各段階を量論関係を意識して書き上げると**表 6.6** のようになる。

生成物 GAP は式（6.19 f）～（6.19 j）に従い Py になる。総括の反応は以下で表せる。

$$G+ADP+Pi+NADP^++NAD+\rightarrow 2Py+ATP+NADPH+NADH+2H^++H_2O \qquad (6.25)$$

好気性真正細菌は，グルコース 1 分子当りピルビン酸を 2 分子生成する。

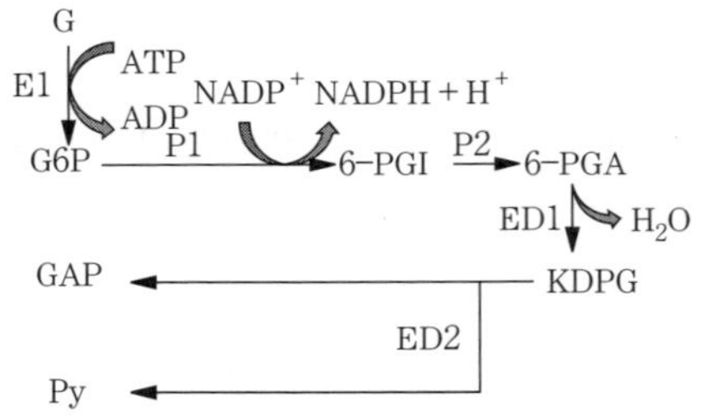
G
E1
ATP
ADP
NADP+
NADPH + H+
G6P
P1
6-PGl
P2
6-PGA
ED1
H2O
GAP
KDPG
ED2
Py

KDPG，2-ケト-3-デオキシ-6-ホスホグルコン酸；ED1，ホスホグルコン酸デヒドラターゼ；ED2，KDPG アルドラーゼ：

図 6.10　ED 経路

表 6.6　ED 経路の各段階を量論関係の化学反応式

化学反応式	各段階	式番号
$G+ATP\rightarrow G6P+ADP$	R_{E1}	(6.19 a)（再掲）
$G6P+NADP^+\rightarrow 6\text{-}PGl+NADPH+H^+$	R_{P1}	(6.21 a)（再掲）
$6\text{-}PGl+H_2O\rightarrow 6\text{-}PGA$	R_{P2}	(6.21 b)（再掲）
$6\text{-}PGA\rightarrow KDPG+H_2O$	R_{ED1}	(6.26 a)
$KDPG\rightarrow GAP+Py$	R_{ED2}	(6.26 b)

6.6　呼　吸　反　応

好気性生物細胞は，最終電子受容体として O_2 を用い CO_2 を生成する。これを**細胞呼吸**（cellular respiration）と呼ぶ。呼吸代謝は，① 電子伝達系，② 解糖系，③ **TCA 回路**（Tricarboxylic acid cycle；クエン酸回路）によって進められる。電子伝達系では，コハク酸からフマール酸への反応とユビキノンからユビキノールへの反応が共役していることを活用して還元状態の NADH，$FADH_2$ を生成し，これを分子状の O_2 で酸化し ATP を生成している。EMP 経路では，分子状の O_2 を用いずにグルコースを酸化し，グルコース 1 分子当り 2 分子の ATP，2 分子の Py，2 分子の NADH を生成している（式 (6.20)）。Py は以下に示す TCA 回路によってさらに酸化され CO_2 が導かれ ATP が生成される。

6.6.1 TCA　回　路

Krebs は，1937 年に TCA 回路（**図 6.11**；クエン酸回路，Krebs 回路）を発見した[9]。各段階の量論関係は**表 6.7** のようになる。

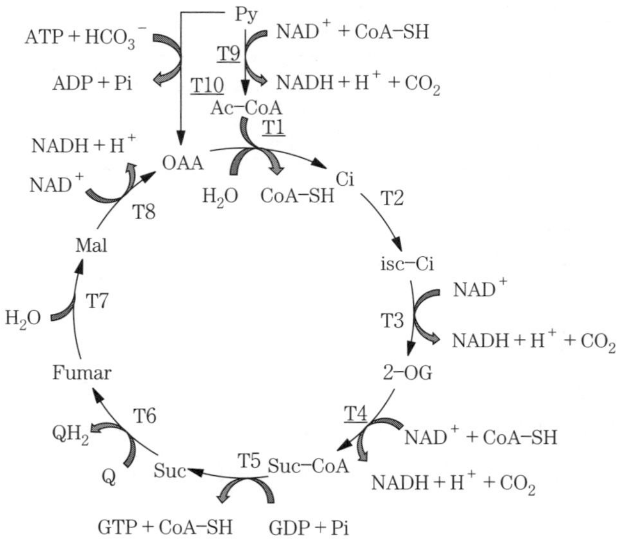
Py
ATP + HCO_3^-
ADP + Pi
T9
T10
NAD$^+$ + CoA–SH
NADH + H$^+$ + CO_2
Ac–CoA
T1
NADH + H$^+$
OAA
NAD$^+$
H_2O
CoA–SH
Ci
T2
T8
Mal
isc–Ci
NAD$^+$
T3
NADH + H$^+$ + CO_2
H_2O
T7
Fumar
2–OG
T6
T4
QH_2
NAD$^+$ + CoA–SH
Q
Suc
T5
Suc–CoA
NADH + H$^+$ + CO_2
GTP + CoA–SH
GDP + Pi

Py，ピルビン酸；AcCoA，アセチル CoA；Ci，クエン酸；iso–Ci，イソクエン酸；2–OG，2–オキソグルタル酸；Suc–CoA，スクシニル CoA；Suc，コハク酸；Fumar，フマール酸；Mal，リンゴ酸；OAA，オキサロ酢酸；T1，クエン酸シンターゼ；T2，アコニット酸ヒドラターゼ；T3，イソクエン酸デヒドロゲナーゼ；T4，2–オキソグルタル酸デヒドロゲナーゼ複合体；T5，スクシニル CoA シンターゼ；T6，コハク酸デヒドロゲナーゼ；T7，フマル酸ヒドラターゼ；T8，リンゴ酸デヒドロゲナーゼ；T9，ピルビン酸デヒドロゲナーゼ；T10，ピルビン酸カルボキシラーゼ

図 6.11　TCA 回路

オキザロ酢酸（OAA）は，反応 T8 で生成し反応 T1 でアセチル CoA（AcCoA）とともに消費される。EMP 経路産物のピルビン酸（Py）は，ピルビン酸デヒドロゲナーゼ複合体が触媒するつぎのピルビン酸脱炭酸反応によって AcCoA に変換される。

$$\mathrm{Py + NAD^+ + HS\text{-}CoA \rightarrow AcCoA + CO_2 + NADH + H^+} \qquad R_{\mathrm{T9}} \qquad (6.27)$$

AcCoA は，解糖系だけでなく，脂肪酸アシル CoA のの酸化によっても生成する。Py は好気性生物細胞は，式 (6.27) の反応で生じた AcCoA を TCA 回路内で酸化し，ATP，NADH などを生産する。NADH は電子伝達系の還元物質である。Py は T10 によって HCO_3^- を受け入れ，次式に従い OAA を生成，OAA は TCA 回路酵素 T1 によって Ci になることもある。

$$Py + HCO_3^- + ATP \rightarrow OAA + ADP + Pi \qquad R_{T10} \tag{6.28}$$

T1，T4，T9，T10 は不可逆反応，他は可逆反応である。コハク酸からフマール酸への反応はユビキノン（UQ）の循環と連動しており，呼吸鎖と連結している。TCA 回路酵素の中には C_4 回路酵素が含まれており，T8 と M3 は，それぞれ同一酵素上で生起する逆向きの反応を示し，$R_{T8} = -R_{M3}$ である。

表 6.7　TCA 回路の各段階を量論関係の化学反応式

化学反応式	各段階	式番号
$OAA + AcCoA + H_2 \rightarrow Ci + CoA\text{-}SH$	R_{T1}	(6.29 a)
$Ci \rightarrow iso\text{-}Ci$	R_{T2}	(6.29 b)
$iso\text{-}Ci + NAD^+ \rightarrow 2\text{-}OG + NADH + H^+ + CO_2$	R_{T3}	(6.29 c)
$2\text{-}OG + NAD^+ + CoA\text{-}SH \rightarrow SucCoA + NADH + H^+ + CO_2$	R_{T4}	(6.29 d)
$SucCoA + GDP + Pi \rightarrow Suc + CoA\text{-}SH + GTP$	R_{T5}	(6.29 e)
$Suc + Q \rightarrow Fumar + QH_2$	R_{T6}	(6.29 f)
$Fumar + H_2O \rightarrow Mal$	R_{T7}	(6.29 g)
$Mal + NAD^+ \rightarrow OAA + NADH + H^+$	R_{T8}	(6.29 h)

6.6.2　呼吸による糖の酸化

式 (6.27)，(6.29) を総合化すると次式を得る。

$$Py + 4NAD^+ + 2H_2O + UQ + GDP + Pi \rightarrow UQH_2 + 4NADH + 4H^+ + 3CO_2 + GTP \tag{6.30}$$

解糖系反応が EMP 経路だけをたどる場合を考える。EMP 経路および TCA 回路を総合化すると次式を得る。

$$G + 4H^+ + 6O_2 + 38ADP + 38Pi \rightarrow 6CO_2 + 44H_2O + 38ATP \tag{6.31 a}$$

この式は，呼吸の収支式と呼ばれている。この反応は二つの式に分解できる。

$$G + 6O_2 \rightarrow 6CO_2 + 6H_2O \tag{6.31 b}$$

$$38ADP + 38Pi \rightarrow 38ATP + 38H_2O \tag{6.31 c}$$

CO_2(G)，H_2O(L)，グルコース(S) の標準生成自由エネルギーは $-394.38\ kJ\cdot mol^{-1}$，$-237.19\ kJ\cdot mol^{-1}$，$-910.56\ kJ\cdot mol^{-1}$ であるため，式 (6.31 b) で示される酸化反応の標準反応 Gibbs 自由エネルギー変化 ΔG^0 は $-2\,878\cdot86\ kJ\cdot mol^{-1}$ である。式 (2.3) に示したように 1 mol の ATP が ADP と Pi に加水分解される反応の ΔG^0 は $-30\cdot5\ kJ\cdot mol^{-1}$ である。したがって式 (6.31 a) の ΔG^0 は $-1\,719.86$（$=-2\,878.86-38$（-30.5））$kJ\cdot mol^{-1}$ であることがわかる。グルコース 1 分子当り 38 分子の ATP を生成することによって反応熱は 59.7 % となっていることがわかる。式 (6.31 a) は，AcCoA は解糖系だけで生成すること，NADH，$FADH_2$ は TCA 回路と電子伝達系だけの間で物

質収支が組み立てられることを前提とした理想状態の式である。実際の細胞代謝を考える場合，式(6.31 a) の量論係数は再評価を要する。

細胞単位質量が単位時間に消費する酸素量を**比呼吸速度**（specific respiration rate）と呼び q_{O_2} で表す。溶存酸素濃度を c_{O_2} とする。酸素を要求する細胞の酸素消費を解析し，c_{O_2} を原料成分濃度とみなし，Michaelis–Menten 式を適用する試みが多くなされている。しかし，細胞内の多くの代謝反応が酸素消費と連動しているため q_{O_2} を細胞内外の物質量に関連づけることは容易ではなく，q_{O_2} を予測するための Michaelis–Menten 式は，適用範囲を限定し採用されている。

経験よると細胞はある溶存酸素濃度 $c_{O_2,C}$ 以上の液中では，一定の q_{O_2} を示すことがわかっている。この $c_{O_2,C}$ を**限界溶存酸素濃度**（critical dissolved oxygen concentration）という。溶存酸素濃度が $c_{O_2,C}$ 以下では q_{O_2} は 0 に接近する。**表 6.8** に $c_{O_2,C}$ の測定結果を示す。298 K，0.101 MPa の水に対する飽和溶存酸素濃度 $c_{O_2}{}^*$ は 0.253 μmol·mL^{-1} であるため，例えば酵母の培養液中の $c_{O_2,C}$ は $c_{O_2}{}^*$ のわずか 1.6 %程度であり，ほぼ 0 であることがわかる。この表が示すように，ペレットやフロックを形成しない微生物群の場合，$c_{O_2,C}$ は 0.02 μmol·mL^{-1} 以下である。これは $c_{O_2}{}^*$ の 1 割程度である。

表 6.8　限界酸素濃度

生物種	T〔K〕	$c_{O2,C}$〔μmol·mL^{-1}〕	生物種	T〔K〕	$c_{O2,C}$〔μmol·mL^{-1}〕
Azotobacter vinerandii	303	0.018 ～ 0.049	酵母	307.8	0.004 6
Escherichai coli	310.8	0.008 2		310.8	0.003 7
	288	0.003 1	*Penicillium chrysogenum*	297	0.022
Serratia marcescence	304	0.015		303	0.009
Pseudomonas denitricans	303	0.009	*Aspergillus oryzae*	303	0.020

表 6.9 は q_{O_2} の値を示す[10),11)]。ヒトの場合，運動時は休息時の 20 倍，酸素を消費していることがわかる。空中窒素固定菌 *Azotobacter chrococcum* の q_{O_2} が 70 倍高い。大腸菌 *Escherichia coli* と酵母 *Saccharomyces cerevisiae* の q_{O_2} 値は略等しく，0.4 μmol·mg^{-1}·h^{-1} 程度である。式 (6.31 a) が示す理想的状態では，これらの細胞が ATP を合成する速度は 2.53(＝(38/6)×0.4)μmol·

表 6.9　比呼吸速度

生物種	T〔K〕	q_{O2}〔μmol·mg^{-1}·h^{-1}〕	生物種	T〔K〕	q_{O2}〔μmol·mg^{-1}·h^{-1}〕
Escherichia coli	303	0.4	*Chlorella pyrenoidosa*（増殖）	298	0.35
Bacillus mesentericus vulgatus	289	0.511	*Neurospora crassa*	299	0.261
Azotobacter chrococcum	291	20.9 ～ 41.8	マウス（休息）	310	0.098 4
Saccharomyces cerevisiae	299	0.327 ～ 0.591	マウス（運動）	310	0.787
Euglena gracilis	298	0.088 9	ヒト（休息）	310	0.007 87
Chlorella pyrenoidosa（自己酸化）	298	0.043 8	ヒト（運動）	310	0.157

$mg^{-1}\cdot h^{-1}$程度であることが推算できる。

6.7　発酵反応，アミノ酸合成

有機物質が微生物によって分解される現象を**発酵**（fermentation）という。狭義には，炭水化物が微生物によって無酸素的に分解される現象を指すことが多い。発酵産物は古代から登場しているが，微生物の作用であることが解明されたのは19世紀である。典型的な発酵には，酵母のアルコール発酵，グリセロール発酵，乳酸菌の乳酸発酵，*Clostridium* 菌のアセトン，ブタノール発酵，酪酸発酵，プロピオン酸菌のプロピオン酸発酵，大腸菌の混合有機酸発酵，メタン菌のメタン発酵などがある。狭義の発酵以外の発酵として，酢酸菌の酢酸発酵，グルコン酸発酵，*Corynebacterium* 菌によるアミノ酸発酵，糸状菌による有機酸発酵などが知られている。

6.7.1　エタノール発酵

酵母は，EMP 経路，PPP の産物ピルビン酸（Py）を次式に従いアセトアルデヒド（AcAl）経由でエタノール（EtOH）に変換する。

$$\mathrm{Py} \rightarrow \mathrm{AcAl} + \mathrm{CO_2} \qquad R_{\mathrm{ET1}} \qquad (6.32\,\mathrm{a})$$

$$\mathrm{AcAl} + \mathrm{NADH} + \mathrm{H^+} \rightarrow \mathrm{EtOH} + \mathrm{NAD^+} \qquad R_{\mathrm{ET2}} \qquad (6.32\,\mathrm{b})$$

Py の合成速度は R_{E10} で表せると考える。Py から AcAl へ向かう反応の選択率を $s_{\mathrm{ET1/E10}} = R_{\mathrm{ET1}}/R_{\mathrm{E10}}$，細胞単位質量当りのアセトアルデヒド含有量を m_{AcAl}，エタノールの比生成速度を q_{R}〔μmol·mg$^{-1}\cdot$h^{-1}〕（$=10^{-3}R_{\mathrm{ET2}}$〔nmol·mg$^{-1}\cdot$h^{-1}〕）とし，G6P から AcAl に至る反応経路上の成分に対し動的平衡状態を仮定し式 (6.7)，(6.24) を考慮すると以下を得る。

$$\begin{aligned} R_{\mathrm{ET1}} - R_{\mathrm{ET2}} - \mu m_{\mathrm{AcAl}} &= 10^3 q_{\mathrm{R}} - s_{\mathrm{ET1/E10}} R_{\mathrm{E10}} - \mu m_{\mathrm{AcAl}} \\ &= -10^3 s_{\mathrm{ET1/E10}} (y_{\mathrm{E10/E2}} s_{\mathrm{E2/E1}} + y_{\mathrm{E10/P1}} s_{\mathrm{P1/E1}}) q_{\mathrm{A}} + 10^3 q_{\mathrm{R}} - \mu m_{\mathrm{AcAl}} = 0 \end{aligned} \qquad (6.33)$$

細胞質量のグルコースに対する微分収率 y を用いると，式 (5.35) よりグルコース比消費速度 $q_{\mathrm{A}} = \mu/y$ であるため，式 (6.33) より次式を得る。

$$\begin{aligned} q_{\mathrm{R}} &= s_{\mathrm{ET1/E10}} (y_{\mathrm{E10/E2}} s_{\mathrm{E2/E1}} + y_{\mathrm{E10/P1}} s_{\mathrm{P1/E1}}) q_{\mathrm{A}} + 10^{-3} \mu m_{\mathrm{AcAl}} \\ &= \left\{ \frac{s_{\mathrm{ET1/E10}} (y_{\mathrm{E10/E2}} s_{\mathrm{E2/E1}} + y_{\mathrm{E10/P1}} s_{\mathrm{P1/E1}})}{y} + 10^{-3} m_{\mathrm{AcAl}} \right\} \mu = Y_{\mathrm{P/X}} \mu \end{aligned} \qquad (6.34)$$

$Y_{\mathrm{P/X}}$ は，細胞生成に対する**生産物収率**（product yield coefficient with respect to cell mass）である。式 (6.34) で $s_{\mathrm{ET1/E10}}$，$y_{\mathrm{E10/E2}}$，$s_{\mathrm{E2/E1}}$，$y_{\mathrm{E10/P1}}$，$s_{\mathrm{P1/E1}}$，m_{AcAl} が一定である場合，$Y_{\mathrm{P/X}}$ が一定となりエタノール生成速度は増殖速度に比例する。このような発酵生成物の生成を**増殖連動型発酵**（growth associated fermentation）と呼ぶ。

α-プロテオ細菌の *Zymomonas mobilis* は，図 6.10 の ED 経路のよって G を Py，GAP に変換する。Py は式 (6.32) に従いエタノール（EtOH）に変換される。一方，GAP は式（6.19 f）～(6.19 j)

に従い 1 分子の GAP からさらに 1 分子の Py および 2 分子の ATP を生成する。一部は TCA 回路にて代謝されるが，TCA 回路が不完全であるために，生成した Py の多くは EtOH となる。培養温度は，酵母が 298 ～ 303 K であるの対し，*Z.mobilis* は 312 K 以下であり発酵速度は酵母の約 2 倍である。

6.7.2　乳　酸　発　酵

動物組織における解糖系反応では L-乳酸が生成するが，微生物の発酵の場合，微生物種に応じて L-乳酸，D-乳酸，ラセミ型乳酸を生成する。炭水化物を分解して乳酸（LA）を生成しエネルギーを獲得する細菌を乳酸菌と呼ぶ。生成物が乳酸だけである場合をホモ乳酸発酵，乳酸以外にエタノール，酢酸などを生成する場合を**ヘテロ乳酸発酵**と呼ぶ。

ヨールルト棹菌 *Lactobacillus burgaricus* は**ホモ乳酸発酵**を営む。ホモ乳酸発酵はグルコース（G）からピルビン酸（Py）までは式 (6.20) に従って代謝され，Py からは乳酸デヒドロゲナーゼが触媒する次式に従う。

$$\mathrm{Py} + \mathrm{NADH} + \mathrm{H}^+ \rightarrow \mathrm{LA} + \mathrm{NAD}^+ \qquad R_{\mathrm{LA1}} \tag{6.35}$$

1 分子のグルコースから 2 分子のピルビン酸が生成するため 2 分子の乳酸が生成する。ただし，グルコース消費が低下した場合にも細胞は乳酸を生成する。乳酸発酵の反応速度は，比増殖速度に対し式 (6.34) のような式では相関できない場合が多い。これは，乳酸発酵時の Py の原料成分がグルコースだけではなく，アミノ酸生分解物，グリセロール生分解物などからの変換量が低くはないことを示している。Py の合成速度はグルコースからの変換速度 R_{E10}，有機酸からの供給速度 R_{OA1}，アミノ酸生分解物からの供給速度 R_{AMD1}，グリセロール生分解物からの供給速度 R_{GlyD1} の総和で表せると考える。細胞単位質量当りの Py 含有量を m_{Py}，乳酸の比生成速度を q_{R}〔μmol·mg^{-1}·h^{-1}〕（$=10^{-3}R_{\mathrm{LA1}}$〔nmnol·mg^{-1}·h^{-1}〕）とし，動的平衡状態を仮定し式 (6.7)，(6.22) を考慮すると以下を得る。

$$\begin{aligned}
&(R_{\mathrm{E10}} + R_{\mathrm{OA1}} + R_{\mathrm{AMD1}} + R_{\mathrm{GlyD1}}) - (R_{\mathrm{LA1}} + R_{\mathrm{ET1}} + R_{\mathrm{T9}} + R_{\mathrm{T10}} + R_{\mathrm{OA3}} + R_{\mathrm{AMS1}}) - \mu m_{\mathrm{Py}} \\
&\quad = 10^3(y_{\mathrm{E10/E2}}\, s_{\mathrm{E2/E1}} + y_{\mathrm{E10/P1}}\, s_{\mathrm{P1/E1}}) q_{\mathrm{A}} - 10^3 q_{\mathrm{R}} + \{(R_{\mathrm{OA1}} + R_{\mathrm{AMD1}} + R_{\mathrm{GlyD1}}) \\
&\quad - (R_{\mathrm{ET1}} + R_{\mathrm{T9}} + R_{\mathrm{T10}} + R_{\mathrm{OA3}} + R_{\mathrm{AMS1}})\} - \mu m_{\mathrm{Py}} = 0
\end{aligned} \tag{6.36}$$

微分収率 y を用いると，グルコース比消費速度 $q_{\mathrm{A}} = \mu / y$ であるため，次式を得る。

$$\begin{aligned}
q_{\mathrm{R}} &= \left(y_{\mathrm{E10/E2}} s_{\mathrm{E2/E1}} + y_{\mathrm{E10/P1}} s_{\mathrm{P1/E1}}\right) q_A + 10^{-3}\Big\{\left(R_{\mathrm{OA1}} + R_{\mathrm{AMD1}} + R_{\mathrm{GlyD1}}\right) \\
&\quad - \left(R_{\mathrm{ET1}} + R_{\mathrm{T9}} + R_{\mathrm{T10}} + R_{\mathrm{OA3}} + R_{\mathrm{AMS1}}\right)\Big\} - 10^{-3} \mu m_{\mathrm{Py}} \\
&= \left\{\frac{y_{\mathrm{E10/E2}} s_{\mathrm{E2/E1}} + y_{\mathrm{E10/P1}} s_{\mathrm{P1/E1}}}{y} - 10^{-3} m_{\mathrm{Py}}\right\} \mu \\
&\quad + 10^{-3}\Big\{\left(R_{\mathrm{OA1}} + R_{\mathrm{AMD1}} + R_{\mathrm{GlyD1}}\right) - \left(R_{\mathrm{ET1}} + R_{\mathrm{T9}} + R_{\mathrm{T10}} + R_{\mathrm{OA3}} + R_{\mathrm{AMS1}}\right)\Big\} \\
&= \alpha\mu + \beta
\end{aligned} \tag{6.37}$$

式 (6.37) で α，β を定数とみなせる場合，乳酸の比生成速度は比増殖速度と直線関係にあることがわかる。この式は **Luedeking-Piret の式**[12] と呼ばれる。式 (6.37) は，増殖が低下しても乳酸発酵は継続することを示している。このような代謝を**増殖非連動型発酵**（growth non-associated fermentation）と呼ぶ。

発酵クリームやカテージチーズ）スターター菌 *Leuconostoc mesenteroides subsp. cremoris* は次式に従いヘテロ乳酸発酵を行い，1 分子のグルコースから 1 分子の乳酸を生成する。

$$G + ADP \rightarrow LA + EtOH + CO_2 + ATP \tag{6.38}$$

ビフィズス菌 *Bifidobacterium bifidum* は次式に従い，2 分子のグルコースから 1 分子の乳酸および 1 分子の酢酸（AA）を生成するヘテロ乳酸発酵を行う。

$$2G \rightarrow LA + AA \tag{6.39}$$

6.7.3　脂 肪 酸 合 成

長鎖炭化水素，一価カルボン酸である脂肪酸（FA）；C_nH_mCOOH は，生体膜を構成する脂質の成分であり，グリセロールをエステル化され油脂を生成する。脂肪酸は，グリセリンをエステル化して油脂を構成する。脂肪酸は，脂質の構成成分，エネルギー源（好気的 β 酸化の基質）として有用である。炭素鎖に二重結合，三重結合を有しない脂肪酸を**飽和脂肪酸**（saturated fatty acid），有する脂肪酸を**不飽和脂肪酸**（unsaturated fatty acid）と呼ぶ。炭素数が 12 以上の脂肪酸を高級脂肪酸と呼ぶ。二重結合を 1 分子当り一つだけ含む脂肪酸をモノ不飽和脂肪酸，2 個以上含む脂肪酸を高度不飽和脂肪酸という。

解糖系につながる脂肪酸合成は細胞質で行われる。細胞質に到る前にミトコンドリアのマトリックス側の TCA 回路で生成するオキサロ酢酸（OAA）はアセチル-CoA（AcCoA）と反応しクエン酸（Ci）を生成する。AcCoA は炭素数 2 である。Ci はミトコンドリア内膜を通過してマトリックス側から細胞質に到り脂肪酸合成の原料となる。細胞質で Ci → OAA → AcCoA と代謝される。AcCoA の一部はアシルキャリアプロテイン（ACP）と反応しアセチル -ACP（AcACP）に変換される。残りの AcCoA は，CO_2 を取り込み，炭素数 3 のマロニル CoA（MlCoA）を合成する。MlCoA は ACP を取り込み，AcACP と反応し脱炭酸，還元，脱水，還元，MlCoA との反応，脱炭酸によって MlCoA → MlACP → 3-オキソアシル-ACP（3-OxacylACP）→マロニル-ACP（MlACP）R-3-ヒドロキシアシル-ACP（HyacylACP）→エノイル ACP（ElACP）→アシル ACP（AcylACP）→ 3-オキソアシル-ACP（3-OxacylACP）と変換される。この反応を繰り返すことによって脂肪酸アシル-ACP の鎖長は順次大きくなる。動物細胞の脂肪酸合成では，鎖長延長は炭素数 16 のパルミトイル-ACP で終了する。

一方，ヒトの生体内の脂肪酸は上記とは異なり，脂肪として貯蔵された状態から，必要に応じて供給される。その多くは，飽和脂肪酸およびモノ不飽和脂肪酸である。

リノール酸，リノレン酸，アラキドン酸などの高度不飽和脂肪酸は，生体にとって必要であるが体内では合成できない必須脂肪酸である。必須脂肪酸は食事によって体内に供給される。リノール酸，リノレン酸，アラキドン酸は植物油から獲得できる。

6.7.4 トリグリセリド，リン脂質合成

長鎖脂肪酸がグリセロールの三つの OH 基に結合した 3 価のエステルをトリグリセリドと呼ぶ。グリセロール（Gly）は加水分解しグリセロール-3 リン酸（Gly3P）を生成する。Gly3P は，EMP 経路上のジヒドロキシアセトンリン酸（DHAP）と平衡となる。Gly3P は RCO-S-CoA と反応し，Gly3P →リンホスファチジン酸（LPA）→ L-α-ホスファチジン酸（L-α-PA）→ 1,2-ジグリセリド（DG）→トリグリセリド（TG）と変換される。長鎖脂肪酸，または炭化水素鎖を有する生化学物質を**脂質**（lipid），分子構造の中にリン酸エステル部位を有するものをリン脂質と呼ぶ。リン脂質は，グリセロールを骨格とするグリセロリン脂質（**図 6.12**）とスフィンゴシンを骨格とするスフィンゴリン脂質に分類される。リン脂質例としてホスファチジルコリン（PC），ホスファチジルエタノールアミン（PE），ホスファチジルセリン（PS），ホスファチジルイノシトール（PI）が挙げられる。リン脂質は，両親媒性を持ち，脂質二重層を形成する。リン脂質は，糖脂質，コレステロールとともに細胞膜の主要な構成成分となるほか，生体内でのシグナル伝達にもかかわる生体分子である。リン脂質合成経路として，**サルベージ経路**（*salvage* pathway）と**デノボ経路**（*de novo* pathway）が知られている。サルベージ経路は，ヌクレオチド分解物から再びヌクレオチドを合成する経路を指す。デノボ経路は，R5P を原料とする新合成経路を指す。PC は，サルベージ経路で生成する。PC の前駆体は第 4 級アンモニウムカチオン（$((CH_3)_3N^+CH_2CH_2OH)$）のコリン（Cho）である。逐次反応 Cho →ホスホリルコリン（PCho）→ CDC-コリン（CDC-Cho）の生成物 CDC-Cho はジグリセリド（DG）と反応し PC となる。PE，PS はデノボ経路で合成される。前駆体はモノエタノールアミン（MEA）である。初段階は Cho が MEA となる反応である。逐次反応 MEA →ホスホリルエタノールアミン（PEA）→ CDP-エタノールアミン（CDC-EA）で生成した CDC-EA が DG と反応することで PE が生成する。PE はセリン（Ser）と反応し MEA を放出し PS を生成する。PE は 3 分子の S-アデノシルメチオニン（S-AM）と反応すると 3 分子のアデノシルホモシスティン（AH）を生成し PC を生成する。

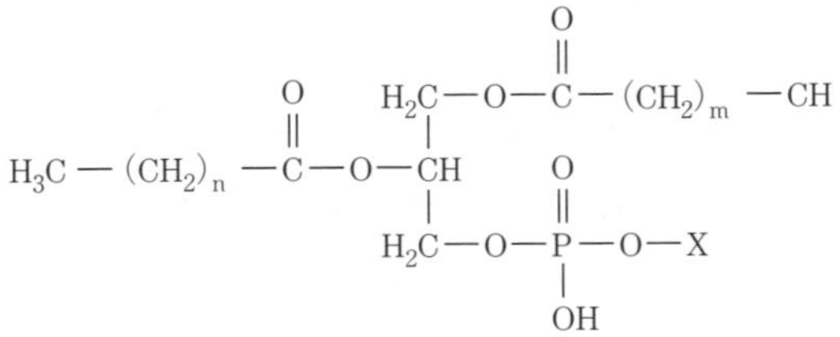
O
H$_2$C—O—C—(CH$_2$)$_m$ —CH
O
H$_3$C — (CH$_2$)$_n$ —C—O—CH
O
H$_2$C—O—P—O—X
OH

官能基 X は，水，グリセロール，コリン，エタノールアミン，イノシトール，セリン，PI

図 6.12　グリセロリン脂質

6.7.5 アミノ酸合成

アミノ酸は，細胞内反応において，① タンパク質合成の素材，② 糖新生代謝時のグルコース合成の原料，③ 脂肪酸合成の原料，④ ケトン体合成の原料，⑤ コレステロール合成の原料，⑥ ヘム合成の原料，⑦ ヌクレオチド合成の原料として活用されている。ヒト細胞の場合，下記 9 種のアミノ酸は生合成できず細胞外から摂取する必要がある。

（1） 芳香族アミノ酸のフェニルアラニン（Phe），トリプトファン（Trp）
（2） 分岐鎖アミノ酸のバリン（Val），ロイシン（Leu），イソロイシン（Ile），スレオニン（Thr）
（3） 含硫アミノ酸のメチオニン（Met）
（4） 長鎖塩基性アミノ酸のリジン（Lys）
（5） イミダゾイル基を有するアミノ酸のヒスチジン（His）

これらは，**必須アミノ酸**（essential amino acids）と呼ばれている。アルギニン（Arg）は，成人にとっては非必須アミノ酸であるが，成長の早い乳幼児期には不足するため外部からの補給が必要であり準必須アミノ酸と呼ばれている。

微生物におけるアミノ酸の合成経路はつぎの五つの群に分けられる。

（1） 2-オキソグルタル酸（2-OG）誘導体合成経路：グルタミン酸（Glu），グルタミン（Gln），プロリン（Pro），アルギニン（Arg）
（2） アスパラギン酸（Asp）誘導体合成経路：アスパラギン酸（Asp），アスパラギン（Asn），Thr，Ile，Met，Lys
（3） ピルビン酸（Py）誘導体合成経路：アラニン（Ala），Leu，Val
（4） ホスホエノールピルビン酸（PEP）誘導体合成経路：Trp，チロシン（Tyr），フェニルアラニン（Phe）
（5） 3-ホスホグリセリン酸（GAP）誘導体合成経路：セリン（Ser），システイン（Cys），グリシン（Gly）その他，5-ホスホリボシル-1a-二リン酸（PRPP）由来のアミノ酸としてヒスチジン（His）がある。

図 6.13 は，EMP 経路，PPP，TCA 回路を総合化した図である。図中の記号は，図 6.9，6.11 内の説明を参照されたい。アミノ酸合成では，TCA 回路の 2-OG と OAA，解糖系の GAP，Py が重要な役割を担っていることがわかる。2-OG，OAA，Py は，C 原子にヒドロキシル基（−OH），オキソ基（=O）が結合した 2-オキソ酸である。Ala，Asp，Glu，Ser は，対応する 2-オキソ酸からアミノ基転移反応で合成され Asn，Gln，Pro はこれら 4 種類のアミノ酸から合成されている。

細胞が生合成した非必須アミノ酸と外部より栄養として獲得した必須アミノ酸を合わせた 20 種類のアミノ酸は，表 2.9 の成分として tRNA（図 2.20）に結合し，図 2.21 のようにリボソーム上でペプチド鎖に取り込まれタンパク質となる。また AMP（図 2.8）を例にとるとリボース骨格と結合したプリンの N 原子を含む 5 員環の糖骨格に近い方の N 原子は Glu，5 員環のもう一方の N 原子は Gly から供給されている。5 員環につながった 6 員環の二つの N 原子は Gln，Asp から供給されている。

6.7.6 ヌクレオチド合成

ヌクレオチド合成は，PPP の R5P が PRPP に変換される反応を起点とする。PRPP は，グルタミン（Gln）と反応し 5-ホスホ-β-リボシルアミン（PRA）を生成，グルタミン酸（Glu）を副成する。PRA は，グリシン（Gly）と反応してグリシンアミドリボチド（GAR）となり，10-ホルミル

His,　ヒスチジン
Ser,　セリン
Cys,　システイン
Gly,　グリシン
Tyr,　チロシン
Phe,　フェニルアラニン
Trp,　トリプトファン
Val,　バリン
Leu,　ロイシン
Ala,　アラニン
Asp,　アスパラギン酸
Asn,　アスパラギン
Lys,　リジン
Met,　メチオニン
Thr,　トレオニン
Ile,　イソロイシン

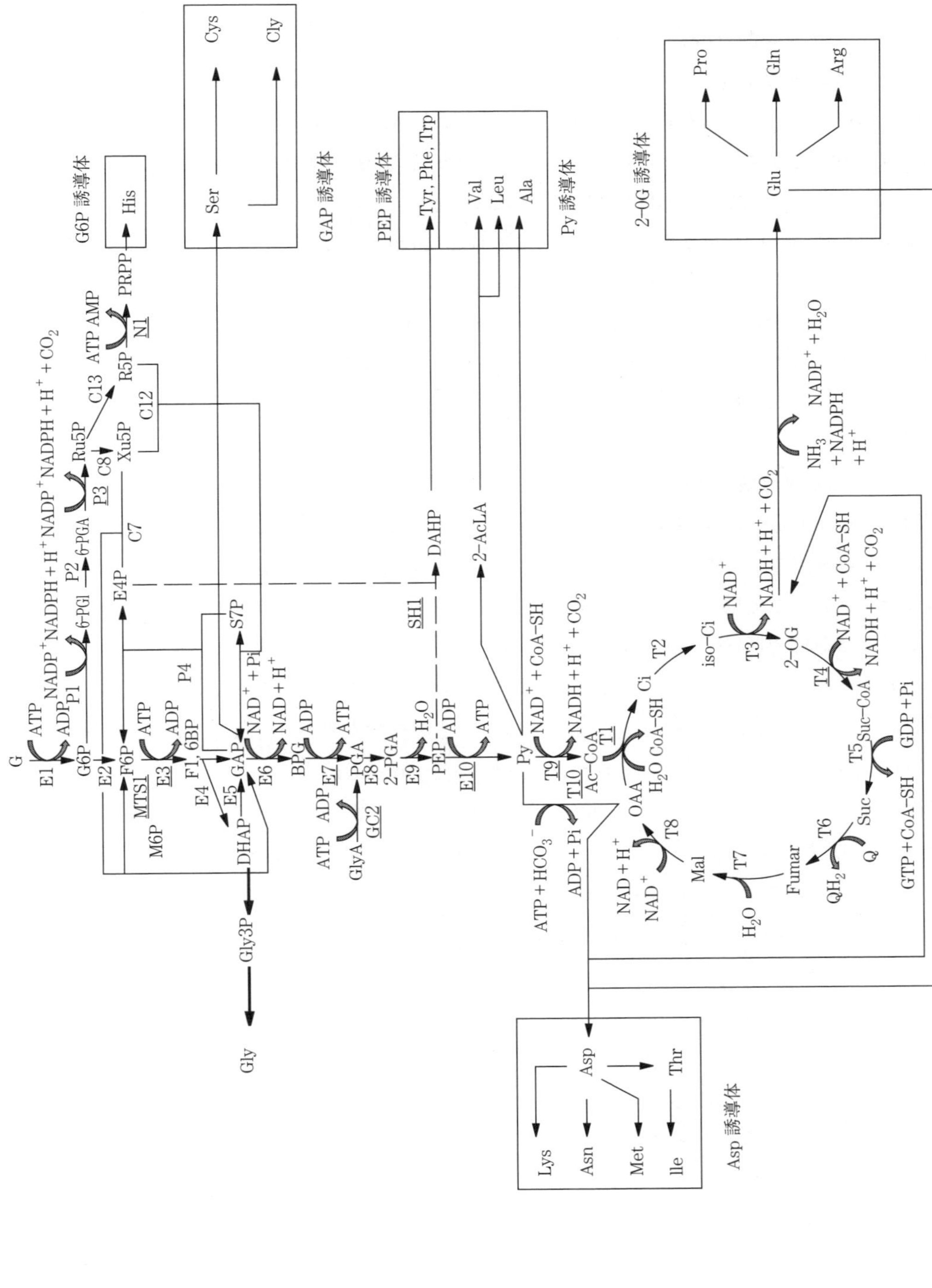
G6P 誘導体
His
PRPP
GAP 誘導体
Ser
Cys
Cly
PEP 誘導体
Tyr, Phe, Trp
Val
Leu
Ala
Py 誘導体
2-OG 誘導体
Pro
Gln
Arg
Glu
Asp 誘導体
Asp
Thr
Lys
Asn
Met
Ile
G
E1
ATP
ADP
G6P
P1
NADP⁺
6-PGl
P2
6-PGA
P3
Ru5P
C8
Xu5P
C13
R5P
ATP AMP
N1
C12
C7
E4P
S7P
P4
E2
F6P
E3
F1, 6BP
MTS1
M6P
E4
E5
GAP
DHAP
Gly3P
Gly
E6
BPG
E7
PGA
E8
2-PGA
E9
PEP
E10
GlyA
GC2
SH1
DAHP
2-AcLA
Py
T9
T10
Ac-CoA
T1
Ci
T2
iso-Ci
T3
2-OG
T4
Suc-CoA
T5
Suc
T6
Fumar
T7
Mal
T8
OAA
NH3
NADPH
NADP⁺ + H2O

図 6.13　アミノ酸合成経路

-THF（10-FTHF）と反応しホルミルグリシンアミドリボサチド（FGAR）を生成する。FGARは，Glnから Gluへの反応と共役しホルミルグリシンアミジンリボチド（FGAM）を生成する。FGAMは，脱水し，5-アミノイミダゾールリボチド（AIR）を生成，次に4-カルボキシ-5-アミノイミダゾールリボチド（CAIR），さらに5-アミノイミダゾール-4-リボチド（SACAIR）となる。SACAIRからフマル酸（Fumar）が脱離して5-アミノイミダゾール-4-カルボキサミドリボチド（AICAR）を生成，次いで5-ホルムアミノイミダゾール-4-カルボキサミドリボチド（FAICAR）が生成し，さらにイノシン-1リン酸（IMP）が生成する。

プリン合成は以下のように進行する。IMPは，アスパラギン酸（Asp）と反応しアデニロコハク酸（ASuc）が生成，さらにフマル酸（Fumar）が脱離しAMPとなる。AMPは，ADPとなる。一方，IMPは，酸化されキサントシン-1リン酸（XMP）となる。XMPは，Glnと反応しGMPを生成，Gluを副成する。GMPは，GDPに変換される。

ピリミジン合成は，Glnがカルバモイルリン酸（CarbmylP），Gluを生成する反応に起点を置く。CarbmylPは，アスパラギン酸（Asp）を取り込みカルバモイルアスパラギン酸（CarmylAsp）を生成，さらにジヒドロオロト酸（DHOA）を生成する。DHOAは，キノン（Q）からキノール（QH_2）またはNAD^+からNADHへの反応と連動しオロト酸（OA）を生成する。OAはPRPPと反応しオロチジン-1リン酸（OMP）を生成する。OAは，脱炭酸しウリジン-1リン酸（UMP）を生成する。

6.7.7　代謝回転生分解，糖新生

代謝回転（metabolic turnover）は，細胞構成成分の合成と分解による分子の循環を表す。前節まででは合成に焦点を当てたため，ここでは生分解による成分の供給（**図6.14**）を取り扱う。

〔1〕 **デンプンの生分解**　G6Pからデンプンに到るデンプン合成経路（図6.5）上の三つの酵素の中で二つは不可逆反応である。これらの酵素に代わってデンプン分解を営む酵素がアミラーゼである。α-アミラーゼ，β-アミラーゼ，グルコアミラーゼの3種が知られている。α-アミラーゼは，α-1,4グリコシド結合をランダムに切断するエンド型の酵素であり，反応は次式で表せる。

$$(\alpha\text{-}1,4\text{-glucosyl})_n \rightarrow (\alpha\text{-}1,4\text{-glucosyl})_{n-m} + (\alpha\text{-}1,4\text{-glucosyl})_m \qquad (6.40\,\mathrm{a})$$

β-アミラーゼは，小麦，大麦，大豆，サツマイモに蓄積量が多く，デンプンの非還元性末端からマルトース（M）単位でα-1,4グリコシド結合を逐次分解するエキソ型の酵素である。反応は次式で表せる。

$$(\alpha\text{-}1,4\text{-glucosyl})_n \rightarrow (\alpha\text{-}1,4\text{-glucosyl})_{n-2} + \mathrm{M} \qquad (6.40\,\mathrm{b})$$

グルコアミラーゼは，デンプンの非還元性末端からグルコース（G）単位でα-1,4グリコシド結合を逐次分解するエキソ型の酵素である。アミロペクチンに含まれるα-1,6結合も分解する性質を有する。

$$(\alpha\text{-}1,4\text{-glucosyl})_n \rightarrow (\alpha\text{-}1,4\text{-glucosyl})_{n-1} + \mathrm{G} \qquad (6.40\,\mathrm{c})$$

デンプンの分解で生じたグルコースは解糖系で代謝され，ピルビン酸（Py）に変換される。デンプン生分解産物は，図6.14のPyに供給される。

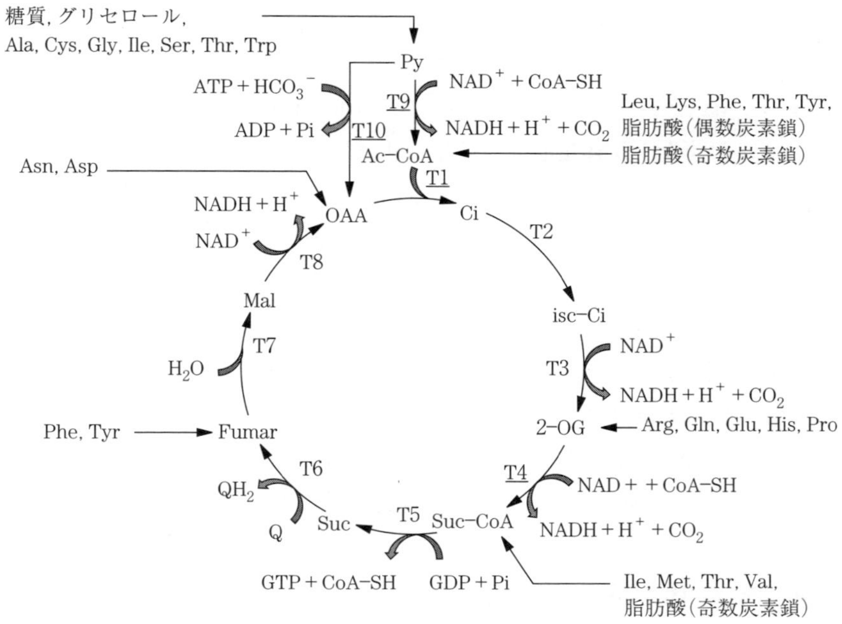
糖質，グリセロール，
Ala, Cys, Gly, Ile, Ser, Thr, Trp
Py
ATP + HCO$_3^-$
ADP + Pi
T10
T9
NAD$^+$ + CoA–SH
NADH + H$^+$ + CO$_2$
Leu, Lys, Phe, Thr, Tyr,
脂肪酸（偶数炭素鎖）
脂肪酸（奇数炭素鎖）
Ac–CoA
Asn, Asp
T1
NADH + H$^+$
NAD$^+$
OAA
Ci
T2
T8
Mal
isc–Ci
T7
H$_2$O
T3
NAD$^+$
NADH + H$^+$ + CO$_2$
Phe, Tyr
Fumar
2–OG
Arg, Gln, Glu, His, Pro
T6
T4
QH$_2$
NAD + + CoA–SH
Q
Suc
T5
Suc–CoA
NADH + H$^+$ + CO$_2$
GTP + CoA–SH
GDP + Pi
Ile, Met, Thr, Val,
脂肪酸（奇数炭素鎖）

図 6.14　糖，脂肪酸，アミノ酸の代謝回転と TCA 回路

〔2〕 **脂肪酸の生分解**　細胞内脂肪酸（FA）は，ミトコンドリア外膜側のアシル CoA シンテターゼによって活性化され脂肪酸アシル CoA（R_n–acyl–CoA）となる。R_n は FA 由来の炭素数 n のアルキル基を示す。R_n–acyl–CoA は，ミトコンドリア内膜または植物グリオキシソームに移動し **β–酸化**（β–oxydation）作用を受ける。具体的には，偶数炭素鎖の R_n–acyl–CoA は，R_n–acyl–CoA → トランス Δ^2–エノイル–CoA（TDECoA）→ (s)–3–ヒドロキシアシル–CoA（HyacylCoA）→ 3–オキソアシル–CoA（OxacylCoA）→ アシル–CoA（$R_n - 2$–acylCoA）+ アセチル–CoA（AcCoA）と変換され FA は炭素数を 2 減少させ，AcCoA を 1 分子生成する。脂肪酸アシル–CoA がすべて AcCoA となるまでこの反応が繰り返され，β–酸化が進行する。偶数炭素鎖の FA は生分解した後に図 6.14 の AcCoA に供給される。炭素数 18 の飽和脂肪酸であるステアリン酸の場合，以上の反応は次式で表せる。

$$C_{17}H_{35}COOH + 26O_2 + 146ADP + 146Pi \rightarrow 18CO_2 + 164H_2O + 146ATP \tag{6.41}$$

奇数炭素鎖の R_n–acyl–CoA も同様の反応繰り返しで AcCoA を生成するが，最後にプロピオニル–CoA（PrCoA）を生じる。PrCoAM は，(S) メチルマロニル–CoA（(S)–MMlCoA）となり，さらに (R) メチルマロニル–CoA（(R)–MMlCoA）となる。(R)–MMlCoA は，スクシニル–CoA（Suc–CoA）となり図 6.14 の Suc–CoA より TCA 回路に流入する。

〔3〕 **アミノ酸の生分解**　図 6.13 にアミノ酸の合成経路を示したが，アミノ酸から生合成されるタンパク質が分解するとアミノ酸が生成する。アミノ酸は，さらに分解され，Py，AcCoA，2–OG，スクシニル CoA（Suc–CoA），フマル酸（Fumar），または OAA に変換される。図 6.14 には，代謝回転されるアミノ酸の流入位置も示した。動物細胞の場合，アミノ酸代謝が供給するエネ

ルギーは，全体の 10 ～ 15 % である。アミノ酸は最終的に CO_2 と H_2O に分解されるか，糖新生の原料となる。糖生成の中間体である Py，2-OG，Suc-CoA，Fumar，OAA を生じるアミノ酸を**糖生成アミノ酸**と呼ぶ。Ala，Arg，Asn，Ser，Asp，Cys，Gln，Glu，Gly，Pro，Met，Val，His が該当している。Leu，Lys は，**ケトン体生成アミノ酸**と呼ばれる。これらのアミノ酸は炭素骨格の分解で AcCoA かアセト酢酸を生じる。動物細胞は，AcCoA またはアセト酢酸から糖を合成することはできない。Ile，Tyr，Trp，Thr，Phe は糖とケトン体の両方に変わることができるため両方生成型である。

〔4〕 **核酸の生分解**　核酸は，生分解するとリボースと遊離塩基に変換される。分解反応生成物の遊離塩基の大半は排出されるが，核酸のサルベージ経路でヌクレオチドへと変換される塩基もある。アデニンは，5-ホスホリボシル-1a-二リン酸（PRPP）と反応し AMP を生成する。グアニンは，PRPP と反応し GMP を生成する。ヒポキサンチン HP は，PRPP と反応し IMP を生成する。チミジンは，TTP，UTP，CTP を生成する。分解反応生成物のリボース部分は糖代謝経路に入り利用される。

〔5〕 **糖　新　生**　**図 6.15** は糖新生経路を示す。糖新生は，飢餓状態で起動される代謝機構であり，例えば動物細胞では，グルカゴン分泌シグナルを受け，ピルビン酸，乳酸，糖生成アミノ酸，プロピオン酸などの糖質以外の物質から，グルコースを生産する経路を指している。アミノ酸は，Py となったり，TCA 回路に入り細胞質の Mal，OAA となったりし，糖新生が開始する。Py を出発原料とした場合，T10，G1，T8，G2，G3，G4，G5，G6，G7，G8，C6，G9，C10 を辿り，Py はグルコース（G）となる。糖新生経路では，TCA 回路，EMP 経路と同一の酵素が可逆的に働く反応が含まれている。G1 は T8 逆反応である。

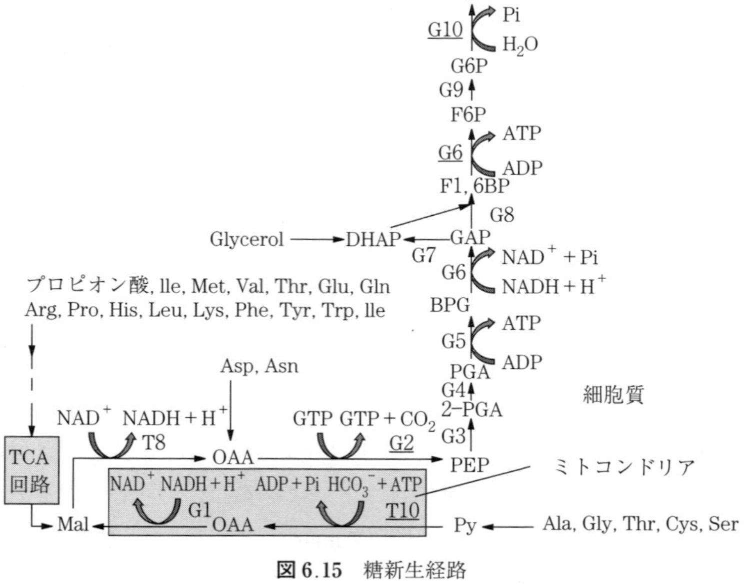

G
Pi
G10
H_2O
G6P
G9
F6P
ATP
G6
ADP
F1, 6BP
G8
Glycerol
DHAP
GAP
G7
$NAD^+ + Pi$
G6
$NADH + H^+$
BPG
ATP
G5
ADP
PGA
G4
2-PGA
G3
プロピオン酸, Ile, Met, Val, Thr, Glu, Gln
Arg, Pro, His, Leu, Lys, Phe, Tyr, Trp, Ile
Asp, Asn
細胞質
NAD^+　$NADH + H^+$
T8
GTP　$GTP + CO_2$
G2
OAA
PEP
ミトコンドリア
TCA 回路
NAD^+　$NADH + H^+$　ADP + Pi　$HCO_3^- + ATP$
G1
T10
Mal
OAA
Py
Ala, Gly, Thr, Cys, Ser

図 6.15　糖新生経路

真核細胞の場合，Py は 4 段階の反応で PEP を細胞質に生成する。ミトコンドリア内で，T10 上で Py は OAA となり，G1 上で OAA は Mal となる。Mal はミトコンドリア外に移動する。ミトコンドリア外で Mal は再び T8 の作用を受け OAA となる。OAA はホスホエノールピルビン酸カルボキシナーゼ（G2）の作用を受け PEP となる。ミトコンドリア内 Py からミトコンドリア外 PEP に到る反応の ΔG^0 は $0.9\,\mathrm{kJ \cdot mol^{-1}}$ であり自発的には進まない。

G3，G4，G5，G6，G7，G8 はそれぞれ E9，E8，E7，E6，E5，E4 と同一の酵素であり逆反応を指している。逆反応によって，2-PGA，PGA，BPG，DHAP，GAP および F1,6BP を順次生成している。C6 は Calvin 回路酵素フルクトース-1,6-ビスホスファターゼである。C6 の作用によって F1,6BP は不可逆的に F6P に変換される。G9 は EMP 経路 E2 の逆反応を示す。G10 は，グルコース 6-フォスファターゼであり，EMP 経路 E1 とは異なり ATP を必要とせず，単なる加水分解作用によって G6P を脱リン酸化し G を生成する。G10 の ΔG^0 は $-13.8\,\mathrm{kJ \cdot mol^{-1}}$ であり，反応は自発的に進むことがわかる。

以上の糖新生にかかわる酵素の中で不可逆反応を触媒する反応を以下に示す。

$$\mathrm{Py + HCO_3^- + ATP \rightarrow OAA + ADP + Pi} \tag{6.42 a}$$

$$\mathrm{OAA + GTP \rightarrow PEP + GDP + CO_2} \tag{6.42 b}$$

$$\mathrm{F1,6BP + H_2O \rightarrow G + Pi} \tag{6.42 c}$$

$$\mathrm{G6P + H_2O \rightarrow G + Pi} \tag{6.42 d}$$

奇数鎖脂肪酸の β 酸化から生じるプロピオン酸は，プロピオニル CoA を経由し，リンゴ酸に変換され，オキザロ酢酸，PEP となって糖新生経路に入る。グリセロールはグリセロール-3 リン酸となる。その後，DHAP に変換され糖新生経路に入る。

6.8　単一細胞の代謝過程

容積 v〔$\mu\mathrm{m}^3$〕の細胞が生成物成分 R を生成する速度を $u_\mathrm{R}(v)$〔$\mathrm{nmol \cdot h^{-1}}$〕とする。$u_\mathrm{R}(v)$ は，細胞成長速度に比例する項と細胞容積に比例する項の和で表せると考え，次式を仮定する。

$$u_\mathrm{R}(v) = k_{\mathrm{R1}} w + k_{\mathrm{R2}} v \tag{6.43}$$

k_{R1}，k_{R2} は比例定数である。式 (5.2) ～ (5.4) より，直線型増殖，指数関数型増殖では細胞径の増加に伴い $u_\mathrm{R}(v)$ は増加するが，シグモイド型増殖では w が極大値をとるため $u_\mathrm{R}(v)$ は単調に増加する場合と極大値をとる場合とがあることがわかる。

6.9　細胞ポピュレーションの代謝過程

式 (5.9) を用いるとカルチャー単位容積の生成物成分 R の生成速度は以下のように表せる。

$$\frac{dc_R}{dt}=q_R X=10^{-3}\int_0^\infty u_R(v)n(v,t)dv=10^{-3}\int_0^\infty (k_{R1}w+k_{R2}v)n(v,t)dv$$
$$=10^{-3}(k_{R1}\bar{w}N+k_{R2}\bar{v}N)=\left(\frac{10^{-3}k_{R1}}{\rho_C}\right)\frac{dX}{dt}+\frac{10^{-3}k_{R2}}{\rho_C}X$$
$$=\left\{\left(\frac{10^{-3}k_{R1}}{\rho_C}\right)\mu\phi+\frac{10^{-3}k_{R2}}{\rho_C}\right\}X \tag{6.44}$$

式 (6.37) と比較すると，$\alpha=10^{-3}k_{R1}/\rho_C$，$\beta=10^{-3}k_{R2}/\rho_C$ であることがわかる。

図 6.16 は，乳酸桿菌 *Lactobacillus bulgaricus* を乳糖 8.76 μmol·mL^{-1} 上に pH 5.1 と制御し回分増殖させ乳酸を生成した際の乳酸比生成速度 q_R と見かけ比増殖速度 $\mu\phi$ の関係（5 章の文献 3)）を示している。式 (6.44) の直線関係（α=12.9 μmol·mg^{-1}；β=1·37 μmol·mg^{-1}·h^{-1}）が成立していることが確認できる。

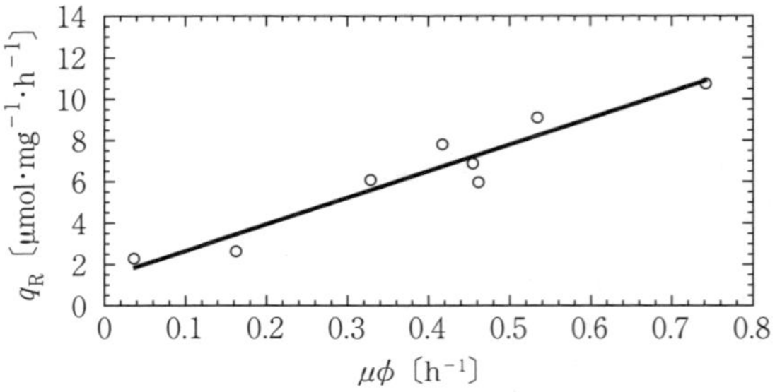

q_R〔μmol·mg^{-1}·h^{-1}〕
0
2
4
6
8
10
12
14
0
0.1
0.2
0.3
0.4
0.5
0.6
0.7
0.8
$\mu\phi$〔h^{-1}〕

図 6.16　乳酸比生成速度と見かけ比増殖速度の関係

6.10　遺伝子発現と代謝反応

細胞周期は原核生物では不明確な場合が多いが，ここでは対数増殖中の原核細胞を例にとり，DNA 合成過程を考える。塩基数，アミノ酸残基数は本来，整数であり離散的数字であるが，ここでは連続量として取り扱う。図 2.16 の複製開始時鎖長を B_1〔bp〕，終結時鎖長を $2B$〔bp〕とする。複製進行中，細胞は複製中間段階の DNA を含んでいる。時刻 t において，単位乾燥質量の細胞が有する DNA 分子の中で塩基数が b ～ $b+db$ である DNA 分子数を $g(t,b)db$〔mg^{-1}〕とする。DNA 鎖伸長速度を k_D〔bases·h^{-1}〕，対数増殖期の細胞の比増殖速度を μ〔h^{-1}〕とする。式 (6.3) より，塩基数 $b=B_1$ ～ $2B$ の範囲で次式が導出できる。

$$\frac{\partial}{\partial t}g(t,b)+k_D\frac{\partial}{\partial b}g(t,b)=-\mu g(t,b) \tag{6.45}$$

k_D は大腸菌では 310 K で一定であり，約 1.8 M bases·h^{-1} である[13]。式 (6.45) より次式を得る。

$$\frac{dm_D}{dt}=(\lambda_D-\mu)m_D \tag{6.46}$$

m_D〔μg·mg^{-1}〕は細胞乾燥単位質量当りの DNA の質量，λ_D は DNA の複製速度定数である。

図 2.17 に示す転写段階では，RNA ポリメラーゼが非特異的に DNA に結合し DNA 上をスライド後，プロモータに結合し，二重鎖を開裂し複合体を形成，一定速度で転写を始める。転写が完了する前に mRNA の 5' 末端側からヌクレアーゼ分解反応が進行する。原核生物では転写，翻訳が共役して進行し，先行するリボソームの翻訳はヌクレアーゼ分解反応よりも早く進むために，リボソー

ムは図 2.15 のように一定速度で翻訳を進め，ペプチドを合成する。ポリペプチドの合成が完結する前の段階では，細胞内にはさまざまな鎖長のペプチドが存在する。リボソームによって延長中のペプチドのアミノ酸残基数が $a \sim a+da$ であるペプチドの分子数を単位細胞質量当り $p(t,a)da$〔mg^{-1}〕とする。リボソーム単位量当りのペプチド鎖の延長速度を k_P〔amino acids·h^{-1}〕とする。このとき，ペプチド合成は次式で記述できる。

$$\frac{\partial}{\partial t}p(t,a)+k_P\frac{\partial}{\partial a}p(t,a)=-\mu p(t,a) \tag{6.47}$$

k_P は大腸菌では 310 K で一定であり，約 61.2 k amino acids·h^{-1} である[13)]。ペプチド合成終了時点のアミノ酸残基数を A とする。ペプチド翻訳後，修飾を受けて活性化し，細胞質量当りの質量が m_E〔µg·mg^{-1}〕（$\propto p(t,A)$）である酵素が生成すると考えると式 (6.47) より次式を得る。

$$\frac{dm_E}{dt}=(\lambda_P-\mu)m_E \tag{6.48}$$

酵素タンパク質の合成速度は $\lambda_P m_E$ である。

図 6.17 は，中度好熱菌 *Bacillus caldotenax* 由来の 3-イソプロピルリンゴ酸（3-IPM）脱水素酵素遺伝子を有するプラスミド DNA（pTMY2）を用い大腸菌 *Escherichia coli* C600（$r_k^-m_k^-$leuB6 thi trpB thr）を組み換え，形質転換菌をグルコース，抗生物質アンピシリンを含む Davis 培地中で増殖至適温度より低温（304 K）条件下，回分培養したしたときの細胞濃度 X，プラスミド DNA 含量 m_D，3-IPM 活性活 σ_E の経時変化[14)] を示す。酵素比活性 σ_E〔mU·mg^{-1}〕は単位細胞質量当りの酵素質量 m_E に比例すると考える。変数 X，m_D，σ_E の経時変化は片対数方眼紙上で直線性を示していることより，式 (5.11)，(6.46)，(6.48) が適用でき，μ は 0.369 h^{-1}，λ_D は 0.312 h^{-1}，λ_P は 0.269 h^{-1} が解析できる。一方，増殖至適温度 310 K では，$\mu=\lambda_D=\lambda_P$ となっている。

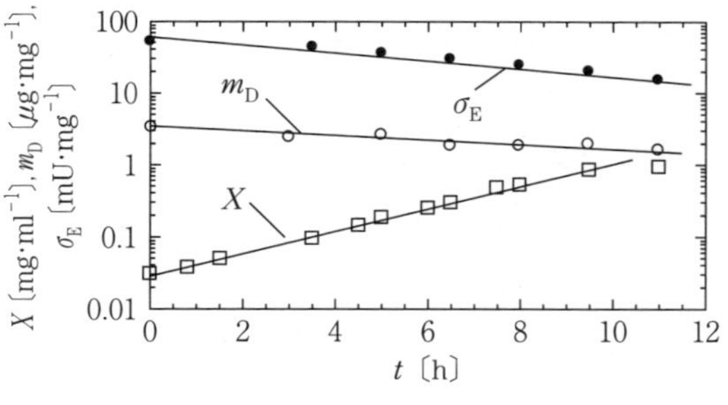
100
10
1
0.1
0.01
0
2
4
6
8
10
12
m_D
σ_E
X
X〔mg·ml^{-1}〕, m_D〔µg·mg^{-1}〕, σ_E〔mU·mg^{-1}〕
t〔h〕

X　細胞濃度，m_D　DNA 含量
σ_E　3-IPM 脱水素酵素比活性

図 6.17　形質転換大腸菌 *Escherichia coli* C600 を用いた 304 K における好熱菌 *Bacillus caldotenax* 由来 3-イソプロピルリンゴ酸脱水素酵素遺伝子の複製，発現過程[14)]

6.11　細胞の代謝制御機構

6.11.1　フィードバック阻害，代謝アナログ

代謝経路を構成するいくつかの酵素群の中で最終生成物が最初の酵素反応を阻害する現象を**フィードバック阻害**（feedback inhibition）という。EMP 経路上のホスホフルクトキナーゼ（E3）は，F6P および ATP を F1,6BP および ADP に変換する。代謝生成物の F1,6BP は，一連の代謝経

路をたどりATPに変換される。K_m 値は，F6Pに対し0.0035 μmol·mL^{-1}，ATPに対し0.0074 μmol·mL^{-1}である。低濃度ではF6Pとの親和性が反応を律するが，2倍濃度にまでATPが蓄積するとATPに対して親和力を発揮する。一度，ATPを受け入れるとATPはエフェクターとなって作用し，酵素のコンホメーションが変化する。アロステリック効果によって，酵素とF6Pとの結合部位が変形し，F6Pとの親和性が低下し酵素は阻害を受ける。代謝生成物と分子構造が類似した**代謝アナログ**（metabolic analog）が存在すると酵素はフィードバック阻害を受け，生存に要する物質の生産が難しくなり死滅することがある。これに対しアナログの存在下でもフィードバック阻害を受けずに生育できる**アナログ耐性株**（analog-resistant mutant）が誘導されている。Utagawaは，*Brevibacterium flavam* のATCC株をX線処理し，次いで *N*-メチル-*N*-ニトロ-*N*-ニトロソグアニジン変異原処理を繰り返し，アナログ耐性株を獲得，アルギニン生成に貢献[15]している。アナログ耐性株は，アミノ酸発酵，核酸発酵に貢献している。インスリンの大量合成，作物の品種改良，清酒酵母の育種などへの応用が検討されている。

6.11.2　乳糖アナログを用いた転写制御解除

組換え大腸菌を用いた外来遺伝子発現タンパク質生産において，図2.19に示した乳糖プロモータの転写制御の解除は重要である。乳糖は分解されるため，非分解性のアナログであるIPTGを誘導剤として添加する反応操作が実施され，高生産が実施されている[16]。

6.11.3　パスツール効果，クラブトリー効果

パスツール効果（Pasteur effect）とは，発酵速度が好気的条件では強く抑制されることを指している。図6.8に示したEMP経路の律速段階酵素はホスホフルクトキナーゼであり，この酵素はATPのフィードバック阻害を受けるが，嫌気的条件では，ATP消費が合成を上回るため，ATPレベルは低下し，AMP，ADPが増加し，ホスホフルクトキナーゼ活性化剤AMPの増加と阻害剤ATPの減少はこの酵素の活性を上昇させ，解糖系の活性は高くなり，ヒトの場合，体内に乳酸が蓄積するといわれている。一方，酸素を供給するとTCA回路，電子伝達系でのATP合成が促進され，AMPの減少，ATPの増加によってホスホフルクトキナーゼ活性は低下し，解糖速度が約1/7に低下し体内の乳酸は減少し未反応状態のグルコースが増加するといわれている。出芽酵母 *Saccharomyces cerevisiae* の場合[17]には，増殖が極低濃度グルコースによって制限されている場合には，パスツール効果は見られるが，通常のエタノール発酵，菌体生成条件で観察することは難しい。

クラブトリー効果（Crabtree effect）とは，逆パスツール効果とも呼ばれ，酸素呼吸がグルコースの存在で抑制される現象を指している[18]。この機構は明確ではないがADPの関与が指摘されている。

6.11.4　カタボライトリプレッション

カタボライトリプレッション（catabolite repression）とは，異化代謝産物抑制と称され，炭素源

から生じた異化代謝産物（**カタボライト**；catabolite）によって特定の酵素の生成量が低下する現象を指している[19]。大腸菌乳糖消費を制御する乳糖オペロン（図2.19）は，カタボライトであるグルコース存在下では，**図6.18**に描いたように，グルコースが誘導物質として作用する。*lac*P プロモーターは，前半部分が**カタボライト遺伝子活性化タンパク質**（catabolite activator protein（CAP） または cAMP receptor protein（CRP））結合部位，後半がRNAポリメラーゼ結合部位となっている。CAP結合部位はcAMPと結合しCAP-cAMP複合体を形成する。*lac* オペロン構造遺伝子の転写を促進するためには，CAP-cAMP複合体がCAP結合部位に結合している必要がある。グルコースが存在するときはcAMPのレベルが低下し，CAP-cAMP複合体からcAMPが脱離し，CAPがCAP結合部位からはずれ，オペロンの転写率は低下する。グルコースが存在するために，大腸菌は，乳糖消費に関わる三つの酵素（β-ガラクトシダーゼ，パーミアーゼ，アセチルトランスフェラーゼ）を生合成する必要がなく，乳糖，グルコースが存在する環境からグルコースが優先的に消費される。この機構は，乳糖リプレッサーとは別の代謝制御機構である。グルコース濃度が低下するとアデニル酸シクラーゼが活性化し，cAMPが多量に蓄積する。cAMPは，アロステリックエフェクターとしてCAPに結合しCAP-cAMP複合体レベルは上昇する。その結果，カタボライトリプレッションは解除され，乳糖消費に関わる3酵素が転写生成する。乳糖オペロンは，乳糖が存在しグルコースが不足した条件で初めて発現する。乳糖とグルコースが多量存在する場合，カタボライトリプレッションによりまずグルコースが優先的に消費され，グルコース濃度が低下した後に乳糖が消費される。乳糖，グルコース2基質を含む液中で大腸菌は，**二段増殖**（diauxie growth）する。

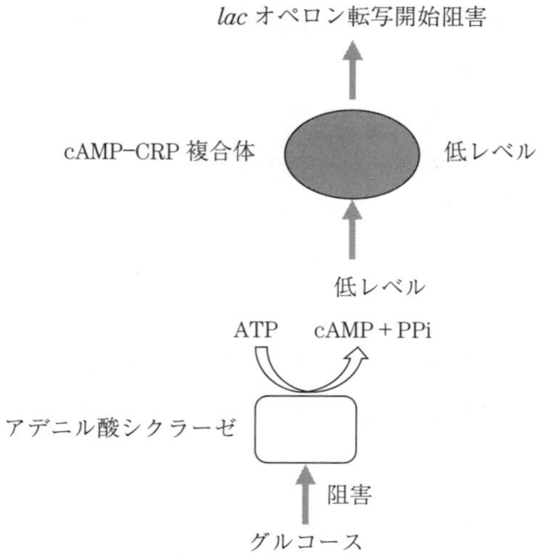
lac オペロン転写開始阻害
cAMP–CRP 複合体
低レベル
低レベル
ATP
cAMP＋PPi
アデニル酸シクラーゼ
阻害
グルコース
図6.18 グルコースによるカタボライトリプレッション

6.11.5 ワールブルグ効果

ワールブルグ効果（Warburg effect）は，植物生理学と腫瘍学で別の意味を有する。発見者は同じWarburgであるが関連はしていない。植物生理学におけるワールブルグ効果とは，高濃度酸素による光合成活性の低下を指している[20]。腫瘍学におけるワールブルグ効果とは，悪性腫瘍細胞は，嫌気的条件だけでなく有酸素条件下でもミトコンドリアの酸化的リン酸化よりも解糖系に偏ったATP生成を行う現象を指している[21]。解糖系産物のピルビン酸はミトコンドリアには入らずに乳酸となる。この好気的解糖は効率が悪くグルコースが大量に消費される。代謝反応の制御機構に関しては未解明である。

6.11.6　解糖系と糖新生の代謝制御

図 6.19 は，解糖系と糖新生との切換え機構を描いている。この反応機構で働くホスホフルクトキナーゼ 2（PFK-2）とフルクトース 1,6 ビスホスファターゼ 2（FBP-2）は，複合体を形成しており，脱リン酸化された状態では PFK-2 が活性化され FBP-2 が不活性となる。一方，リン酸化されると PFK-2 は不活性となり FBP-2 が活性化する。

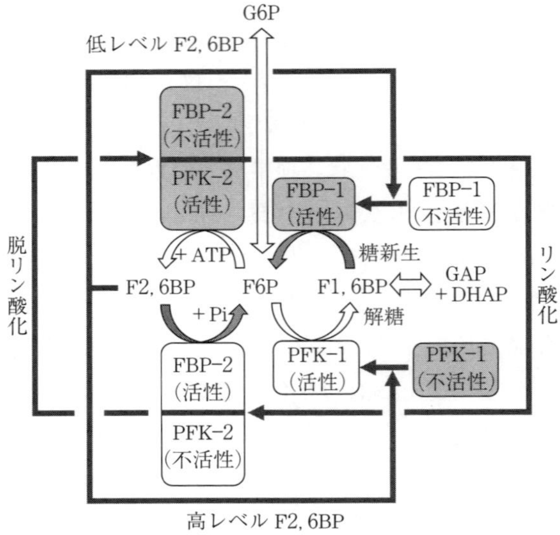
G6P
低レベル F2, 6BP
FBP-2
（不活性）
PFK-2
（活性）
FBP-1
（活性）
FBP-1
（不活性）
脱リン酸化
+ATP
糖新生
リン酸化
F2, 6BP
F6P
F1, 6BP
GAP
+DHAP
+Pi
解糖
FBP-2
（活性）
PFK-1
（活性）
PFK-1
（不活性）
PFK-2
（不活性）
高レベル F2, 6BP

図 6.19　リン酸化，脱リン酸化による EMP 経路酵素と糖新生経路酵素の活性制御

解糖系では，フルクトース-6-リン酸（F6P）がホスホフルクトキナーゼ 1（PFK-1）の触媒作用によって不可逆的に ATP と反応しフルクトース-1,6-二リン酸（F1,6BP）に変換される。F1,6BP は GAP，DHAP に分解されピルビン酸に向かう。F6P はホスホフルクトキナーゼ 2（PFK-2）の触媒作用によって ATP と反応しフルクトース-2,6-二リン酸（F2,6BP）に変換され，F2,6BP は PFK-1 を活性化するため，高レベル F2,6BP 条件では，代謝は解糖系反応が優先される。低レベル F2,6BP 条件では，FBP-1，FBP-2 が活性化され F1,6BP，F2,6BP はフルクトース 1,6 ビスホスファターゼ（FBP-1 および FBP-2）の触媒作用によって不可逆的に F6P と Pi に分解される。F6P は G6P に変換され糖が蓄積する。

6.12　ケモスタットの細胞代謝反応

完全混合流れ連続生物反応器で生育する細胞の代謝反応を考える。細胞外生成物成分 R の濃度を c_{R}〔μmol·mL^{-1}〕，細胞内成分 i の含有量を m_{i}〔μmol·mg^{-1}〕，見かけ比増殖速度を μ_{app}〔h^{-1}〕，R の比生成速度を q_{R}〔μmol·mg^{-1}·h^{-1}〕，細胞内酵素 j の細胞質量当りの反応速度を R_{j}〔nmol·mg^{-1}·h^{-1}〕，酵素 j の触媒反応における成分 i の量論係数を $\mathrm{a_{ij}}$ とするとつぎの物質収支式を得る。

$$\frac{dc_{\mathrm{R}}}{dt} = -Dc_{\mathrm{R}} + q_{\mathrm{R}}X \tag{6.49}$$

$$\frac{d(m_{\mathrm{i}}X)}{dt} = \left(\sum_{\mathrm{j}} \mathrm{a_{ij}} R_{\mathrm{j}}\right)X - D(m_{\mathrm{i}}X) \tag{6.50}$$

式 (6.50) の左辺を部分微分し，$\mu_{\mathrm{app}} = \mu\phi$ および式 (5.44) を代入すると式 (6.3) を得る。式 (6.3) は，回分反応器でも連続反応器でも成立し，生物反応速度式の基礎を与えることがわかる。定常状態が成立するケモスタットでは，次式が成り立つ。

$$q_R = D\frac{c_R}{X}, \qquad m_i = \frac{\sum a_{ij} R_j}{D} \tag{6.51}$$

6.13　流加培養の細胞代謝反応

パン酵母 *Saccharomyces cerevisiae* は，好気的に培養される。グルコース濃度が約 0.5 μmol·mL^{-1} を上回るとエタノール生成が活性化し細胞の収率が低下する。パン酵母の生産では，この現象を回避するために 1950 年代より糖濃度を低く抑えるような流加培養操作が採用されている。細胞の O_2 比呼吸速度 q_{O_2} に対する CO_2 比放出速度 q_{CO_2} の比（次式で定義）を**呼吸商**（respiratory quotient，RQ）と呼ぶ。

$$RQ = \frac{q_{CO_2}}{q_{O_2}} \tag{6.52}$$

RQ 値を 1.0 ～ 1.2 の間に保つことで比増殖速度を 0.24 h^{-1} に維持し細胞収率 3.06 mg·μmol^{-1} が達成されている[22)]。流加培養生物反応器に関し山根らの著書[23)]がある。1970 年代以降，流加培養生物反応器は，エタノール，グルタミン酸，グルタチオン，アスタキサンチン，キシリトール，ストレプトマイシン，リパーゼ，デキストラーゼ，ポリ-*β*-ヒドロキシブチル酸（Poly-*β*-hydroxybutyrate（PHB））など多くの発酵生産技術開発に応用されているが，反応器は図 5.15 に示すような単純なものではなく，中空糸膜，不織布担体などの細胞高密度化手段を導入する研究も多い。1990 年以降，流加培養生物反応器は，組換え DNA 細胞を用いた代謝生産にも応用されている。ヒト繊維芽細胞インターフェロン-*β*-(IFN-*β*)[24)]，ヒトプロインスリン C 鎖[25)]，ペプチドホルモンレプチン（leptin）[26)]，モノクローナル抗体断片（Fab）[27)] 生産用組換え大腸菌に対し流加培養が応用され高濃度化が図られている。

【引用・参考文献】

1）Mitchell P. 1961. Coupling of phosphorylation to electron and hydrogen transfer by a chemi-osmotic type of mechanism. Nature. 191: 144-148.

2）Myers J, Boyer PD. 1983. Catalytic properties of the ATPase on submitochondrial particles after exchange of tightly bound nucleotides under different steady state conditions. FEBS Lett. 162:277-281.

3）Fredrickson AG. 1976. Formulation of structured growth models. Biotechnol Bioeng. 18:1481-1486.

4）Balch WE, Fox GE, Magrum LG, Woese CR, Wolfe RS. 1979. Methanogens: reevaluation of a unique biological group. Microbiol Rev. 43: 260-296.

5）Bassham J, Benson A, Calvin M. 1950. The path of carbon in photosynthesis. J Biol Chem .185: 781-787.

6）Kortschak HP, Hartt CE, Burr GO. 1965. Carbon dioxide fixation in sugarcane leaves. Plant Physiol. 40: 209-213.

7）Meyerhof O, Junowicz-Kocholaty R. 1943. The equilibria of isomerase and aldolae, and the problem of the phosphorylation of glyceraldehyde phosphate. J Biol Chem. 149: 71-92.

8）Entner N, Doudoroff M.1952. Glucose and gluconic acid oxidation of Pseudomonas saccharophila. J Biol

Chem. 196: 853-862.

9) Krebs HA. 1953. The citric acid cycle, Nobel lecture.

10) McCabe BJ, Eckenfelder Jr. NW. 1958. Biological treatment of sewage and industrial wastes, Reinhold Pub. Co., New York.

11) 石津純一他. 1985. 生物学データブック, 丸善, 東京.

12) Luedeking R, Piret EL. 1959. A kinetic study of the lactic acid fermentation. Batch process at controlled pH. J Biochem Microbiol Tech and Eng. 1: 393-412.

13) Schleif RF. 1986. Genetics and molecular biology, p.65, p.162, Addisn Wesley Publshing, Massachusetts.

14) 小島紀美, 福本 勉, 武井修一, 五十嵐隆夫, 太田口和久, 小出耕三. 1991. 大腸菌による好熱菌3-イソプロピルリンゴ酸脱水素酵素遺伝子発現に関する動力学. 化学工学論文集. 17:694-700.

15) Utagawa T. 2004. Production of arginine by fermentation. J. Nutr. 134: 28545-28575.

16) Donovan RS, Robinson CW, Glick BR. 1996. Review: Optimizing inducer and culture conditions for expression of foreign proteins under the control of the lac promotor. J of Ind Mcrobiol. 16: 145-154.

17) Lagunas R, Dominguez C, Busturia A, Sáez MJ. 1982. Mechanisms of appearance of the Pasteur effect in Saccharomyces cerevisiae: inactivation of sugar transport systems. J Bacteriol. 152: 19-25.

18) Crabtree HG. 1929. Observations on the carbohydrate metabolism of tumours. Biochem. J. 23: 536-545.

19) Magasanik B. 1961. Catabolite represion, Cold Spring Harbor Symp Quant Biol., 26: 249-256.

20) Schopfer P, Mohr H. 1995. The leaf as a photosynthetic system, Plant physiology, Berlin, Springer, 236-237.

21) Warburg O. 1956. On the origin of cancer cells. Science. 123: 309-314.

22) Aiba S, Nagai S, Nishizawa Y. 1976. Fed batch culture of Saccharomyces cerevisiae: a perspective of computer control to enhance the productivity in baker's yeast cultivation. Biotechnol.Bioeng. 18: 1001-1016.

23) Yamane T, Shimizu T. 1984. Fed-batch techniques in microbial processes. Adv. In Biochem. Eng. Biotechnol. 30: 147-194.

24) Ohtaguchi K, Sato H, Hirooka M, Koide K. 1992. A high density cell cultivation of Escherichia coli for the production of recombinant human interferon-β, IFAC Modeling and Control of Biotechnical Processes, 375-378.

25) Shin CS, Hong MS, Bae CS, Lee J. 1997. Enhanced production of human mini-proinsulin in fed-batch cultures at high cell density of Escherichia coli BL21 (DE3) [pET-3a T2M2. Biotechnol Prog. 13: 249-257.

26) Jeong KJ, Lee SY. 1999. High-level production of human leptin by fed-batch cultivation of recombinant Escherichia coli and its purification. Appl Environ Microbiol. 65:3027-3032.

27) Jalalirad R. 2013. Production of antibody fragment (Fab) throughout Escherichia coli fed-batch fermentation process: Changes in titre, location and form of product. Process Biotechnol. 16:1-10.

7. 固定化生体触媒反応器の設計

7.1　固定化生体触媒の概要

酵素，オルガネラ，生物細胞などの生物材料の作用の中で触媒活性に注目した場合，生物材料を特に生体触媒と呼ぶ[1)]。**固定化生体触媒**（immobilized biocatalyst）とは，生物材料の触媒活性を保持した状態で水に不溶な担体に固定化した生体触媒–担体複合物質を指す。特に酵素の場合，多くは水に可溶であるが，不溶化し**固定化酵素**（immobilized enzyme）とすることにより水からの分離を簡便としている。固定化酵素という名称は，1971 年に誕生している。固定化生体触媒に関する研究は，酵母インベルターゼの骨炭末への吸着固定にかかわる研究[2)]に端を発している。固定化により活性は影響を受けないことが報告されている。1953 年には，ジアゾ化したポリアミノポリスチレン樹脂にカルボキシペプチダーゼ，ジアスターゼなどを固定化する研究が登場している[3)]。1969 年，固定化アミノアシラーゼによる DL–アミノ酸の光学分割法が実用化され，世界で初めて固定化生体触媒反応器が工業規模で運転されたとの報告がある[4)]。

固定化酵素は，酵素が高価であるために工業化に到る例は限定されるが，酵素を細胞内に有する微生物細胞そのものを固定し応用しようとする研究も活発に行われている。この触媒は，**固定化微生物**（immobilized microorganism）と呼ばれている。固定化微生物は，細胞から酵素を単離する操作が不要であり，細胞の複合反応系を利用できるなどの利点があるため注目されている。

7.2　生体触媒の固定化

生体触媒の活性を失わないように担体に固定化するためには，活性中心のアミノ酸残基を変化させずに高次構造を保持する必要がある。代表的な固定化方法を**図 7.1** に要約する。図中の記号○は生体触媒，実線は担体を示す。結合方法に注目すると，（a）**担体結合法**（attachment to carriers），（b）**架橋法**（crosslinking），（c）**包括法**（inclusion），（d）**マイクロカプセル化法**（encapsulation）に分類される。

7.2.1　担 体 結 合 法

担体結合法では，① **吸着結合**（adsorptive binding），② **イオン結合**（ionic binding），③ **共有結**

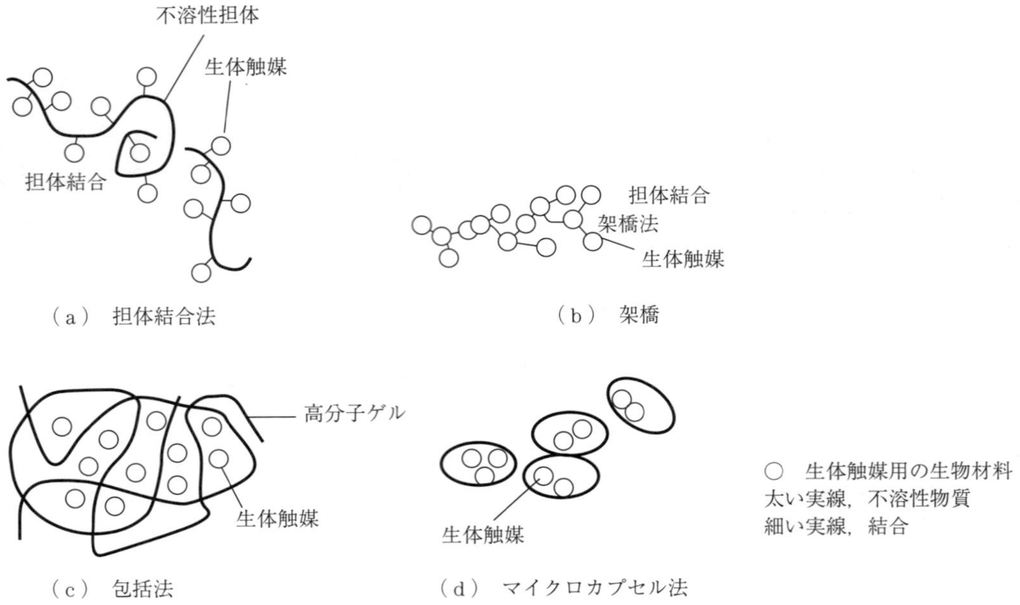
不溶性担体
生体触媒
担体結合
（a） 担体結合法
担体結合
架橋法
生体触媒
（b） 架橋
高分子ゲル
生体触媒
（c） 包括法
生体触媒
（d） マイクロカプセル法
○ 生体触媒用の生物材料
太い実線，不溶性物質
細い実線，結合

図 7.1　生体触媒の固定化

合（covalent binding），④ **生化学的特異結合**（bio-affinity binding）などの力を利用し，不溶性の担体に酵素，微生物などの生物材料を結合させる。

〔**1**〕 **物理吸着法**　物理吸着による担体結合法では，生体触媒を修飾することなしに担体に結合させるため生体触媒の活性は保持しやすい。一方，吸着力は弱いため，温度，共存物質の影響を受け，生体触媒は担体から離脱しやすいことが弱点となっている。物理吸着用の無機担体としては，活性炭，酸性白土，漂白土，カオリナイト，ベントナイト，シリカゲル，多孔質ガラス，アルミナ，チタン，ヒドロキシアパタイトなどが選択されている。物理吸着用の有機担体としては，キチン，デンプン，グルテン，疎水性残基（プロピル，ブチル，ヘキシル，オクチル，フェニル）修飾セファロースなどが使用されている。

〔**2**〕 **イオン結合法**　イオン結合による担体結合法では，イオン交換基を有する水不溶性担体に生体触媒をイオン結合させることで固定化を図っている。陽イオン交換樹脂担体としては，DEAE-セルロース，DEAA-セルロース，DEAE-セファディクスが使用されている。陰イオン交換樹脂担体としては，CM-セルロース，アンバーライト，CM-セファディクスなどが使用されている。イオン結合の利用は容易であり，結合を解除することも可能である。物理吸着ほどではないが結合力は弱い。

〔**3**〕 **共有結合法**　共有結合による担体結合法で多孔性ガラス粒子，アガロースなどの表面をあらかじめ活性化し，次いで酵素を固定化する。共有結合を形成するために，生体触媒脱離問題は回避できる生体触媒は不溶化担体表面に固定化されるため，生体触媒と原料成分との接触は難しくはない。結合が強いためにタンパク質の構造変化は制限され熱安定性は高い。逆に，生体触媒は部

分的に修飾されるため，活性中心の一部損失が問題視されている。生物材料が酵素の場合，タンパク質高次構造の損傷が起こることもある。**図 7.2** に代表例としてのジアゾ化法，シッフ塩基結合法，臭化シアン活性化法を示す。ジアゾ化法では，芳香属アミノ基を有する水不溶性担体（セルロース誘導体，p-アミノ-DL-フェニルアラニン共重合体，ポリアクリルアミド p-アミノフェニル誘導体など）に HCl 存在下で $NaNO_3$ を作用させてジアゾニウム化合物を経由して酵素のアミノ基との間で共有結合を形成し，酵素を不溶性担体に固定化する。酵素の官能基としては，N 末端の α-アミノ基以外に，リジンの ε-アミノ基，チロシンのフェノール基，ヒスチジンのイミダゾール基をジアゾニウム化合物とジアゾカップリングさせ酵素固定化に利用している。

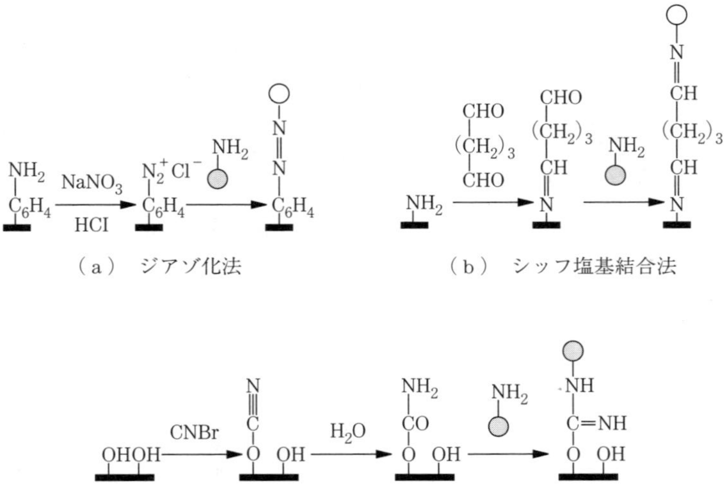
NaNO3
HCl
NH2
C6H4
N2+ Cl−
N=N
CHO
(CH2)3
CH
CNBr
H2O
CO
C=NH
OH

（a）　ジアゾ化法　　（b）　シッフ塩基結合法

（c）　臭化シアン活性化法

図 7.2　共有結合法

シッフ塩基結合法では，担体として多孔性アルキルアミンガラス（粒子径：125-177 μm；孔径：50 nm），担体と酵素との架橋剤としてグルタルアルデヒドが多用されている。図では，グルタルアルデヒドのアルデヒド基と酵素のアミノ基との間でシッフ塩基を形成させる手法を描いているが，糖鎖を含む酵素（グルコース酸化酵素，ペルオキシターゼなど）の場合は，酵素を過ヨウ素酸で酸化処理してジアルデヒド基を形成し，これとガラス粒子のアミノ基との間でシッフ塩基を形成する方法もある。多孔性アルキルアミンガラス以外にもアミノ基を有する担体として，アミノエチルセルロース，DEAE-セルロース，不溶化アルブミン，ゼラチン，キトサンなどが活用されている。

臭化シアン活性化法では，担体としてセファロース，その他多糖類が用いられる。糖類を臭化シアンで活性化し固定化が図られている。図 7.2 に掲載した方法以外にハロゲン化アセチル誘導体，トリアジニル誘導体など反応性官能基を有する不溶性担体に対し，酵素の遊離アミノ基，フェノール性水酸基，チオール基をアルキル化して固定化するアルキル化法も応用されている。共有結合法による固定化酵素の活性は，遊離酵素の活性の 50 ～ 60 % 程度であることが報告されている[5)]。

〔4〕 **生化学的特異結合法**　特定の**受容体**（receptor）に特異的に結合する物質を**リガンド**（ligand）という。補酵素，エフェクター，インヒビターは酵素のリガンドである。酵素とリガンドとの親和力を利用した固定化が行われている。

7.2.2 架　橋　法

架橋法の対象となる生物材料は一般的には酵素である。図7.1（b）が示すように，酵素が二つ以上の官能基を有する場合，この方法では，試薬と反応させて酵素分子と酵素分子との間に架橋化反応を起こし巨大分子を形成し，不溶化を達成している。架橋剤としては，グルタルアルデヒド，トルエンジイソシアネートなどが使用されている。**図7.3**は，グルタルアルデヒドを用いて酵素分子と酵素分子とを結合した例を示す。図7.2（b）では，グルタルアルデヒドは不溶性担体と酵素分子との橋渡し役を担っていたが，架橋法では，酵素分子と酵素分子との結合にかかわっている。架橋法は，不溶化手段が容易であるが，巨大分子形成に要する酵素量が大きく，活性点と原料成分との接触機会が低下することもある。

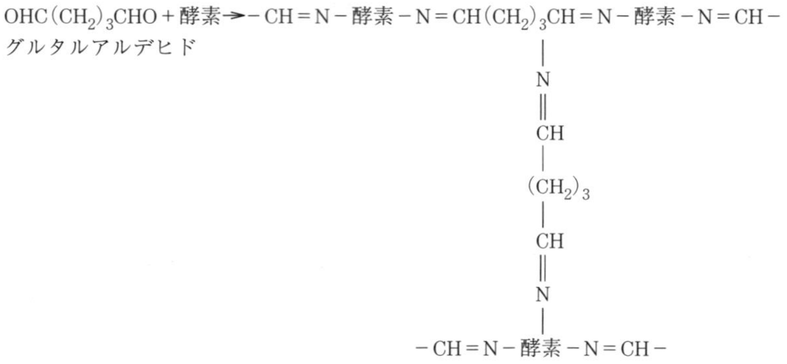
OHC(CH2)3CHO + 酵素 → −CH=N−酵素−N=CH(CH2)3CH=N−酵素−N=CH−
グルタルアルデヒド
N
CH
(CH2)3
CH
N
−CH=N−酵素−N=CH−

図7.3　グルタルアルデヒドを用いた酵素の架橋法

7.2.3 包　括　法

包括法では，網目構造を持つ高分子ゲルの格子の形状選択性を利用し，生体触媒を固定する。ポリアクリルアミド，アルギン酸カルシウム，κ-カラギーナン，光架橋性樹脂プレポリマー，ウレタンプレポリマーなどが格子形成用の高分子として活用されている。**図7.4**はポリアクリルアミドで酵素を包括固定している状態を描いている。孔径は，10～40 Åであり，酵素分子は，分子径，ゲル孔径の相互作用によって封じ込められている。生体触媒の大きさに基づいて固定化を行っているため，酵素だけでなく，オルガネラ，微生物，動植物細胞も自然状態を保ったまま不溶化できる。単一の酵素だけでなく，複合化した酵素も固定化できる。多くの格子形成担体の中でも疎水性担体は，脂溶性化合物を有機溶媒中で酵素変換する際に有意義であることが実証されている。

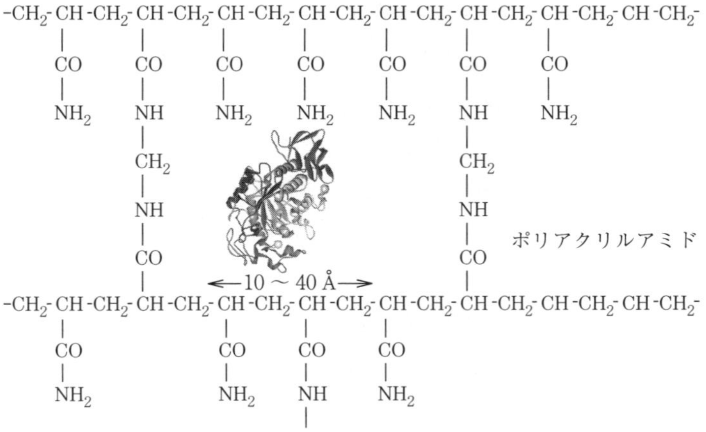
ポリアクリルアミド
10 ～ 40 Å

図 7.4 ポリアクリルアミドを用いた包括固定法

7.2.4 マイクロカプセル法

包括法の特殊例であり，天然高分子，合成高分子から成る半透膜状のマイクロカプセルの内側に生体触媒を封じ込め固定化する。マイクロカプセル作成には，相分離法，界面重合法，水中乾燥法などがある。相分離法では，乳化剤を含む有機溶媒に酵素液をまず乳化させる。つぎに，コロジオンなどの水不溶性の高分子を加えて水溶液を包含したカプセルを作らせる。有機溶媒は溶解するが高分子を溶解しない溶媒，次いで水に懸濁することによって安定なマイクロカプセルを得る方法である。界面重合法では，まず親水性の 1,6-ヘキサメチレンジアミンと酵素を，乳化剤を含む有機溶媒中に乳化させる。次いで，この乳化液に疎水性のセバコイルクロリドを加え，水と有機溶媒の界面でナイロンを重合させ，酵素溶液を包括し固定化する。水中乾燥法は，ポリマーの有機溶媒溶液に酵素水溶液を加えて撹拌し，w/o 型の一次乳化液をまず調製する。つぎに一次乳化液に対し非イオン性界面活性剤を添加し，w/o/w 型の二次乳化液とする。二次乳化液を 303 ～ 313 K で撹拌するとポリマーを溶解している有機溶媒が徐々に水に溶け，さらに蒸発するので，しだいにポリマーが酵素溶液のまわりに析出しマイクロカプセルが生成する。

7.2.5 複　合　法

担体結合法，架橋法，包括法，マイクロカプセル化法を組み合わせた方法も存在する。すなわち架橋法と包括法の組み合わせ，イオン結合法と包括法の組み合わせ，共有結合法と包括法の組み合わせ，物理的吸着法やイオン結合法と架橋法の組み合わせなどがある。

7.3 固定化生体触媒反応と拡散現象

反応成分 A を溶解した液と接触する固定化生体触媒粒子 B（球形；粒径，d_P）と反応成分 R との間の反応を考える。

$$A \xrightarrow{B} R \tag{7.1}$$

反応が起こるためには，成分 A は主流中から固定化生体触媒粒子の外表面に形成される固液界面外部境膜を拡散し，固定化生体触媒粒子外表面位置までまずたどり着かなくてはいけない。固液界面に形成される境膜の抵抗を移動して成分 A が移動するため，固定化生体触媒粒子外表面上の成分 A の濃度 c_{AS}〔μmol·mL^{-1}〕は，主流液体中の成分 A の濃度と若干異なる。しかし，本書ではこの差は微小であるとして取り扱い，固定化生体触媒粒子外表面上の成分 A の濃度は，主流液体中の成分 A 濃度で近似できるとする。Michaelis–Menten 式を前提とすると式 (4.20) より，反応はゼロ次反応（$-r_A = r_R = -r_{A0} = r_{R0} = kK_m = k_0$）とみなし得る。

いま，固定化生体触媒粒子中で定常的に進行する等温反応を考える。成分 A は固定化生体触媒粒子の中に網目状に広がっている細孔内を拡散し，細孔内に広がる生体触媒の活性点に接触し反応する（**図 7.5**（a））。成分 A のある分子は細孔入口付近の活性点で反応し，別のある分子は細孔内の奥に存在する活性点にまで移動し，反応する。成分 A の**粒子有効拡散係数**（effective diffusion coefficient in porous structure）を D_{Ae}〔cm^2·h^{-1}〕とすると，固定化生体触媒粒子の中心から距離 r〔cm〕の位置における物質移動流束は $D_{Ae}(dc_A/dr)$〔μmol·cm^{-2}·h^{-1}〕であるため，r の位置から $r+dr$ の位置までの球殻（図 7.5（b））に関し，成分 A の物質収支は次式で表せる。

$$\left(4\pi r^2 D_{Ae}\frac{dc_A}{dr}\right)_{r=r+dr} - \left(4\pi r^2 D_{Ae}\frac{dc_A}{dr}\right)_{r=r} - 4\pi r^2 dr(-r_A) = 0 \tag{7.2}$$

半径位置 r における成分 A の消費速度（$-r_A$）〔μmol·mL^{-1}·h^{-1}〕は一般的には r の関数であるが，ゼロ次反応の場合，r の影響は無視できる。式 (7.2) を整理すると次式を得る。

$$D_{Ae}\left(\frac{d^2c_A}{dr^2} + \frac{2}{r}\frac{dc_A}{dr}\right) + r_{A0} = \frac{D_{Ae}}{r^2}\frac{d}{dr}\left(r^2\frac{dc_A}{dr}\right) + r_{A0} = 0 \tag{7.3}$$

式 (7.4) の無次元化を行うと式 (7.5) を得る。

$$u = \frac{c_A}{c_{AS}}, \qquad \xi = \frac{r}{d_P/2} \tag{7.4}$$

$$\frac{1}{\xi^2}\frac{d}{d\xi}\left(\xi^2\frac{du}{d\xi}\right) = \frac{k_0 d_P^2}{4D_{Ae}c_{AS}} = 2(3\phi)^2 \tag{7.5}$$

境界条件は以下で与えられる。

$$u = 1 \qquad (\xi = 1 \text{ のとき}) \tag{7.6}$$

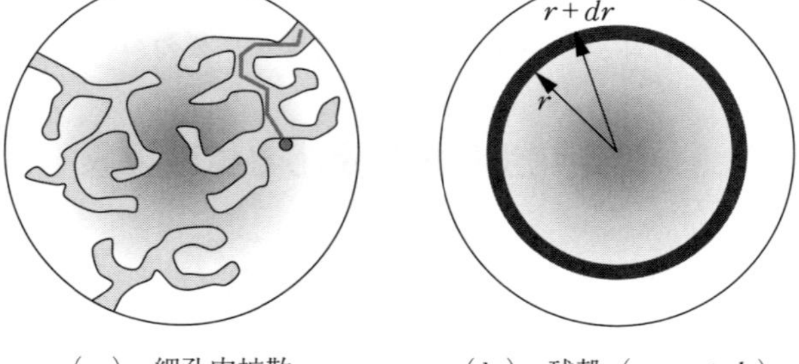
r+dr
r

（a） 細孔内拡散　　（b） 球殻（$r \sim r+dr$）

図 7.5　固定化生体触媒粒子

$$\frac{du}{d\xi}=0 \qquad (\xi=0\text{のとき}) \tag{7.7}$$

ここで，ϕ はゼロ次反応の **Thiele 数**（Thiele modulus）と呼ばれる無次元数であり，生体触媒粒子径に比例する。ϕ^2 は，反応速度に比例し，拡散速度に反比例する。

$$\phi=\frac{d_P}{6}\left(\frac{k_0}{2D_{Ae}c_{AS}}\right)^{\frac{1}{2}} \tag{7.8}$$

境界条件のもとに（7.5）式を解くと次式を得る。

$$u=1-\frac{1}{3}(3\phi)^2(1-\xi^2) \tag{7.9}$$

粒子中央の成分 A の濃度は $(1-3\phi^2/2)c_{AS}$ である。固定化生体触媒粒子の外表面における成分 A 濃度 c_{AS} で見積もられる成分 A の消費速度（$-r_A(c_{AS})$）と実際の消費速度 $(-r_A)_{Obs}$ との比を**触媒有効係数**（effectiveness factor）η と呼ぶ。ゼロ次反応では，式 (7.9) に従い固定化生体触媒粒子の内部における成分 A の濃度は c_{AS} よりも小さくなる。固定化生体触媒粒子全体が担う総括反応速度 $(-r_A)_{Obs}$ は，固定化生体触媒粒子外表面から粒子内へ物質移動によって運ばれる成分 A の流束の全量に等しいため，次式が成り立つ。ただし，ゼロ次反応の速度は濃度の影響を受けないため η は 1 となる。

$$\eta=\frac{(-r_A)_{Obs}}{(-r_A(c_{AS}))}=\frac{6}{d_P}\frac{\left(D_{Ae}\dfrac{dc_A}{dr}\right)_{r=d_P/2}}{(-r_A(c_{AS}))}=\frac{k}{k}=1 \tag{7.10}$$

1 次反応の場合，k を反応速度定数とすると式 (7.2) の解は以下となる。

$$\phi=\frac{d_P}{6}\left(\frac{k}{D_{Ae}}\right)^{\frac{1}{2}} \tag{7.11}$$

$$u=\frac{1}{\xi}\left\{\frac{\exp(3\phi\xi)-\exp(-3\phi\xi)}{\exp(3\phi)-\exp(-3\phi)}\right\} \tag{7.12}$$

$$\eta=\frac{(-r_A)_{Obs}}{(-r_A(c_{AS}))}=\frac{\dfrac{12D_{Ae}c_{AS}}{d_P^2}\{(3\phi)\coth(3\phi)-1\}}{kc_{AS}}=\frac{(3\phi)\coth(3\phi)-1}{3\phi^2} \tag{7.13}$$

これらの式の応用例に関しては，他書[1]を参照されたい。

【引用・参考文献】

1）千畑一郎. 1986. 固定化生体触媒, 講談社, 東京.
2）Nelson JM, Griffin EG. 1916. Adsorption of invertase. J Am Chem Soc. 38: 1109-1115.
3）Grubhofer N, Schleith L. 1953. Modified ion-exchange resins as apecific adsorbent. Naturwissenschaften. 40: 508-508.
4）Chibata I, Tosa T, Sato T, Mori T, Matsuo Y. 1972. In "Fermentation Technology today (Terui G ed.), 383-389 (1972)
5）田畑勝好, 戸谷誠之, 村地 孝. 1986. 固定化酵素リアクター. 蛋白質・核酸・酵素. 31: 220-229.

8. 生物反応器の設計

8.1 撹拌型生物反応器

8.1.1 撹拌型生物反応器の概要

撹拌型生物反応器とは，撹拌羽根の回転，または撹拌板の上下運動によって，撹拌槽内の生物細胞懸濁液に強制対流を与え，反応器内のある流体要素を周囲流体に対して異なる速度で運動させ，剪断力によって激しい乱流を発生させ局部的混合を推進させ，反応器内全成分の急速で一様な分散を達成するような反応器である。完全混合流れ反応器として採用されることが多い。**図 8.1** に撹拌型の好気的生物反応器を示す。反応器中央の主軸が上部のモーターによって回転し，撹拌羽根から吐出された流れが反応液混合を促している。羽根は円周方向に回転するため円筒状の自由界面を有する反応液の場合，液表面に渦流窪みが生じる。渦流くぼみの発生を低下させるために，多くの場

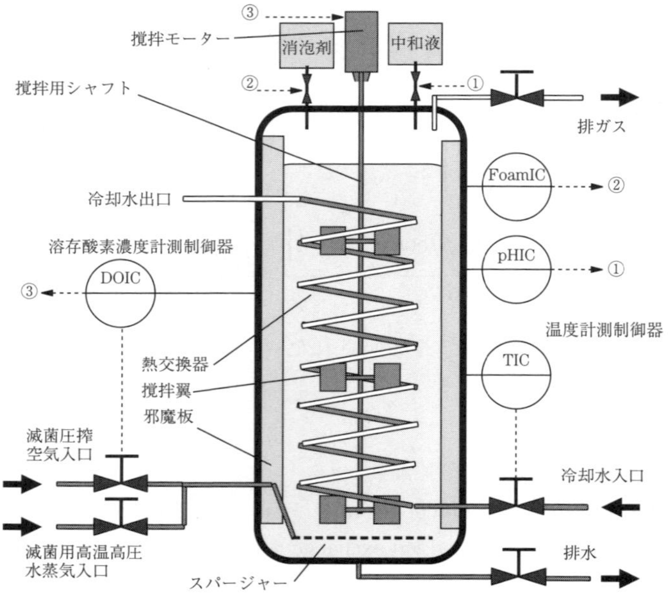
③
撹拌モーター
消泡剤
中和液
撹拌用シャフト
②
①
排ガス
FoamIC
②
冷却水出口
溶存酸素濃度計測制御器
pHIC
①
DOIC
③
温度計測制御器
熱交換器
TIC
撹拌翼
邪魔板
滅菌圧搾
空気入口
冷却水入口
滅菌用高温高圧
水蒸気入口
排水
スパージャー

TIC：温度計測制御器，　pHIC：pH 計測制御器，　DOIC：溶存酸素濃度計測制御器，　FoamIC：泡形成レベル計測制御器

図 8.1　撹拌型生物反応器

合，槽壁に数枚の**邪魔板**（baffle plate）が取り付けられている。図では，通気式撹拌槽が例示されており，反応器底部には微細孔よりガスを噴き出させるための**スパージャー**（sparger）が付設されている。溶存酸素計で計測された溶存酸素濃度をもとに通気ガスの流量制御，撹拌モーターの回転数制御が行われる。この例では，反応は発熱反応である。反応液の温度を計測し制御するために螺旋状の管が装置内に設置され，冷却水が管内を流通している。温度センサーで計測された情報をもとに冷却水の流量制御が行われる。

装置の滅菌は，高温高圧水蒸気を導入口から排ガス出口にかけて一定時間通じて行う。滅菌後の凝縮水はドレインから流出させる。滅菌した培地を仕込み，前培養で調製した細胞を植え付けて反応を開始する。通常は，温度，pH は一定に維持する。培養の後期に発泡現象が盛んになることがあるが消泡剤を滴下しこれを防ぐ。生物反応器によっては，排ガス中の CO_2 レベル，O_2 レベル，反応液中の原料成分濃度，主生成物成分濃度，副生成物成分濃度，細胞濃度，**酸化還元電位**（oxidation-reduction potential, ORP），光合成反応器の**透過光**光合成光量子束密度などを計測し制御する事例報告もある。

撹拌羽根が回転する撹拌型生物反応器に注目すると，反応器内の流体の運動は撹拌羽の形状に依存する。**図 8.2** に示すように，羽根の形状は，**櫂型**（paddle），**タービン型**（turbine），**舶用プロペラ型**（marine propeller）に分類される。櫂型撹拌羽根は円周方向の流れ，タービン型撹拌羽根は半径方向の流れ，舶用プロペラ型撹拌羽根は回転軸方向の流れが主流となることがわかっている。

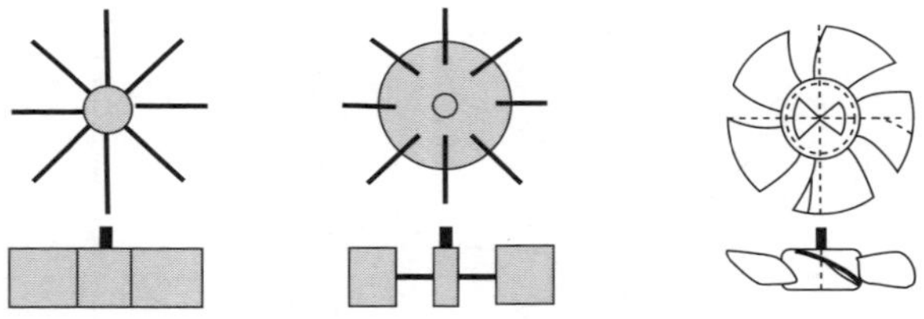

（a）　平羽根櫂型　（b）　平羽根ディスクタービン型　（c）　プロペラ型

図 8.2　撹拌羽根

8.1.2　撹拌所要動力

撹拌槽径 D_T〔m〕の撹拌型生物反応器に密度 ρ_L〔kg·m^{-3}〕，粘度 η_L〔Pa·s〕の反応液を入れ，撹拌翼径 D_i〔m〕の撹拌翼を回転数 n〔s^{-1}〕で操作した場合，撹拌目的を達成するための所要動力 P〔kJ·s^{-1}〕について知ることは大切である。生物反応器で使用する多くの液体培地の場合，剪断応力 τ_L と剪断速度 $\dot{\gamma}_L$ との間につぎの比例関係が成立する。このような流体を**ニュートン流体**（Newtonian fluid）という。

$$\tau_L = \eta_L \dot{\gamma}_L \tag{8.1}$$

標準的な撹拌型生物反応器では，以下の条件を採用している。

$$\frac{D_i}{D_T} = 3 \tag{8.2}$$

次元解析（dimensionless analysis）により，つぎの無次元数が導出できる。

$$Re = \frac{\rho_L n D_i^2}{\eta_L}, \qquad N_P = \frac{P}{\rho_L n^3 D_i^5} \tag{8.3}$$

無次元数 Re，N_P は撹拌槽の **Reynolds 数**，**動力数**である。nD_i は，撹拌翼先端の速度である。撹拌所要動力 P が，流体の物性値 ρ_L，η_L，撹拌槽の幾何学的条件 D_i，操作条件 n で定まるとき，次元解析は次式を与える。

$$N_P = N_P(Re) \tag{8.4}$$

式 (8.4) に関しては多くの実験解析がなされている。撹拌翼径，流体の種類，回転数を変えた実験の結果は，いずれの撹拌翼の形式であっても**図 8.3** のように整理できる[1)]。回転数を小さくしたり，撹拌翼径を小さくしたり，高粘性流体を用いたりすると Re が小さくなる。$Re<10$ では流体は層流状態で流動し両対数方眼紙上で N_P と Re との関係は右下がり 45° の次式で表せる直線上にプロットされる。

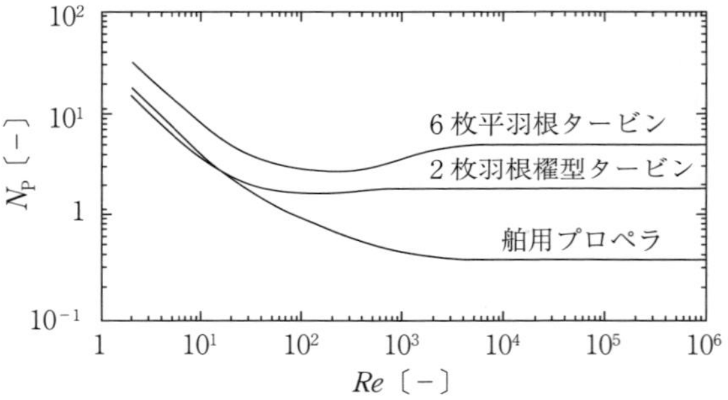

10^2
10^1
1
10^{-1}
N_P〔−〕
6 枚平羽根タービン
2 枚羽根櫂型タービン
舶用プロペラ
1
10^1
10^2
10^3
10^4
10^5
10^6
Re〔−〕

撹拌羽根	幾何学的条件	邪魔板枚数
6 枚平羽根タービン（flat-blade turbine）	$\frac{L_i}{D_i}=0.25$，$\frac{w_i}{D_i}=0.2$，$\frac{D_T}{D_i}=3$，$\frac{H_L}{D_i}=3$，$\frac{H_i}{D_i}=1$，$\frac{w_B}{D_i}=0.1$	4
2 枚平羽根櫂型タービン（paddle）	$\frac{w_i}{D_i}=0.25$，$\frac{D_T}{D_i}=3$，$\frac{H_L}{D_i}=3$，$\frac{H_i}{D_i}=1$，$\frac{w_B}{D_i}=0.1$	4
舶用プロペラ（marine propeller）	ピッチ $=D_i$，$\frac{D_T}{D_i}=3$，$\frac{H_L}{D_i}=3$，$\frac{H_i}{D_i}=1$，$\frac{w_B}{D_i}=0.1$	4

L_i：羽根板幅，　D_i：撹拌翼径，　w_i：羽根板高さ，　D_T：塔径，　H_L：液高，　w_B：邪魔板幅

図 8.3　撹拌槽における動力数と Reynolds 数の関係

$$N_P \propto \frac{1}{Re} \tag{8.5}$$

また，回転数を大きくしたり，撹拌翼径を大きくしたり，低粘性流体を用いたりすると Re が大きくなる。Re が大きい乱流状態では次式が成り立つ。

$$N_P = 一定 \tag{8.6}$$

式 (8.5)，(8.6) を書き換えると次式を得，反応器のスケールアップ式として採用されている。

$$P \propto n^2 D_i^3 \qquad (Re<10 のとき) \tag{8.7}$$

$$P \propto n^3 D_i^5 \qquad (Re>10^3 のとき) \tag{8.8}$$

液中に気体を吹き込んだ場合，液中に分散する気泡によって流体の見かけ密度，粘度が減少し，撹拌動力も著しく減少する。ガスの流量 v_G〔$m^3 \cdot s^{-1}$〕を反応器断面積で割った量 U_G〔$m \cdot s^{-1}$〕をガス空塔速度（superficial gas velocity）と呼び，次式で表す。

$$U_G = \frac{v_G}{\frac{\pi}{4} D_T^2} \tag{8.9}$$

大山は，液中に気体を吹き込んだときの所要動力 P_G と液のみを撹拌するときの所要動力 P の比を**通気数**（aeration number）$N_A = U_G / (nD_i)$ の関数として表している。標準型 6 枚ディスクタービンを用いて邪魔板付き撹拌を行った場合，$Re > 10^4$，$U_G < 72\ m \cdot s^{-1}$ では次式が成り立つ[2)]。

$$\frac{P_G}{P} = 1 - 12.6 N_A \qquad (N_A < 0.035 \text{ のとき}) \tag{8.10}$$

$$\frac{P_G}{P} = 0.62 - 1.85 N_A \qquad (N_A > 0.035 \text{ のとき}) \tag{8.11}$$

式 (8.10)，(8.11) の代替案として次式が提出されている[3)]。

$$P_G = 796 \left(\frac{P^2 n D_T^{1.88}}{U_G^{0.56}} \right)^{0.45} \tag{8.12}$$

乱流状態では，式 (8.8)，(8.12) より次式を得る。

$$P_G \propto n^{3.15} D_i^{5.35} U_G^{-0.252} \tag{8.13}$$

8.1.3 ガスホールドアップ

気液が混在する流体の単位容積当りのガス容積をガスホールドアップと呼び ε_G〔-〕で表す。通気撹拌型生物反応器の ε_G は次式で見積もれる[4)]。

$$\varepsilon_G = 0.099\,4 \left(\frac{n^2 D_T^2 U_G}{\gamma} \right)^{0.57} \tag{8.14}$$

ここで γ は表面張力である。

8.1.4 液側物質移動容量係数

通気式撹拌型生物反応器の下部に設置された環状スパージャーから吹き込まれたガスは，気泡を形成し液中を上昇するが，撹拌羽根の回転によって生物反応器壁近傍まで十分に分散される。**図 8.4** は，気泡中の気相成分 A（分圧，p_A）が気液界面を通じて液相に移動する過程を表す二重境膜説を表す。この移動速度は次式で表せる。

$$r_A = aJ_A = k_G a (p_A - p_{Ai}) = k_L a \left(\frac{p_{Ai}}{H_A} - c_A \right) \tag{8.15}$$

r_A は単位時間，液単位容積当りの成分 A の物質量変化，

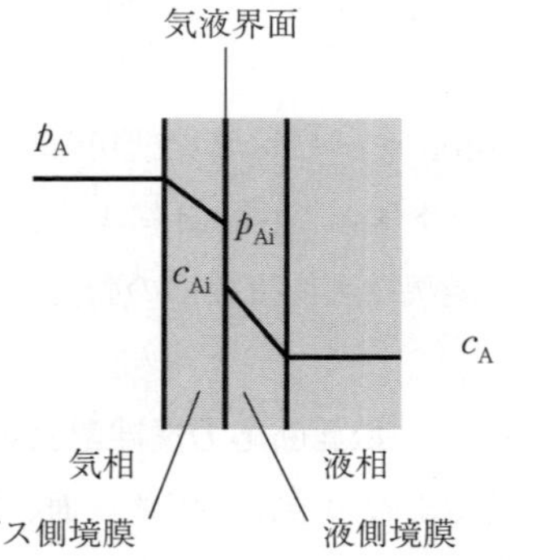
気液界面
p_A
p_{Ai}
c_{Ai}
c_A
気相
液相
ガス側境膜
液側境膜

界面では Henry の法則（$p_{Ai} = H_A c_{Ai}$）を仮定

図 8.4 気液間物質移動に関する二重境膜説

J_A は単位時間，気液単位界面積当りの成分 A の物質量変化，a は気液比界面積，k_G，k_L はガス側，液側の成分 A に関する物質移動速度，k_Ga，k_La はガス側，液側の**物質移動容量係数**，c_A は液中の成分 A の濃度，H_A は **Henry 定数**である。

通気式撹拌槽の液側物質移動容量係数 k_La〔s^{-1}〕の予測式[5] として以下が提出されている。

$$\frac{k_L a D_i^2}{D_L}=0.06\left(\frac{\rho_L n D_i^2}{\eta_L}\right)^{1.5}\left(\frac{D_i n^2}{g}\right)^{0.19}\left(\frac{\eta_L}{\rho_L D_L}\right)^{0.5}\left(\frac{\eta_L U_G}{\gamma}\right)^{0.6}$$

$$\times\left(\frac{nD_i}{U_G}\right)^{0.32}\left\{1+2(\lambda n)^{0.5}\right\}^{-0.67} \tag{8.16}$$

ここで D_L は液中における溶存気相成分の**拡散係数**，λ〔s〕は見かけの緩和時間である。

8.1.5　剪　断　速　度

剪断速度 $\dot{\gamma}_L$ と撹拌翼の回転速度 n の間にはつぎの関係がある[6]。

$$\dot{\gamma}_L=k_I n \tag{8.17}$$

6 枚平羽根タービン翼の場合，k_I は 10 と報告されている。

8.1.6　擬塑性流体用撹拌型生物反応器

非ニュートン流体（non-Newtonian fluid）とは，剪断速度と剪断応力の間に式 (8.1) の比例関係が成り立たない流体の呼称である。高分子多糖キサンタン，デキストラン，プルラン，アルギン酸の分子量は，おのおの 2 M–50 M，0.1 M–20 M，10 k–0.1 M，0.5 M であるが，細胞外にこれら多糖を分泌生産する微生物細胞の懸濁液の中には非ニュートン性を示すものが多い。式 (8.1) に換えて指数則流体の流動特性を表す次式が使用されている。

$$\tau_L=K\dot{\gamma}_L^a=\eta_{L,app}\dot{\gamma}_L \tag{8.18}$$

K は擬塑性粘度，a は構造粘度指数，$\eta_{L,app}$ は見かけ粘度である。見かけ粘度を式 (8.3) に代入し式 (8.17) を考慮すると次式を得る

$$Re=\frac{\rho_L n D_i^2}{\eta_{L,app}}=\frac{\rho_L n D_i^2}{K\dot{\gamma}_L^{a-1}}=\frac{\rho_L n^{2-a} D_i^2}{K k_I^{a-1}} \tag{8.19}$$

Rushton タービン翼を使用した擬塑性流体撹拌槽に関し，式 (8.3) の N_P を式 (8.19) の Re に対しプロットすると図 8.3 によく似た関係図が得られる。ただし，層流と乱流にはさまれた遷移領域では，擬塑性流体撹拌槽の動力数はニュートン流体撹拌槽の動力数よりも小さい。

8.1.7　低剪断応力撹拌型生物反応器

動物細胞の中には固体表面に付着し増殖する接着性細胞がいる。接着性細胞の培養では，生物反応器単位容積当りの固体表面積（**S/V 値**）が重要な設計変数となっている。S/V 値は，多段プレートでは 1.7，スパイラルフィルムでは 4.0，ガラス粒子充填層では 10.0，中空糸では 30.7，マイクロキャリア（25 kg·m^{-3}）では 153 程度である[7]。マイクロキャリアは，粒径（湿潤）100 ～

300 μm の微細ビーズで動物細胞は浮遊しているビーズ上で増殖する。

図 8.5 は**マイクロキャリア培養法**[8] の適用例を示す。マイクロキャリアの密度は 1 030 ～ 1 045 $kg \cdot m^{-3}$ である。動物細胞大量培養では，反応器内に細胞を均一懸濁させ，原料成分，溶存酸素，pH，温度レベルを一定とするためには液撹拌が必要となる。式 (8.17) に基づくと 7.5 s^{-1}（= 450 rpm）で回転している 6 枚平羽根タービン翼がもたらす平均的な剪断速度は 75 s^{-1} である。培地の粘度を 0.797 $mPa \cdot s$ とすると装置内流体に働く剪断応力の平均値は，0.059 8 $N \cdot m^{-2}$ 程度と見積もれる。動物細胞は細胞壁を持たないために剪断応力は極力低減化する必要がある。

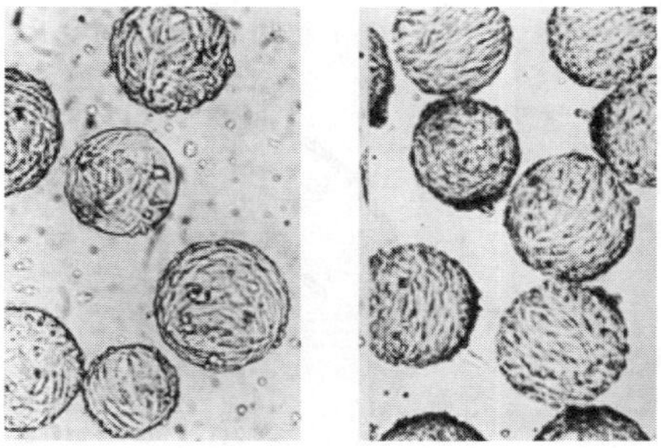

（a） 24 h　　（b） 96 h

図 8.5 マイクロキャリアを用いた乳幼児腎臓細胞株培養法

図 8.6 は，低剪断応力撹拌型生物反応器であり，図（a）が**スピナーフラスコ**（spinner flask），図（b）が布製撹拌翼付き撹拌型生物反応器である[9]。スピナーフラスコは撹拌翼の鋭角部分を丸みを持った部分に変え，翼先端が発生する剪断応力を低減化した低剪断応力撹拌型生物反応器である。反応器の大きさは 0.025 ～ 36 dm^3 程度であり，フラスコ全体が高温高圧滅菌可能となっている。フラスコ底部中央には邪魔板に代わる突起状の構造が考慮されており，安定した低速撹拌が行われる。撹拌速度は液量 1 dm^3 以下では 5 ～ 120 rpm である。オーバーヘッドスペースの容積と液容積の比率は 1：1 程度で使用されている。

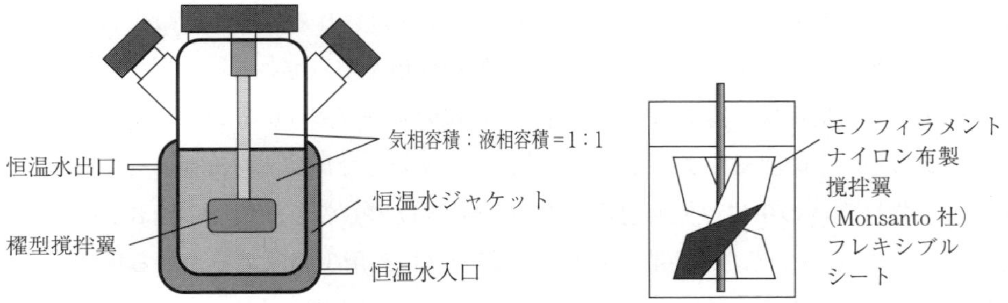
気相容積：液相容積 = 1：1
恒温水出口
恒温水ジャケット
櫂型撹拌翼
恒温水入口
モノフィラメント
ナイロン布製
撹拌翼
(Monsanto 社)
フレキシブル
シート

（a） スピナーフラスコ撹拌型生物反応器　　（b） 布製撹拌翼付き撹拌型生物反応器

図 8.6 低剪断応力撹拌型生物反応器

布製撹拌翼付き撹拌型生物反応器は，撹拌翼が引き起こす剪断応力を低減化するためにモノフィラメントナイロン布のフレキシブルシートで撹拌羽根を作った特殊反応器である。これらの生物反応器を用いた動物細胞培養成功事例が報告されている。

8.1.8 光合成用撹拌型生物反応器

緑藻類，藍色細菌などの**光合成独立栄養生物**（photoautotroph）は，光によってエネルギーを獲得し，CO_2 および無機化合物を原料成分として生育する。これら光合成生物を屋外大量培養する際に，**円形状オープンポンド**（circular open pond）生物反応器（**図 8.7**），**レースウェイポンド**（race-way pond）生物反応器（**図 8.8**）が多用されている。

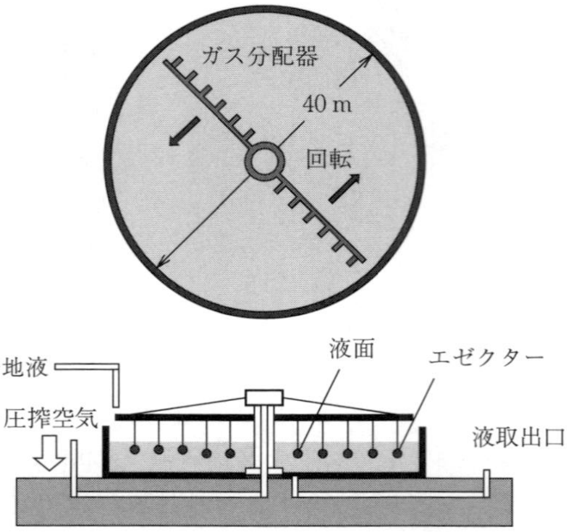
ガス分配器
40 m
回転
液面
エゼクター
培地液
CO_2 + 圧搾空気
液取出口

図 8.7　円形状オープンポンド生物反応器

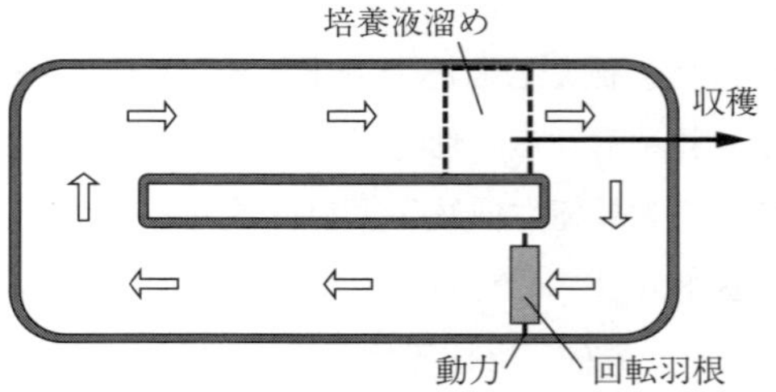
培養液溜め
収穫
動力
回転羽根

図 8.8　レースウェイポンド生物反応器

円形状オープンポンドでは，通常，直径 40 m 程度の円形状培養池（1 260 m^2）を使用する。光合成生物増殖促進用に，培養池に 1 ～ 5 % の CO_2 と空気から成る混合ガスを通じる。ガスの流量 v_G としては，毎分液量 V_L の 1/20 ～ 1/10 程度の値が採用されている。これは，受光面積当りの通気量にして 600 $dm^3 \cdot m^2 \cdot h^{-1}$ 程度である。円形状培養池の中心に回転軸を置く撹拌翼によって，培養液を温和な条件で撹拌する。液深は 0.1 ～ 0.15 m が設定される。撹拌翼の代わりに，液中に挿入されたガス分散用のエゼクターのロッドが液面撹乱作用を担っている。

レースウェイポンド生物反応器では，循環型プール状のループ型反応器の中に水車のように回転する回転羽根があり，その回転によって気液を撹拌し，安定した循環流を流通させている。レースウェイポンド生物反応器の中には光照射面積が 100 m^2 程度のものを使用し，図 8.7 に示した直径 40 m 程度の円形状培養池で光合成生物を培養する際の前培養用生物反応器とする場合もあれば，一つの面積が 5 000 m^2 のものを使用して大型の培養池群の構成要素とすることもある[10)]。

8.2　気泡塔型生物反応器

8.2.1　気泡塔型生物反応器の概要

気泡塔型生物反応器とは，円筒形の塔の中に生物細胞懸濁液を入れ，塔底部から液中にガスを分散させるためのスパージャーを通じガスを気泡群として分散させ，気液界面積を増大させ，気液間物質移動を促進させ，気相にある原料成分を液中に吸収させ，液中の細胞にこれを消費させ，増殖，代謝反応を行わせると同時に，塔内中心部分では，上昇する気泡群の運動によって，生物細胞懸濁液に上昇流を引き起こし，塔壁付近では下降流を生じせしめ，塔内に生じた剪断力によって激しい乱流を発生させ局部的混合を推進させ，反応器内全成分の急速で一様な分散を達成するような反応器である。多くの場合，気相成分の移動過程は押出し流れ反応器，液相成分の移動過程は完全混合流れ反応器を想定したモデルで取り扱われている。

気泡塔は，装置形状により，反応器が円筒形の塔である標準型気泡塔，円筒形の塔の中に内筒を挿入し，内筒部または環状部にガスを吹き込み液循環を行わせる**二重管式気泡塔**，円筒形の塔の外部に液循環用の管を設置する**エアリフト型気泡塔**に大別される（**図 8.9**）。

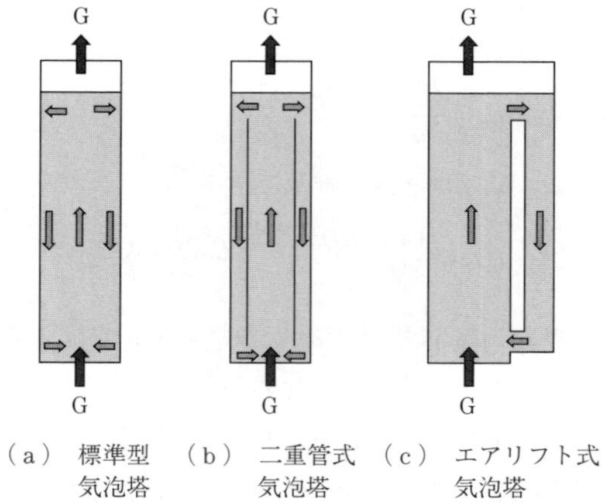
G
G
G
G
G
G
（a） 標準型
気泡塔
（b） 二重管式
気泡塔
（c） エアリフト式
気泡塔

図 8.9　気泡塔の装置形式

図 8.10 に二重管式気泡塔型生物反応器を示す。内筒部底面にガスを吹き込んだ場合，ガスは内筒部を上昇し，上部でガスは液から離れ排ガスの方向に移動するため，ε_G は内筒部のほうが環状部より高い。環状部では液が上部から底面に向けて移動する。このため，二重管式気泡塔またはエアリフト型気泡塔では，安定した循環流が形成される。

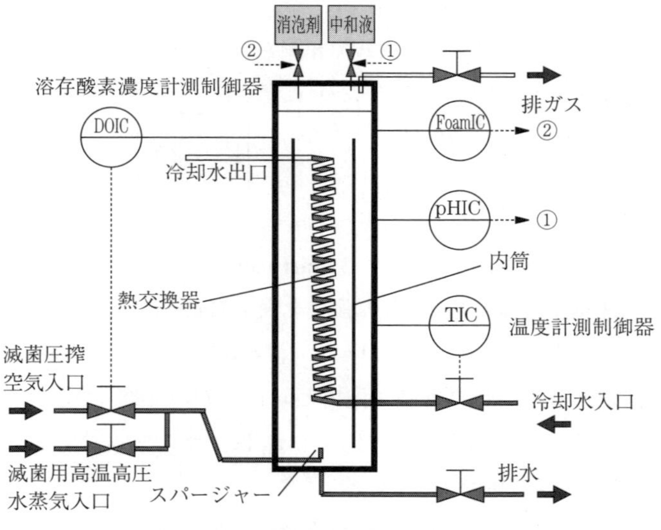
消泡剤
中和液
②
①
溶存酸素濃度計測制御器
排ガス
DOIC
FoamIC
②
冷却水出口
pHIC
①
内筒
熱交換器
TIC
温度計測制御器
滅菌圧搾
空気入口
冷却水入口
滅菌用高温高圧
水蒸気入口
スパージャー
排水

図 8.10　二重管式気泡塔型生物反応器

8.2.2　ガスホールドアップ

スパージャーから生成した気泡の径はスパージャー孔径が大きいほど大きい。生成した気泡は上昇に伴って再分散し，塔内の流動状態に応じた一定の気泡径分布を有する気泡群を形成し，このときの気泡径はスパージャー孔径とは無関係である。気液から成る流体の単位容積中の気泡の表面積を比界面積と呼び a で表す。気泡群の体面積平均径を d_{VS} とすると，**ガスホールドアップ** ε_G との間につぎの関係式が成り立つ。

$$d_{VS} = \frac{6\varepsilon_G}{a} \tag{8.20}$$

ここで a は次式で推算できる[11]。

$$aD_T = \frac{1}{3}\left(\frac{\rho_L g D_T^2}{\gamma}\right)^{0.51}\left(\frac{\rho_L^2 g D_T^3}{\eta_L^2}\right)^{0.1}\varepsilon_G^{1.13} \tag{8.21}$$

ただし，D_T は塔径であり $D_T > 0.3$ m では，推算には $D_T = 0.3$ m の値を用いる。γ は表面張力である。ε_G が大きくなると比界面積は大きくなるが気泡径は余り変化しないことがわかる。

浮遊細胞に対し液中を上昇する気泡から気相成分を供給する生物反応器は，細胞が細胞膜によって液相から区別できるが，細胞径は気泡径より十分に小さいため，気液間物質移動に関しては，標準型気泡塔の推算式を適用することが多い。標準型気泡塔のガスホールドアップ ε_G は次式で相関されている[12]。

$$\frac{\varepsilon_G}{(1-\varepsilon_G)^4} = 0.20\left(\frac{\rho_L g D_T^2}{\gamma}\right)^{\frac{1}{8}}\left(\frac{\rho_L^2 g D_T^3}{\eta_L^2}\right)^{\frac{1}{12}}\left\{\frac{U_G}{(gD_T)^{\frac{1}{2}}}\right\} \tag{8.22}$$

右辺の D_T の指数の合計は 0 であるため，ε_G は塔径の影響を受けない表現となっている。ε_G が小さいときには左辺は ε_G に比例する。この条件下では，ε_G は U_G に比例する。

二重管式気泡塔のガスホールドアップは次式で相関されている[13]。

$$\frac{\varepsilon_G}{(1-\varepsilon_G)^4} = 0.124\left(\frac{U_G \eta_L}{\gamma}\right)^{0.966}\left(\frac{\rho_L \gamma^3}{g\eta_L^4}\right)^{0.294}\left(\frac{D_i}{D_T}\right)^{0.114}\frac{1}{\left[1-0.276\left\{1-\exp\left(-0.0386\frac{Crk^2}{\gamma}\right)\right\}\right]} \tag{8.23}$$

D_i は内筒の直径，Crk^2/g は気泡合一にかかわる Marrucci の係数[14] であり，$r = d_{VS}/2$ は気泡半径，$k = \{(12\pi g)/(Ar)\}^{1/3}$，$A$ は van der Waals 力の強さを表す Hamaker 定数[15] であり，水-空気系では 37.0 zJ(3.7×10−20 J)[16] である。ε_G は U_G，D_i/D_T，液起泡性の増加に伴い大きくなり，η_L の増加に伴い小さくなる傾向がある。ε_G は標準型気泡塔と同じく D_T の影響は受けないことがわかる。ε_G の小さい領域では，ε_G は U_G の 0.966 乗に比例する。ε_G は，ガス分散器，液高，内筒長さの影響はあまり受けないことも観察されている[17]。

固定化生体触媒粒子を気泡塔内液に懸濁させた場合，浮遊細胞懸濁液の場合とは異なり，粒子径は気泡径と対比できる大きさとなっている。気液間物質移動は，**粒子懸濁気泡塔**の推算式を適用することが多い。粒子懸濁気泡塔のガスホールドアップ ε_G は次式で相関されている[18]。

$$\frac{\varepsilon_G}{(1-\varepsilon_G)^4}=0.277\left(\frac{U_G\eta_L}{\gamma}\right)^{0.918}\left(\frac{\rho_L\gamma^3}{g\eta_L^4}\right)^{0.252}\frac{1}{1+4.35\left(\frac{X_P}{\rho_P}\right)^{0.748}\left(\frac{\rho_P-\rho_L}{\rho_L}\right)^{0.881}\left(\frac{\rho_L U_G D_T}{\eta_L}\right)^{-0.168}\Bigg\}} \tag{8.24}$$

ここで X_P は反応液単位容積中の固定化生体触媒粒子の質量，ρ_P は固定化生体触媒粒子の密度，X_P/ρ_P は固定化生体触媒粒子の体積分率を表す。固定化生体触媒粒子の体積分率が大きくなると ε_G は小さくなる傾向がある。左辺の値は，標準型気泡塔では U_G に比例していたが粒子懸濁気泡塔では U_G の 0.918 乗に比例している。

固定化生体触媒粒子を二重管式気泡塔内液に懸濁させた場合，次式が相関式として提出されている[19]。

$$\frac{\varepsilon_G}{(1-\varepsilon_G)^4}=0.130\left(\frac{U_G\eta_L}{\gamma}\right)^{0.890}\left(\frac{\rho_L\gamma^3}{g\eta_L^4}\right)^{0.27}\left(\frac{D_i}{D_T}\right)^{0.057}$$
$$\times\frac{1}{\left[1-0.369\left\{1-\exp\left(-0.046\frac{Crk^2}{\gamma}\right)\right\}\right]\left\{1-4.20\left(\frac{X_P}{\rho_P}\right)^{1.69}\right\}} \tag{8.25}$$

8.2.3　液側物質移動容量係数

標準型気泡塔の場合，液側物質移動容量係数は次式で相関されている[12]。

$$\frac{k_L a D_T^2}{D_L}=0.6\left(\frac{\eta_L}{\rho_L D_L}\right)^{0.50}\left(\frac{\rho_L g D_T^2}{\gamma}\right)^{0.62}\left(\frac{\rho_L^2 g D_T^3}{\eta_L^2}\right)^{0.31}\varepsilon_G^{1.1} \tag{8.26}$$

k_La は ε_G の 1.1 乗に比例して変化し，ε_G の小さい領域では ε_G は U_G に比例するため，通気速度を 2 倍にすると k_La は大略 2 倍となる。密度，粘度，拡散係数が一定な場合

$$k_L a \propto D_T^{0.17}\varepsilon_G^{1.1} \tag{8.27}$$

となる。式 (8.22) で ε_G は D_T の影響を受けないことを示した。塔径を 10 倍にスケールアップすると k_La は 1.47 倍大きくなることがわかる。

二重管式気泡塔の場合，液側物質移動容量係数は次式で相関されている[13]。

$$\frac{k_L a D_T^2}{D_L}=0.477\left(\frac{\eta_L}{\rho_L D_L}\right)^{0.500}\left(\frac{\rho_L g D_T^2}{\gamma}\right)^{0.873}\left(\frac{g D_T^3\rho_L^2}{\eta_L^2}\right)^{0.257}\left(\frac{D_i}{D_T}\right)^{-0.542}\varepsilon_G^{1.30} \tag{8.28}$$

k_La の ε_G 依存性は標準型気泡塔よりも二重管式気泡塔のほうが高いことがわかる。密度，粘度，拡散係数，D_i/D_T が一定な場合

$$k_L a \propto D_T^{0.517}\varepsilon_G^{1.30} \tag{8.29}$$

となる。式 (8.23) では二重管式気泡塔も ε_G は D_T の影響を受けないことを示した。このため塔径を 10 倍にスケールアップすると k_La は 3.29 倍大きくなることがわかる。この倍率は標準型気泡塔の 2.23 倍大きい値である。二重管式気泡塔は，物質移動速度を加速できる装置であることがわかる。

固定化生体触媒粒子を気泡塔内液に懸濁させた場合，k_La の推算式として次式が提出されてい

る[18]。

$$\frac{k_L a \gamma}{\rho_L D_L g}=2.11\left(\frac{\eta_L}{\rho_L D_L}\right)^{0.500}\left(\frac{g\eta_L^4}{\rho_L \gamma^3}\right)^{-0.159}\varepsilon_G^{1.18}$$
$$\times\frac{1}{\left\{1+0.000\,147\left(\frac{X_P}{\rho_P}\right)^{0.612}\left\{\frac{U_G}{(gD_T)^{\frac{1}{2}}}\right\}^{0.486}\left(\frac{\rho_L g D_T^2}{\gamma}\right)^{-0.487}\left(\frac{\rho_L U_G D_T}{\eta_L}\right)^{-0.345}\right\}} \tag{8.30}$$

固定化生体触媒粒子の体積分率が大きくなると $k_L a$ は小さくなる傾向がある。

固定化生体触媒粒子を二重管式気泡塔内液に懸濁させた場合，$k_L a$ の推算式として次式が提出されている[19]。

$$\frac{k_L a D_T^2}{D_L}=4.04\left(\frac{\eta_L}{\rho_L D_L}\right)^{0.500}\left(\frac{\rho_L g D_T^2}{\gamma}\right)^{0.67}\left(\frac{\rho_L^2 g D_T^2}{\eta_L^2}\right)^{0.26}\left(\frac{D_i}{D_T}\right)^{-0.047}\varepsilon_G^{1.34}\frac{1}{1+2.00\left(\frac{X_P}{\rho_P}\right)^{1.30}} \tag{8.31}$$

固定化生体触媒粒子の体積分率が大きくなると $k_L a$ は小さくなる傾向がある。

8.2.4 剪 断 速 度

気泡塔型生物反応器の平均的な剪断速度 $\dot{\gamma}_R$ とガス空塔速度 U_G の間にはつぎの関係がある[20]。

$$\dot{\gamma}_R=5\,000\,U_G \tag{8.32}$$

別の報告[21] では，右辺は $5\,000\,U_G$ ではなく $1\,500\,U_G$ であると記載されている。

8.2.5 動物細胞用エアリフト式気泡塔型生物反応器

細胞壁を欠く動物細胞を剪断応力から保護するために，動物細胞をアルギン酸カルシウムゲルによって包括固定化したり，マイクロカプセル包括法によって固定する手段が講じられている。**図 8.11** は，動物細胞の固定化生体触媒粒子をエアリフト式気泡塔で培養している様子を示す[22]。気泡が底部に挿入されたライザー部分では，固定化生体触媒は上昇し塔頂に至る。上部ではガスが排気方向に抜けるためダウンカマー部分では下降流が得られ，固定化生体触媒粒子は循環する。

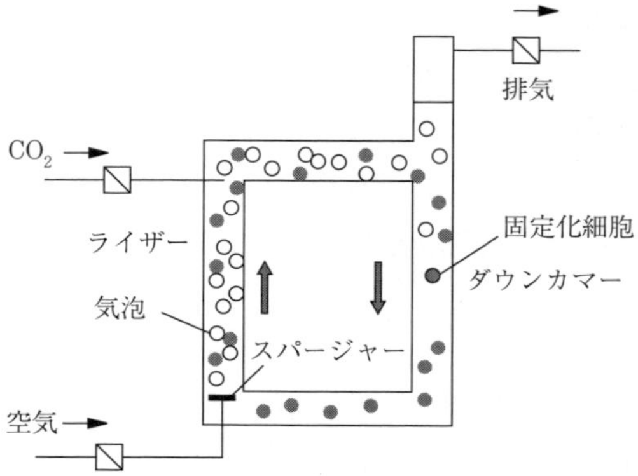
排気
CO_2
固定化細胞
ライザー
ダウンカマー
気泡
スパージャー
空気

図 8.11　動物細胞固定化生体触媒粒子を懸濁させたエアリフト式気泡塔型生物反応器

8.2.6 植物細胞培養用気泡塔型生物反応器

図 8.12 は，タバコ葉培養細胞を撹拌型生物反応器（容積，15 dm^3）および気泡塔型生物反応器（容積：65 dm^3，D_T＝0.345 m，L＝0.73 m，H_L＝0.48 m，液量：40 dm^3）を用いて 144 h 回分増殖

させたときの細胞濃度 X_f を示している[23]。両方の反応器の差は明確ではなく，k_La が 9.50 h^{-1} 以下では

$$X_f = 1.50\,k_La \tag{8.33}$$

k_La が 9.50 h^{-1} 以上では，$X_f = 14.3\,kg\cdot m^{-3}$ 付近にデータがあることがわかる。溶存酸素濃度の経時変化は，論文では培養 50 h 付近で 0 に到達している。その後 100 h 近く細胞は増殖を継続しているため，気液間物質移動で溶解した酸素が増殖を制限していることがわかる。酸素比呼吸速度を q_{O2}，溶存酸素濃度を c_{O2}，飽和溶存酸素濃度を $c_{O2}{}^*$ とすると次式が成り立つ。

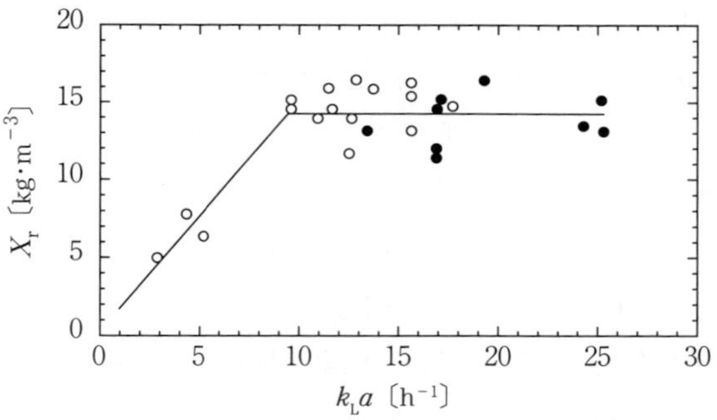

20
15
10
5
0
X_f 〔$kg\cdot m^{-3}$〕
0
5
10
15
20
25
30
k_La 〔h^{-1}〕

図 8.12　植物組織培養における培養終了時細胞濃度と k_La との関係
○　15 dm^3 撹拌型生物反応器
●　65 dm^3 気泡塔型生物反応器

$$\frac{dc_{O_2}}{dt} = \frac{k_La}{1-\varepsilon_G}\left(c_{O_2}^* - c_{O_2}\right) - q_{O_2}X \tag{8.34}$$

通気速度を一定とした多くの場合，左辺は右辺の 2 項と比べて小さい。培養終了時には 0 である。この図の k_La を与える条件では ε_G も 0 に近似できる。培養終了時には，c_{O2} は厳密には 0 ではないが無視し得る大きさである。したがって，式 (8.34) より次式を得る。

$$X_f = \left(\frac{c_{O_2}^*}{q_{O_2}}\right)k_La \tag{8.35}$$

この式は式 (8.33) に対応していると考える。一方，$k_La > 9.5\,h^{-1}$ では，増殖を制限しているのは酸素ではなく，他の原料成分が最大増殖量を定めている。なお，本稿における式 (8.35) の導出法は原著論文における記述とは異なっている。

気泡塔型生物反応器はムラサキ *Lithospermum erythrorhizon* の細胞培養に応用され赤紫色のシコニン系化合物の生産に応用されている[24]。k_La と X_f およびシコニン系化合物の最終濃度とが相関されているが，結果はタバコ細胞の結果とよく似ており，k_La が 10 ～ 12 h^{-1} までは X_f は k_La の増加に伴って増加するが最大濃度は 11 ～ 12 $kg\cdot m^{-3}$ 程度となっている。

クロヅル *Tripterygium wilfordii* を気泡塔型生物反応器で回分培養した実験では，培養終了時の溶存酸素濃度は 0 には至らず式 (8.35) は成立しない。しかし，前培養を 28 d 行った細胞を培養した際の X_f/X_0 の値は U_G に対して線形に増加しており，図 8.12 に似た傾向を示している[25]。一方，前培養 21 d の細胞を用いたときは，U_G の大きい範囲で X_f/X_0 の値は低下しており，式 (8.32) に示す剪断速度で決まる応力の影響が観察されている。

8.2.7　光合成用気泡塔型生物反応器

工業的には，光合成独立栄養生物は，図 8.7，図 8.8 に描いた円形状オープンポンド生物反応器，レースウェイポンド生物反応器で培養されるが，大規模培養する前に通常，小型の扁平フラスコを

用いて光照射下増殖させ，細胞濃度を向上させる。この反応器は，光照射面から透過面までの光路長が小さくなるように設計された気泡塔型生物反応器である。気泡発生用のスパージャーには，セラミック製多孔質濾過フィルター，単孔ノズルなどが用いられている。小型扁平フラスコを用いて細胞濃度を向上させた後に10倍規模の扁平フラスコに移し換えて培養を繰り返す。このような細胞量をスケールアップするための継代培養を繰り返した後に屋内規模のレースウェイポンド生物反応器で前培養して種菌を獲得，次いで屋外の円形状オープンポンド生物反応器，レースウェイポンド生物反応器培を用い，太陽光照射条件で大規模な培養が行われている。

外部循環式のエアリフト型気泡塔が温度313 K，空塔速度12 $m \cdot h^{-1}$ の条件のもと，藍色細菌 *Synechococcus leopoliensis* IAM M 6株の光合成培養に使用され，バイオマスは H_2 生成触媒として活用されている[26]。

標準型気泡塔の ε_G は式 (8.22)，k_La は式 (8.26) $\dot{\gamma}_R$ は式 (8.32) で見積れるが，光合成用気泡塔型生物反応器ではさらに光の透過性を知ることが重要である。**図8.13**は，入射光の光合成光量子束密度 I_0 に対する透過光の光量子束密度 I の割合 I/I_0 を懸濁している細胞の個体密度 N の無次元値に対してプロットした図である[27]。L は光路長，d_C は湿潤細胞の球等価径であり，細胞容積を v とすると $d_C=(6v/\pi)^{1/3}=1.29\ \mu m$ である。図の□は光路長0.095 m，液容積2 dm^3，■は光路長0.02 m，液容積0.2 dm^3 の反応器で獲得したデータである。大小異なるサイズの反応器で獲得したデータはつぎの無次元式で整理できることがわかる。

$$\frac{I}{I_0}=\exp\left\{-\frac{k_1\left(LNd_C^2\right)}{1+k_2\left(LNd_C^2\right)^{k_3}}\right\} \tag{8.36}$$

図の曲線は，$k_1=2.39$，$k_2=22.2$，$k_3=0.585$ とした計算結果であり，計算値は実測値と良好な一致を示している。

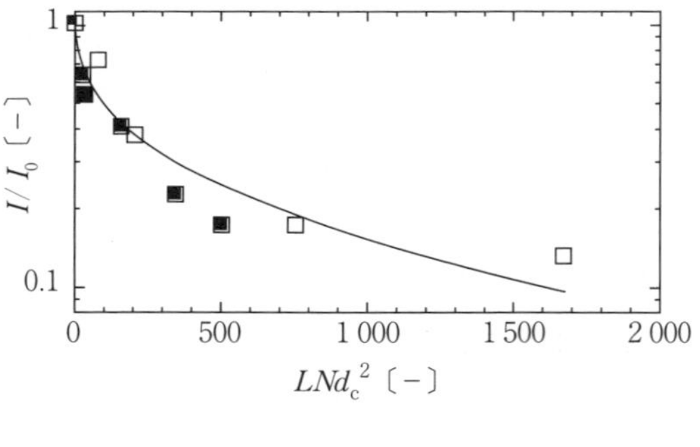
1
0.1
I/I_0〔−〕
0
500
1 000
1 500
2 000
LNd_c^2〔−〕

■：液量0.2 dm^3，　光路長0.02 m
□：液量2 dm^3，　光路長0.095 m
I_0：入射光のPPFD
I：透過光のPPFD
d_C：細胞の球等価径

図8.13　光合成用気泡塔型生物反応器の光透過率 I/I_0 に及ぼす細胞個体密度 N，光路長 L の影響

8.3　固定層型固定化生体触媒反応器

8.3.1　固定層型固定化生体触媒反応器の概要

固定層型固定化生体触媒反応器は，酵素，細胞などを固体粒子に固定化した固定化生体触媒粒子

を円筒状の容器に充填し，原料成分液を流通させて反応させ生成物成分を獲得する反応器（**図 8.14**）である。粒径 d_P の球形固定化生体触媒粒子を円筒状（径 D_T；長さ L）の反応器内に充填する場合を考える。図では，原料成分 A は反応器底部より供給され，上昇流に乗って反応後，生成物成分 R と未反応原料成分 A が反応器上部から反応器外に流出している。成分 A，R の移動過程に関しては，押出し流れ反応器モデルが適用される。生体触媒を粒子に固定化する際に濃縮操作を行えば，粒子内の生体触媒濃度高めることができ，反応器内に粒子が占める容積に関しては反応速度を高め得る。ただし，粒子の外側の流体容積部分に関してはそのような効果は生じない。

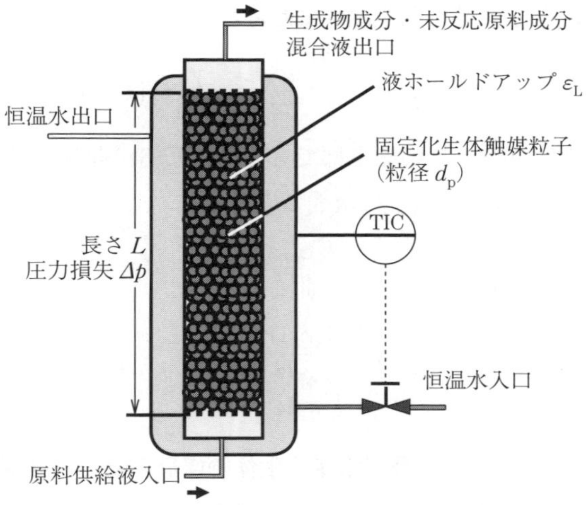
生成物成分・未反応原料成分
混合液出口
液ホールドアップ ε_L
恒温水出口
固定化生体触媒粒子
（粒径 d_p）
TIC
長さ L
圧力損失 Δp
恒温水入口
原料供給液入口
図 8.14　固定層型固定化生体触媒反応器

生体触媒粒子の充填状態に対し面心立方格子構造を仮定すると，**充填率**（packing fraction）は 0.74 である。固定化生体触媒粒子単位容積当りの生体触媒濃度が c_{ET} である場合，反応器単位容積当りの固定化生体触媒濃度は 0.74 c_{ET} と見積もれる。

8.3.2　圧　力　損　失

固定化生体触媒粒子の**球形度**（sphericity）を Ψ_S，液ホールドアップを ε_L，この反応器の内部を上昇する液（粘度 η_L）の空塔速度を U_L とし，液は層流状態で流通しているとすると，反応器底部と上部との間の圧力損失 Δp はつぎの **Kozeny Carman の式**で計算できる。ここで，$\Psi_S=1$，$\varepsilon_L=1-0.74=0.26$ とすると次式を得る。

$$\frac{\Delta p}{L}=180\frac{\eta_L U_L}{\psi_S^2 d_P^2}\frac{(1-\varepsilon_L)^2}{\varepsilon_L^3}=5\,610\frac{\eta_L U_L}{d_P^2} \tag{8.37}$$

圧力損失は，反応器長さおよび原料供給流量に比例し，生体触媒粒子径の自乗に反比例する。

8.3.3　原料成分の軸方向濃度分布

固定化生体触媒反応器は，原料成分濃度が高い系に適用されることが多い。Michelis-Menten 式を前提とすると反応はゼロ次反応であり，反応速度は原料成分濃度に依存しない。

生体触媒粒子容積当りの生体触媒濃度を c_{ET} とする。基質-酵素複合体から生成物成分を生成する反応の速度定数を k_3 とすると，生体触媒粒子単位容積で定義されるゼロ次反応の速度は，触媒有効係数 η がゼロ次反応では 1 であるため，$k_3\,c_{ET}$ と表せる。流れが定常状態であるとき，反応器

底部から軸方向距離 z における原料成分濃度の変化は，押出し流れ反応器モデルを適用すると

$$\frac{U_L}{\varepsilon_L}\frac{d(\varepsilon_L c_A)}{dz}=U_L\frac{dc_A}{dz}=-k_3c_{ET}(1-\varepsilon_L)=-0.76k_3c_{ET} \tag{8.38}$$

と表せる。反応器上部でもゼロ次反応が継続しているとき，原料成分の軸方向濃度分布，および反応器出口濃度 c_{Af} は次式で表せる。

$$\frac{c_A}{c_{A0}}=1-0.76\frac{k_3c_{ET}z}{c_{A0}U_L} \tag{8.39}$$

$$\frac{c_{Af}}{c_{A0}}=1-0.76\frac{k_3c_{ET}L}{c_{A0}U_L} \tag{8.40}$$

8.3.4　固定層型固定化生体触媒反応器と完全混合流れ反応器の比較

反応器の径と長さが等しい固定層型固定化生体触媒反応器（固定化生体触媒粒子単位容積当りの生体触媒濃度 $c_{ET,1}$）と完全混合流れ反応器（液単位容積当りの生体触媒濃度 $c_{ET,2}$）で，ゼロ次反応が生起しているときの反応速度を比較する。したがって，固定層型固定化生体触媒反応器単位容積で定義されるゼロ次反応の速度（$-r_{A1}$）は $0.74k_3c_{ET,1}$ となる。完全混合流れ反応器単位容積で定義されるゼロ次反応の速度（$-r_{A2}$）は $k_3c_{ET,2}$ であるため，次式を得る。

$$\frac{-r_{A1}}{-r_{A2}}=\frac{0.74c_{ET,1}}{c_{ET,2}} \tag{8.41}$$

完全混合流れ反応器では，液中の生体触媒濃度を $c_{ET,2}$ に維持するためには，絶えずこの濃度の生体触媒を反応器入口に供給する必要がある。これらの反応器を同じ時間 t_f だけ稼働させた場合，固定層型固定化生体触媒反応器で使用する生体触媒の量は $(\pi D_T{}^2L/4)c_{ET,1}$ であるのに対し，完全混合流れ反応器では $(\pi D_T{}^2/4)U_L\,t_f\,c_{ET,2}$ となる。使用する生体触媒量を両反応器で一致させると，つぎの関係式が導かれる。

$$\frac{c_{ET,1}}{c_{ET,2}}=\frac{U_Lt_f}{L}=\frac{t_f}{\tau}=Dt_f \tag{8.42}$$

τ は空間時間，D は希釈率である。式 (8.37)，(8.38) より，反応器を稼働させる時間が空間時間の 1.35（$=1/0.74$）倍以下であれば完全混合流れ反応器のほうが反応速度が高いが，1.35 倍以上では，固定層型固定化生体触媒反応器のほうが反応速度が高いことがわかる。

8.4　特別な生物反応器

8.4.1　分離器付設型生物反応器

動物細胞の培養では，細胞が分泌生産する乳酸，アンモニアなどの代謝産物，ケイロン様物質の蓄積によって細胞の増殖が阻害される。**図 8.15** は，**潅流培養**（perfusion culture）を行うための生物反応器である。阻害物質を反応器外に排出し，新鮮な培地を生物反応器に潅流している。図（a）

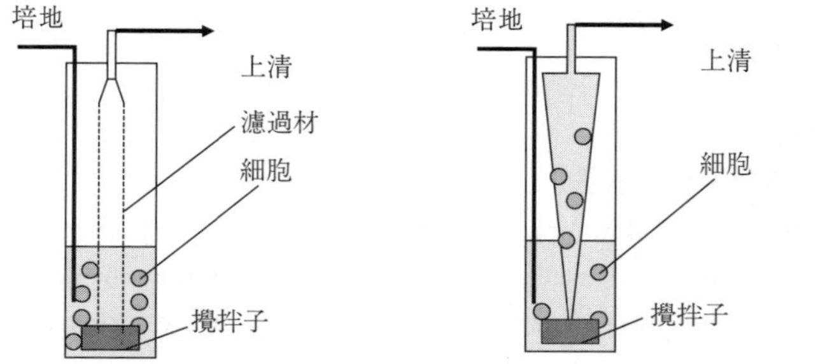
培地
上清
濾過材
細胞
攪拌子
培地
上清
細胞
攪拌子

（a）　濾過筒を有する生物反応器　（b）　コーン型細胞沈降管を有する生物反応器

図 8.15　潅流培養用生物反応器

では，攪拌子上部に付設された多孔質円柱状の濾過筒が攪拌子とともに回転し，濾過材の外部で固定化動物細胞が培養され，濾過材の上部から代謝物質が反応器外に流出している[28]。図（b）では，攪拌子上部にコーン型の細胞沈降管が設置されている。沈降管が回転すると固定化動物細胞は沈降し，老廃物が上部から反応器外に流出する[29]。

図 8.16 は**中空糸**（hollow fiber）モジュール生物反応器[30]である。この反応器では，内径 200 μm の中空糸上に細胞を生育させ，培養液を灌流させて培養が行われる。ファイバー内には，空気と CO_2 混合ガスが供給される。シェル側に培地が供給されて老廃物に交換され，老廃物は反応器外に流出するため，物質交換器とみなすことができる。

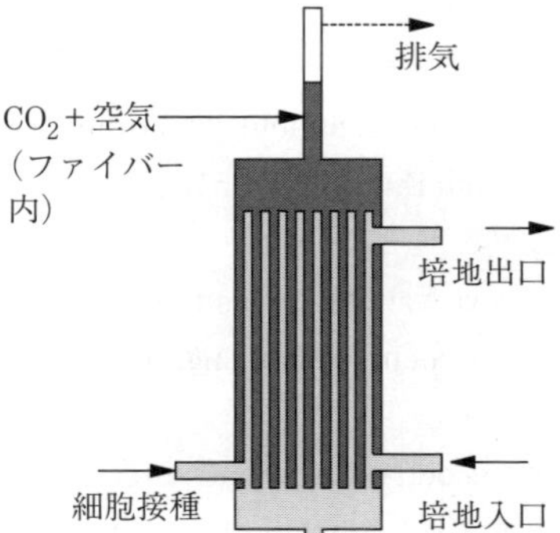
排気
CO2＋空気
（ファイバー内）
培地出口
細胞接種
培地入口
（シェル側）
排液

図 8.16　中空系モジュール生物反応器

8.4.2　回転ドラム型生物反応器

図8.17は**回転ドラム型生物反応器**である。邪魔板を取り付けたドラム型生物反応器を動力によって回転させ，液混合を促進する。固定し液中に設置されたスパージャーから滅菌圧搾空気を吹き込み排気を反応器外に導いている。植物組織培養に適用した事例がある。

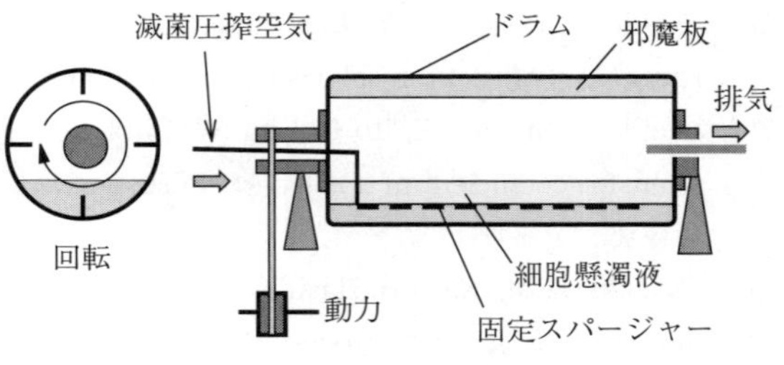
滅菌圧搾空気
ドラム
邪魔板
排気
回転
細胞懸濁液
動力
固定スパージャー

図 8.17　回転ドラム型生物反応器

ドラム内壁は回転運動によって培養液で洗浄されるため，壁面への細胞付着は生じ難い。

【引用・参考文献】

1） 大山義年. 1963. 化学工学Ⅱ. 岩波書店.
2） Calderbank PH. 1958. Physical rate processes in industrial fermentation. Part 1. The Interfacial area in gas-liquid contacting with mechanical agitation. Trans Inst Chem Eng. 36: 443-463.
3） Michel BJ, Miller SA. 1962. Power requirements of gas-liquid agitated systems. AIChE J. 8: 207-209.
4） Hassan ITM, Robinson CW. 1977. Stirred-tank mechanical power requirement and gas holdup in aerated aqueous phases. AIChE J. 23: 48-56.
5） Yagi H, Yoshida F. 1975. Gas absorption by Newtonian and non-Newtonian fluids in sparged agitated vessels. Ind. Eng Chem, Process Des Dev., 14: 488-493.
6） Metzner AB, Otto RE. 1957. Agitation of non-Newtonian fluids. AIChE J. 3: 3-10.
7） Glacken MW, Fleischaker RJ, Sinskey. AJ. 1983. Mammalian cell culture: Engineering principles and scale-up. Trends Biotechnol. 1:102-109.
8） Bu'Lock J, Kristiansen B. 1987. Basic Biotechnology. Academic Press.
9） Feder J, Tolbert WR. 1983. The large-scale cultivation of mammalian cells. Sci. Am. 248: 24-31.
10） Hall DO, Scurlock JMO. 1993. Biomass production and data. in: Hall DO, Surlock JMO, Bolhar-Nordenkampf HR, Leegood RC, Long SP (ed.). Photosynthesis and production in a changing environment. 425-444. Chapman & Hall. London.
11） Akita K, Yoshida. 1974. Bubble size, interfacial area and liquid-phase mass transfer coefficient in bubble colums. Ind Eng Chem, Process Des Dev. 13: 84-91.
12） Akita K, Yoshida F, 1973. Gas hold-up and volumetric mass transfer coefficient in bubble columns: Effect of liquid properties. Ind Eng Chem, Process Des Dev. 12: 76-80.
13） Koide K, Horibe K, Kitaguchi H, Suzuki N. 1984. Contributions of annulus and draught tube to gas-liquid mass transfer in bubble columns with draught tube. J Chem Eng Jpn. 17: 547-549.
14） Marrucci G. 1969. A theory of coalescence. Chem. Eng. Sci. 24: 975-985.
15） Seung-Woo L. Sigmund WM. 2002. AFM study of repulsive Van der Waals forces between teflon AF thin film and silica or alumina. Colloids and surfaces A: Physicochem. and Eng. Aspects. 204. Issues 1-3,23, P.43-50.
16） Israelachvili J. 1992. Intermolecular and surface forces, second ed. Academic Press.
17） Koide K., Kurematsu K, Iwamoto S, Iwata Y, Horibe K. 1983. Gas holdup and volumetric liquid-phase mass transfer coefficient in bubble column with draught tube and with gas dispersion into tube. J Chem Eng Jpn. 16: 413-419.
18） Koide K, Takazawa A, Komura M, Matsunaga H. 1984. Gas holdup and volumetric liquid-phase mass transfer coefficient in solid-suspended bubble column. J Chem Eng Jpn. 17: 459-466.
19） Koide K, Shibata K, Ito H, Kim SY, Ohtaguchi K. 1992. Gas holdup and volumetric liquid-phase mass transfer coefficient in a gel-particle suspended bubble column with draught tube. J Chem Eng Jpn. 25: 11-16.
20） Nishikawa M,. Kato H, Hashimoto K. 1977. Heat transfer in aerated tower filled with non-Newtonian liquid. Ind Eng Chem, Process Des. Dev. 16: 133-137.
21） Henzler HJ. 1980. Begasen hoherviskoser Flussigkeiten. Chem-Ing-Techn. 52: S643-652.

22） Bugarski B, King GA, Jovanovic G, Daugulis AJ, Goosen MFA. 1989. Performance of an external loop air-lift bioreactor for the production of monoclonal antibodies by immobilized hybridoma cell. Appl Microbiol Biotechnol. 30: 264-269.

23） Kato,A., Shimizu Y, Nagai S. 1975. Effect of initial k_La on the growth of tabacco cells in batch culture. J. Ferment. Technol. 53: 744-751.

24） 藤田泰宏, 菅 忠三, 松原浩一, 原 康弘. 1986. 植物細胞培養によるシコニン系化合物の生産. 日本農芸化学会誌. 60: 849-854.

25） Saeki K, Kume T, Ohtaguchi K, Koide K. 1992. Effects of aeration rate and preculture age on batch growth of Tripterygium wilfordii in bubble-column bioreactors. J Chem Eng Jpn. 25: 226-228.

26） Ohtaguchi K., Ohta A, Takahashi N, Ogawa M, Koide K. 1995. Kinetics of hydrogen production by the photolithotroph Synechococcus leopoliensis. IONICS. 21: 69-72.

27） Ohtaguchi K, Wijanarko A. 2002. Elevation of the efficiency of cyanobacterial carbon dioxide removal by monoethanolamine solution. Technol. 8: 267-286.

28） Tolbert WR, Feder J, Kimes RC. 1981. Large-Scale rotating filter perfusion system for high density growth of mammalian suspension cultures. In Vitro. 17: 885-890.

29） Sato S, Kawamura K, Fujiyoshi N. 1983. Animal cell cultivation for production of biological substances with a novel perfusion culture apparatus., J. Tissue Culture Methods. 8: 167-171

30） Ku K., Kuo MJ., Delente J, Wildi BS, Feder J. 1981. Development of a hollow-fiber system for large-scale culture of mammalian cells. Biotechnol. Bioeng. 23: 79-95.

9. 生成物成分分離技術

9.1　分離技術の概要

生物材料を用いた反応器を実用化する場合，生成物成分の分離操作が重要となる。細胞を用いた生物反応器では，着目生成物成分は，細胞自身であったり，細胞外または細胞内に存在する物質であったりする。反応器から獲得される液中には，これらの成分以外に，未反応原料，副生成物，pH 調製物質などの物質が混在する。分子から細胞に至るさまざまな大きさを有する生物材料の分離技術の代表例を注目する物性とともに以下に示す。

① 沈降分離：試料成分の質量差
② 遠心分離：試料成分の質量差
③ 膜分離，濾過：試料成分の粒子径差
④ 蒸留：試料成分の沸点差
⑤ 吸収：気相試料成分の液体溶媒への溶解度差
⑥ 晶析：試料成分の凝固点差
⑦ 抽出：固相，液相試料成分の液体溶媒への溶解度差
⑧ クロマトグラフィー：固定相と試料成分を含む移動相との相互作用の差
⑨ 電気的方法：試料成分の電気的性質の差を利用

このうち，⑨に関しては，DNA，タンパク質の分離にかかわる電気泳動法および脱塩にかかわる電気透析が著名であるが，前者は3章，後者は9.4.2節を参照されたい。

9.2　沈降分離操作

沈降分離（gravity sedimentation）は，生物反応器流出液中に懸濁する粒径5 mm 以上の粒子を重力場で沈降させ，質量差がもたらす沈降速度差にもとづいて粒子を分離する技術である。流出液に凝集剤を添加し細胞を凝集させ粒子径を大きくし，粒塊と上清を分ける操作に応用されている。**図 9.1** は，直径 d_P の球形粒子が密度 ρ_L，粘度 η_L の液体中において速度 v_P で沈降していくときに粒子に働く力（重力，浮力，抗力）を描いている。Stokes は，粒子の沈降速度が小さい場合，抗力は $3\pi\eta_L v_P d_P$ となることを報告した。この関係式を用いると液中を沈降する粒子の運動方程式は

次式で表せる。

$$\rho_P\left(\frac{\pi d_P^3}{6}\right)\frac{dv_P}{dt}=\rho_P\left(\frac{\pi d_P^3}{6}\right)g-\rho_L\left(\frac{\pi d_P^3}{6}\right)g-3\pi\eta_L v_P d_P \quad (9.1)$$

重力と浮力，抗力がつり合ったとき，運動方程式の左辺は0となり，粒子は次式で示される**終末速度**（terminal velocity）v_∞で沈降する。

$$v_\infty=\frac{gd_P^2(\rho_P-\rho_L)}{18\eta_L}\propto d_P^2 \quad (9.2)$$

沈降速度は粒子径の自乗に比例して大きくなるため，分離操作に活用されている。

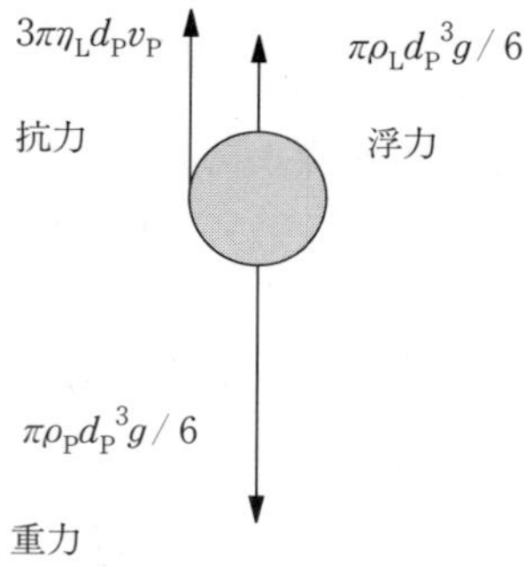
$3\pi\eta_L d_P v_P$
抗力
$\pi\rho_L d_P{}^3 g/6$
浮力
$\pi\rho_P d_P{}^3 g/6$
重力

図 9.1 流体中を自然落下する粒子に働く力

沈降分離は，清澄液を獲得するための**清澄操作**（clarification）と濃厚液を獲得するための**濃縮操作**（thickening）に分けられる。活性汚泥法は清澄操作を目的としているが，その他一般の生物反応器の設計に応用されているのは濃縮操作である。生物反応器では，細胞の高濃度化を目指すことが多く，沈殿濃縮は鍵技術となっている。濃縮では，濃厚な細胞懸濁液を対象とする。細胞群が形成する粒子の凝集状態が沈降速度に影響を及ぼす。

濃厚な細胞懸濁液を容器内に静置すると，静置液上部に清澄液層，下部に懸濁液層が形成され明確な界面が現れる。回分沈降開始時は，界面高さは一定速度で減少する。この時期は定速沈降期間と呼ばれる。次いで界面低下速度が減速する減速沈降期間が現れる。濃縮がさらに進むと沈積した細胞集団がたがいに重なり合い，自重によって層の圧縮と細胞集塊内部液の排出が起こる。懸濁液層はやがて消失し，回分沈降過程は圧縮脱水期間に入って界面沈降速度は低下し，やがて平衡状態を迎える。

同じ濃度の濃厚な細胞懸濁液を異なる初期液高$(H_0)_1$，$(H_0)_2$で容器内に静置すると，界面の高さHは**図 9.2** のように変化する。Work，Kohler は，定速沈降期間，減速沈降期間の全過程に対し，つぎのスケールアップ則が成り立つことを発見した[1)]。

$$\frac{(H_0)_2}{(H_0)_1}=\frac{H_2}{H_1}=\frac{t_2}{t_1} \quad (9.3)$$

実験室レベルで回分沈降過程を解析することにより，この式から，任意の大きさの沈降濃縮器を用い所要濃縮度を達成するために要する時間が見積もられている。

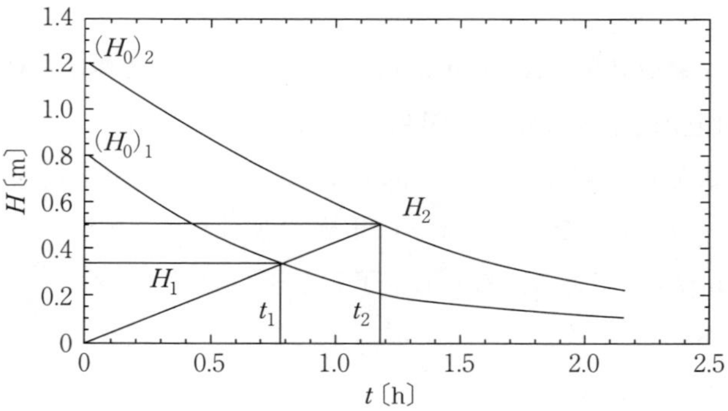
$(H_0)_2$
$(H_0)_1$
H_2
H_1
t_1
t_2
H〔m〕
t〔h〕
0
0.2
0.4
0.6
0.8
1.0
1.2
1.4
0.5
1.0
1.5
2.0
2.5

図 9.2 回分沈降過程

圧縮脱水期間に関し，平均稀薄度（固体単位質量当りの液の質量）をDとし，次式が提案されている[2)]。

$$-\frac{dD}{dt}=k\left(D-D_{\infty}\right) \tag{9.4}$$

D_{∞}は圧縮平衡時の平均稀薄度である。積分すると次式を得る。

$$\frac{D-D_{\infty}}{D_{\mathrm{C}}-D_{\infty}}=\frac{H-H_{\infty}}{H_{\mathrm{C}}-H_{\infty}}=\exp\left\{-k\left(t-t_{\mathrm{C}}\right)\right\} \tag{9.5}$$

添え字 C は圧縮脱水開始時を表している。細胞の乾燥質量濃度を X〔kg·m^{-3}〕，細胞の含水率を m_{W}〔kg·kg^{-1}〕とすると次式が成り立つ。

$$D=\frac{\rho_{\mathrm{L}}\left(1-m_{\mathrm{W}}\right)}{X} \tag{9.6}$$

多量の細胞懸濁液を対象とする場合，**シックナー**（thickner）と呼ばれる沈殿濃縮装置が使用される。槽径 10 ～ 20 m，円形の水槽であり，細胞懸濁液は槽中央の供給筒から供給される。装置底部は中央に向かってコーン状に傾斜が設定され沈殿濃縮された細胞集塊凝集液は底部中心に集まりここからポンプによって分離器外に移槽される。清澄液はシックナー上部から溢流となって外部に流出する。

シックナーの面積を A〔m^2〕，単位時間に生物反応器からシックナーに送り込まれる細胞の乾燥質量と湿潤細胞基準の稀薄度を r_{X}〔kg·h^{-1}〕，D_0〔kg·kg^{-1}〕，シックナー底部から排泥として獲得される細胞濃縮液の稀薄度を D_{f}，シックナー上部から溢流する液の流量に相当するシックナー内液上昇速度を u_{L} とすると，物質収支より次式が得られる。

$$A=\frac{D_0-D_{\mathrm{f}}}{\rho_{\mathrm{L}}u_{\mathrm{L}}}\left(\frac{r_{\mathrm{X}}}{1-m_{\mathrm{X}}}\right)=\left(\frac{1}{X_0}-\frac{1}{X_{\mathrm{f}}}\right)\frac{r_{\mathrm{X}}}{u_{\mathrm{L}}} \tag{9.7}$$

式 (9.5) を積分し，装置容積を算出して A を代入すると，シックナー深さが決定できる。

9.3　遠心分離操作

遠心分離（centrifugation）は，質量 m の物体が半径 r〔m〕の円周上を角速度 ω〔rad·h^{-1}〕で回転運動する場合（**図 9.3**），回転運動によって物体は**遠心力**（centrifugal force）（$=mr\omega^2=ma=m(Gg)$）を受ける。g は重力の加速度（$=9.8$ m·s^{-2}）である。ただし，下記を遠心加速度と呼ぶ。

$$a=r\omega^2=Gg \tag{9.8}$$

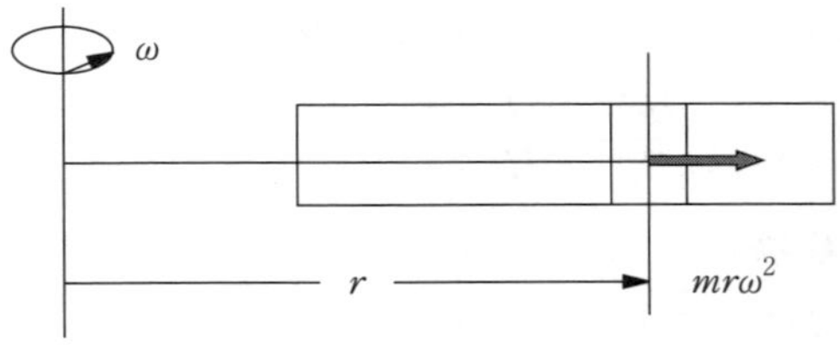

ω
r
mrω²

図 9.3　回転運動する物体に働く遠心力

遠心力下で物体が受ける力が重力から受ける力の何倍であるかを表す指標 G を**遠心効果**（centrifugal effect）と呼ぶ。回転運動の回転数を n〔rpm〕とすると，遠心効果は次式で表せる。

$$G=\frac{a}{g}=\frac{r\omega^2}{g}=\frac{r\left(2\pi n/60\right)^2}{g}=0.001\,12rn^2 \tag{9.9}$$

遠心力を利用した分離装置を遠心分離機と呼ぶ。$G<100$ の装置を**低速遠心分離機**，$G\simeq 10\,\mathrm{k}$ 程度の装置を**高速遠心分離機**，$G>100\,\mathrm{k}$ の装置を**超遠心分離機**と呼んでいる。タンパク質の場合，分離に際しては $G>100\,\mathrm{k}$ が不可欠であり，60 k rpm 以上の高速回転が要求される。

粒子が 抗力＋遠心場の浮力＝遠心力 の状態で，速度 v_∞ で遠心沈降運動する状況を考える。このとき，次式を得る。

$$3\pi\eta_L d_P v_\infty + \frac{\pi}{6}\rho_L d_P^3 r\omega^2 = \frac{\pi}{6}\rho_P d_P^3 r\omega^2 \tag{9.10}$$

整理すると

$$v_\infty = \frac{1}{18\eta_L}(\rho_P - \rho_L) d_P^2 r\omega^2 = sr\omega^2 \tag{9.11}$$

を得る。ここで

$$s = \frac{1}{18\eta_L}(\rho_P - \rho_L) d_P^2 \tag{9.12}$$

と置き**沈降係数**（sedimentation constant）と名付ける。沈降係数は，単位遠心加速度当りの沈降速度であり，時間の単位を有する。タンパク質に関してこの s を計算すると，以下の単位が適当な大きさの数値を与えることがわかった。

$$1\,S = 10^{-13}\,s \tag{9.13}$$

この大文字の S を**スベドベリ単位**（Svedberg unit）と呼び，沈降係数は S を単位として表す。298 K の水を用いた場合，沈降係数は，シトクロム c が $1.8\,S$，リゾチームが $2.2\,S$，セルラーゼが $3.1\,S$，ヒトヘモグロブリンが $4.1\,S \sim 4.5\,S$，ウシ血清アルブミン（BSA）が $4.3\,S \sim 4.5\,S$，免疫グロブリン G が $6.6\,S \sim 7.5\,S$ 程度である[3)]。

9.4 膜分離操作

流体を選択性を有する膜を通すことにより成分を分離する操作を**膜分離**（membrane separation）と称する。代表的な膜分離には**濾過**（filtration）と**透析**（dialysis）がある。

9.4.1 濾　　過

濾過は，多孔質材料を分離膜として採用し孔径と粒子の径との大小関係で分離を行う。濾過の代表格である**限外濾過**（ultrafilitration，UF）では，孔径 0.01 ～ 0.001 μm の UF 膜（セルロース系，合成高分子系，無機系など）を用い，操作圧力 0.2 ～ 1 MPa の条件下，膜の両側に圧力勾配を設定して分離を行う。細菌，ウィルスの除去，ホエイの分画，生乳，脱脂粉乳の濃縮と分画，生酒製造，蜂蜜の脱タンパク質など，タンパク質程度の比較的大きな溶質分子の分離に利用されている。

逆浸透（reverse osmosis membrane，RO）では，孔径 2 nm の RO 膜を用い，水だけを通し，イオン，塩類を遮断して濾（こ）し分ける操作を行う。操作圧力は 1 ～ 10 MPa であり UF よりは高い。水

1
2
3
4
5
6
7
8
9
10

の分子径は 0.38 nm であり，孔を通過することができる。Na^+ は 0.12 ～ 0.14 nm であり小さいが，水和が起こるため見かけのイオン径は数倍から数十倍上昇する。さらに膜表面に付着する水分子は分子移動のための有効な孔径を小さい方向にシフトさせる。このためイオンは移動できないといわれている。イオン濃度の異なる 2 液を RO 膜を介して接触させると，浸透圧差によって水はイオン濃度の低いほうから高いほうに移動する。イオン濃度の高いほうに浸透圧差を上回る圧力を負荷すると，水はイオン濃度の高いほうから低いほうに逆浸透する。純水，超純水の製造，乳製品の濃縮に欠かせない操作となっている。膜材としては，酢酸セルロース，芳香族ポリアミド，ポリビニルアルコール，ポリスルホンなどが使用され，高い圧力に耐えられるように中空糸膜，スパイラル膜，チューブラー膜として使用されている。

精密濾過（micro filtration，MF）では，孔径が 0.05 ～ 10 μm の UF 膜より膜孔径の大きな MF 膜を用い，0.1 ～ 0.5 MPa 程度の操作圧力で分離を行う。対象は，通常の濾過操作では分離が難しい懸濁微粒子，微生物などである。

分離する対象の粒子径で比較すると，通常の濾過，精密濾過，UF，RO の順に小さくなる。

9.4.2　透　　析

一定の大きさ以下の分子，イオンを通過させる膜を**半透膜**（semipermeable membrane）という。透析は，半透膜の両側に濃度の異なる 2 液を接触させて浸透圧勾配を形成，溶質のみ通過させて分離を行う操作である。透析は，生物科学の実験室では極めて高頻度で使用されているが，透析時間が長いため実用化分野は限定されている。

血液透析は透析が重要な役割を担っている医療技術である。**クレアチニン**（creatinine，Cr）は，筋肉へのエネルギー供給源であるクレアチンリン酸の代謝老廃物であり，血中に入り糸球体で濾過され，ほとんど吸収されずに尿中に排出される分子量 113.1 の含窒素有機物質である。血清 Cr 値は，体筋肉量を反映するため男女差があるが，正常値は男性で 6 ～ 12 $\mu g \cdot cm^{-3}$，女性で 4 ～ 10 $\mu g \cdot cm^{-3}$ 程度といわれている。血清 Cr 値が 50 ～ 70 $\mu g \cdot cm^{-3}$ となると血液透析を検討する段階と判断されている。膜材として再生セルロース，ポリアクリルニトリル（PAN），PS，ポリメチルメタアクリレート（PMMA）が使用されている。

透析は，生物反応後の処理操作として多用されている。例えば，生体高分子を塩析させ沈殿として確保した後に脱塩処理が必要となるが，ここで透析が使用されている。透析膜には，再生セルロース，アセチルセルロース，ポリアクリロニトリル，テフロンポリエステル系ポリマーアロイ，ポリスルホンなどが使用されている。

透析によって分離される溶質分子がイオン，コロイドの場合，電界を与えて膜間移動を促進することがある。この分離手段は**電気透析**（electrodialysis）と呼ばれる。イオンに対する選択透過性の高い膜をイオン交換膜という。生物材料が合成したセルロース，アミロースを加水分解し，単糖を獲得する多くの場合，酸加水分解を行い高分子の糖質を低分子化する。この生成物を中和すると生成物中に塩類が生じるため脱塩操作が不可欠となる。乳業，アミノ酸製造プロセスなど食品製造プロセスでは脱塩が重要な操作となっている。電気透析は海水の脱塩において実用化されており，上記プロセスでは電気透析が応用されている。

9.5 蒸　留　操　作

蒸留（distillation）とは，液体混合物を加熱し液相成分を蒸気とするときに各成分の分圧の差を利用して分離する操作を指している。液相から蒸発する蒸気の組成は，液相での各成分の組成とは異なり低沸点成分の割合が大きくなる。この蒸気を凝縮させれば，低沸点成分の濃度の高い液が得られるが，蒸留ではこの現象を応用している。紀元前より蒸留は生物材料の生成物分離に適用されている。BC 3000 年頃，古代メソポタミアにおいて，花の蜜を集めて香水を作るための蒸留器が登場している。BC 750 年頃，古代アビニシアではビールが蒸留され，最初の蒸留酒が登場している。生物材料を取り扱う産業で蒸留が最も応用されている分野は，バイオエタノール製造プロセスである。アセトン，メタノール，ブタノール，酢酸などの発酵製品の回収にも多用されている。

図 9.4 は実験室で多用されている蒸留器を示す。蒸留用の丸底フラスコ内の混合物を加熱すると液面から各成分が徐々に蒸発し始める。加熱に依って枝付きフラスコから出た蒸気の一部はフラスコの首で**分縮**（partial condensation），フラスコ内に戻りその他の蒸気は凝縮器のほうへいき，冷却される。フラスコの首を十分に保温すると，分縮が起こらずに蒸気はすべて冷却器で冷やされる状態ができる。この操作を**単蒸留**（simple distillation）と呼ぶ。図に示す蒸留操作を進めると蒸留液を溜めるフラスコ中に低沸点成分は移動するため，加熱フラスコ中の低沸点成分濃度は低下する。ある程度，留出液が採取された段階で蒸留を止めることになるが，このような操作を**バッチ蒸留**（batch distillation）と呼んでいる。

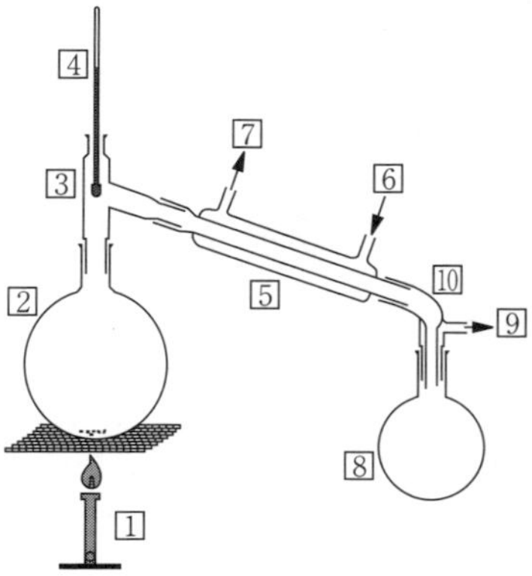
4
3
7
6
2
5
10
9
8
1

1 熱源（ガスバーナー），2 蒸留用丸底フラスコ，
3 ト字管，4 温度計，5 冷却器，6 冷却水入口，
7 冷却水出口　8 蒸留液を溜めるフラスコ，
9 真空ポンプ，10 真空用アダプター

図 9.4　実験室レベル蒸留器

ある温度で操作される成分 1，2 から成る 2 成分系を考える。全圧を π とする。成分 1，2 の液相モル分率が x，$1-x$ である均一な混合液中の各成分が示す分圧を p，$\pi-p$ とする。気体が理想気体，液体が理想溶液である場合，気液平衡関係は，純成分の蒸気圧 P_1，P_2 よりつぎの Raoult 式により求まる。

$$p_1 = P_1 x, \qquad p_2 = P_2(1-x) \tag{9.14}$$

成分 1，2 の気相モル分率 y，$1-y$ は次式で表せる。

$$y = \frac{p_1}{\pi}, \qquad 1-y = 1-\frac{p_1}{\pi} = \frac{p_2}{\pi} \tag{9.15}$$

ここで

$$\alpha = \frac{P_1}{P_2} = \frac{\dfrac{p_1}{x}}{\dfrac{p_2}{1-x}} = \frac{\dfrac{y}{1-y}}{\dfrac{x}{1-x}} \tag{9.16}$$

は**比揮発度**（relative volatility）と呼ばれる。α の大きい混合液ほど，蒸留で分離しやすい。式 (9.14)，(9.15) より次式を得る。

$$y = \frac{P_1 x}{P_1 x + P_2(1-x)} = \frac{\alpha x}{1+(\alpha-1)x} \tag{9.17}$$

したがって，比揮発度がわかれば気液平衡関係が算出できる。

フラスコ内液成分の全モル数を N，成分 1 のモル分率を x とすると，次式が成り立つ。

$$d(Nx) = y\, dN \tag{9.18}$$

蒸留開始時刻 t_0 から時刻 t まで積分すると次式を得る。

$$\beta = \frac{N_0 - N}{N_0} = 1 - \exp\left(-\int_x^{x_0} \frac{dx}{y-x}\right) \tag{9.19}$$

この式は Rayleigh の式と呼ばれ，β は留出率と呼ばれる。

図 9.5 は多段式の連続蒸留装置を示す。蒸留塔，凝縮器，予熱器，リボイラーから構成される。原料供給段より上方を**濃縮部**（enriching section），下方を**回収部**（stripping section）と呼ぶ。各段では上方から流れてくる液と下段から上昇してくる蒸気とが接触し，低沸点成分が液相から気相に移動している。段番号は上から下に向かって 1，2，3，… と付ける。いま，原液の流量を F，留出液の流量を D，還流液の流量を L，蒸気の流量を V，缶出液の流量を W とする。原料液，留出液，缶出液中の成分 1 の組成を x_F，x_D，x_W，第 n 段目の液中の成分 1 の組成を x_n，気相組成を y_n とする。濃縮部の物質収支は次式で表せる。

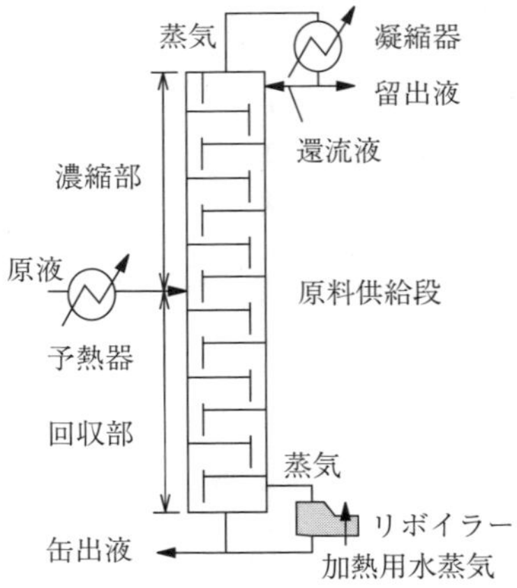
蒸気
凝縮器
留出液
還流液
濃縮部
原液
原料供給段
予熱器
回収部
蒸気
リボイラー
缶出液
加熱用水蒸気

図 9.5　連続蒸留装置

$$V = L + D \tag{9.20}$$

$$Vy_n + 1 = Lx_n + Dx_D \tag{9.21}$$

還流比を

$$R = \frac{L}{D} \tag{9.22}$$

で表すと，濃縮線と呼ばれる次式を得る。

$$y_{n+1}=\frac{R}{R+1}x_n+\frac{x_D}{R+1} \tag{9.23}$$

回収部での液流量は $L+F$ であるため，回収部での物質収支は次式で表せる。

$$L+F=V+W \tag{9.24}$$

$$(L+F)x_n=Vy_n+1+Wx_W \tag{9.25}$$

回収比を

$$R'=\frac{V}{W} \tag{9.26}$$

で表すと，回収線と呼ばれる次式を得る。

$$y_{n+1}=\frac{R'+1}{R'}x_n-\frac{x_w}{R'} \tag{9.27}$$

濃縮線，回収線を**操作線**（operating line）と呼ぶ。

図 9.6 は操作線を示す。留出液組成 x_D は，第 1 段で発生した蒸気の組成 y_1 に等しい。x–y 曲線と組成 y_1 の交点より液組成 x_1 が求まる。順次，階段作図によって各段の組成が求められる。この方法を **McCabe-Thiele 法**[4] と呼ぶ。階段作図で得られた階段の数が**ステップ数**（number of steps）である。リボイラーを 1 段として計上しているため，蒸留塔の段数はステップ数から 1 を引いた値である。段上の液組成と発生する蒸気の組成とが平衡状態にあることを前提としている。これを理想段と呼び，理想段から求めた段数を理想段数と呼んでいる。

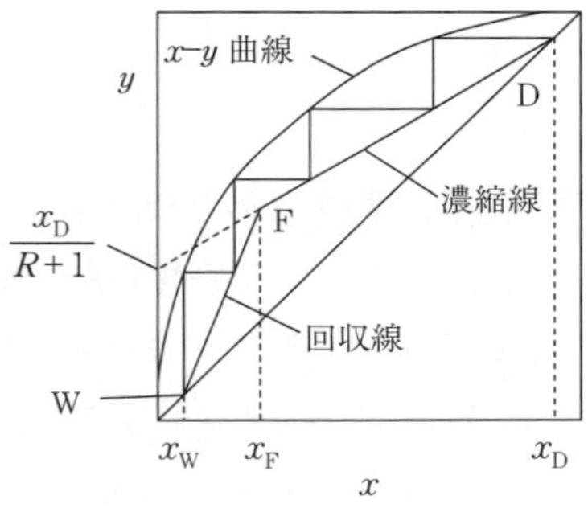
x–y 曲線
y
D
濃縮線
$\frac{x_D}{R+1}$
F
回収線
W
x_W
x_F
x_D
x

図 9.6　操作線と x–y 曲線

実際の蒸留塔は，理想段数では蒸留目的を達成できない場合が多く，必要な段数は理想段数よりも大きい。理想段数と必要な段数の比を**段効率**（column efficiency）と呼ぶ。

全還流とは，留出液を取り出さず凝縮器出口液をすべて蒸留塔に戻す操作を指している。式 (9.22) において $R=\infty$ である。濃縮線の勾配は 1 となり，対角線と平行となる。このときの段数を最小理論段数 N_m と呼ぶ。

還流比を小さくすると濃縮線の勾配も小さくなり，濃縮線は x–y 曲線に近づく。濃縮線と回収線の交点 F が x–y 曲線上にきたとき，理論段数は無限大となる。このときの還流比を最小還流比 R_m と呼んでいる。濃縮線の傾き，最小還流比はそれぞれ次式のようになる。

$$\frac{R_m}{R_m+1}=\frac{x_D-y_F}{x_D-x_F} \tag{9.28}$$

$$R_m=\frac{x_D-y_F}{y_F-x_F} \tag{9.29}$$

エタノール水溶液は**図 9.7** のような x–y 線図を有する。図の点 A は，エタノールの組成 x_1 が 0.894 の状態を示す。質量％では，95.6％である。これより液組成の高い領域では，液組成と蒸気組成が一致し，単純な蒸留操作によってはエタノールと水とを分離できなくなる。このような組成の混合物を**共沸混合物**（azeotrophic mixture），そのときの沸点を共沸点と呼んでいる。エタノール水溶液の共沸点は，101.3 kPa では 351.15 K である。エタノールと水との共沸混合物からエタノールを分離する手法の一つが**共沸蒸留**（azeotrophic distillation）である。この方法では，比揮発度を変化させるために，エントレーナーと称する第 3 成分を溶剤として添加し蒸留が行われる。燃料としてのバイオエタノール製造においてエタノール水溶液中にベンゼンを添加することを想定する。蒸留塔の底部から高純度エタノールが回収できる。塔頂からは，エタノール，水，ベンゼン 3 成分の共沸混合物が獲得できるが，この液は簡単に有機層と水層に分かれるため，有機層はもとの蒸留塔に戻し，水層はエタノールを蒸留する第 2 の塔に送ることで回収を進めることが技術となっている。

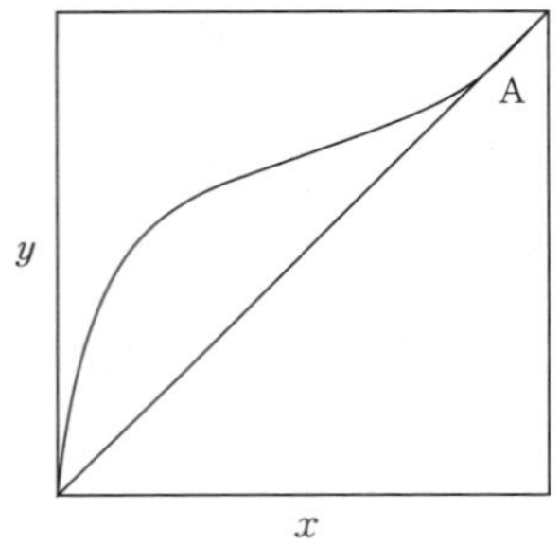
A
y
x
図 9.7　共沸混合物の x-y 曲線

9.6 吸 収 操 作

気体混合物を液体と接触させ，特定成分を液体へ溶解させて分離する操作を**吸収**（absorption）と名付けている。生物材料が気相に生成する物質の中で吸収操作で分離されている典型例はバイオガスからの CO_2 除去プロセスである。バイオガスは 60 vol％の CH_4 と 40 vol％の CO_2 から成る混合ガスである。混合ガス状態では，燃焼熱に制限があるため，ボイラー用の燃料，バイオガス専用発電機用燃料に応用分野は限られている。混合ガスから CO_2 を吸収除去し 98 vol％以上の CH_4 ガスを獲得しようとする試みがなされている。

CO_2 は，代謝経路の多くの場所から副生する。生物を用いた発酵プロセスの規模が大型化した場合，CO_2 除去に関して技術を整えておくことは必要である。**図 9.8** に示す**モノエタノールアミンプロセス**（monoethanolamine（MEA）process）[5] は，排ガス中の CO_2 をモノエタノールアミン（$H_2NCH_2CH_2OH$）水溶液によって反応吸収させる装置である。モノエタノールアミンは，常温（293～313 K）で次式に従って CO_2 を吸収し炭酸塩となる。

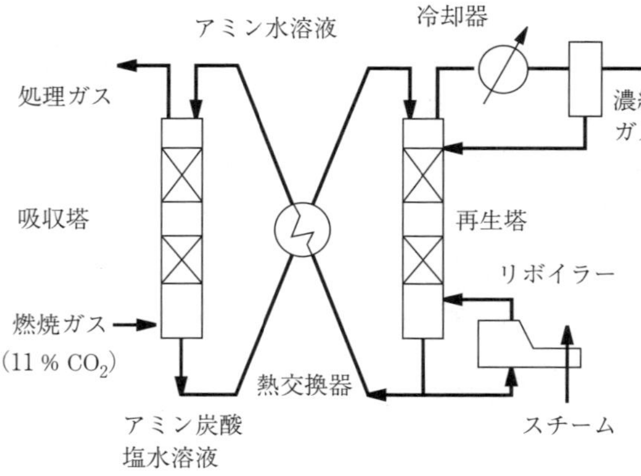
アミン水溶液
冷却器
処理ガス
濃縮 CO2
ガス
吸収塔
再生塔
リボイラー
燃焼ガス
(11 % CO2)
熱交換器
アミン炭酸
塩水溶液
スチーム
図 9.8　CO_2 を吸収除去するための MEA プロセス

$$CO_2 + 2H_2NCH_2CH_2OH + H_2O \rightarrow (HOCH_2CH_2NH_3{}^{+})_2CO_3{}^{2-} \tag{9.30}$$

この炭酸塩は，高温（386 ～ 389 K）では，下記に従って MEA を再生し，CO_2 を放出する。

$$(HOCH_2CH_2NH_3{}^+)_2CO_3{}^{2-} \rightarrow CO_2 + 2H_2NCH_2CH_2OH + H_2O \quad (9.31)$$

図 9.8 では，吸収塔で式 (9.30)，再生塔で式 (9.31) が示す反応を進めている。吸収塔と再生塔の中間に設置された熱交換器で常温の流体と高温の流体が熱の交換を行っている。再生塔の右上で濃縮 CO_2 が回収され，炭酸飲料，ドライアイスなどの用途に向けられている。MEA は長期間使用すると劣化するが，生物の炭素源かつ窒素源と成り得る物質であるため，生物変換によって有用物質を製造するための原料として活用する技術が整えられている[6]。

9.7 晶　析　操　作

晶析（crystallization）とは，溶解度の温度依存性を利用し生物反応器で獲得した液を加熱または冷却し目的成分を結晶化させ液から選択的に分離する操作を表す。ショ糖，アミノ酸，医薬品などの製造で用いられている。

サトウキビからのショ糖生成では，サトウキビからの粗糖生成段階および粗糖からの精製ショ糖生成段階で真空結晶缶が採用されている。生成段階の真空結晶缶の底部から獲得される液を遠心分離器にかけると白化したショ糖が獲得できる[7]。

グルタミン酸ナトリウムは，1907 年に池田が発見した[8] が，現在は *Corynebacterium* 属菌，*Brevibacterium* 属菌を 303 ～ 313 K，pH 7 ～ 8 で通気撹拌し，発酵法によって製造されている。アミノ酸結晶成長速度は無機塩類の結晶成長速度と比べ遅いため，晶析装置は比較的大きくなる。過飽和溶液と結晶との接触を促すために撹拌晶析器が採用されている[9]。

9.8 抽　出　操　作

抽出（extraction）とは，生物反応器から獲得した液体状態の生成物または固体状態の植物材料などに溶剤を接触させ，溶剤可溶成分を溶剤中に移動させ難溶性成分から分離する分離操作を指している。水と非極性有機溶媒のように混じり合わない 2 種類の溶媒に対する溶解度差を利用する分離操作を液液抽出，固体に溶媒を作用させる方法を固液抽出という。**図 9.9** にそれらを例示する。

ジクロロメタン，クロロホルム以外の多くの有機溶媒の密度は水よりも小さい。このため，2 相に分離したとき，有機相は上層，水層は下相に分配される。この場合，有機溶媒，水を抽剤，両相に分配される成分 A を抽質と呼ぶ。成分 A が 2 種類の抽剤中に溶けている濃度を c_{A1}，c_{A2} とする。平衡状態におけるこれら濃度の比

$$K_d = \frac{c_{A2}}{c_{A1}} \quad (9.32)$$

を**分配係数**（partition coefficient）という。**表 9.1** はアミノ酸またはタンパク質を抽質とし，液液二相分配した時の分配係数[10] を示す。グリシン，リジンは大半が水層に抽出されることがわかる。

1 2 3 4 5 6 7 8 9 10

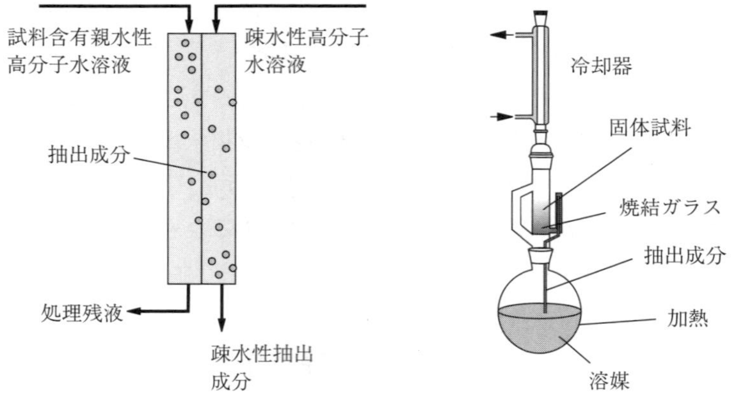
試料含有親水性
高分子水溶液
疎水性高分子
水溶液
抽出成分
処理残液
疎水性抽出
成分
冷却器
固体試料
焼結ガラス
抽出成分
加熱
溶媒

（a） 液液二相分配マイクロ分離器　　（b） ソックスレー固液分離器

図 9.9　抽出器

表 9.1　タンパク質の分配係数

BuOH：n-ブタノール，PEG：ポリエチレングリコール，Dex：デキストラン，K_3PO_4：リン酸カリウム，Amyl Ac：アミルアセテート，W：水

抽質	抽剤	分配係数
グリシン	BuOH/W	0.01
リジン	BuOH/W	0.2
α-グルコシターゼ	PEG/salt	2.5
プルラナーゼ	PEG/Dex	3.0
カタラーゼ	PEG/Dex	3
グルコースイソメラーゼ	PEG/salt	3
フマラーゼ	PEG/salt	3.2
グルコース-6リン酸デヒドロゲナーゼ	PEG/salt	4.1
アスパルターゼ	PEG/salt	5.7
アルコールデヒドロゲナーゼ	PEG/salt	8.2
ロイシンデヒドロゲナーゼ	PEG/Dex	9.5
ペニシリン	Amyl Ac/W(pH4)	12
ペニシリン	Amyl Ac/W(pH6)	0.1
エリスロマイシン	Amyl Ac/W	120

タンパク質は，疎水性抽剤であるポリエチレングリコール（PEG），親水性抽剤であるデキストラン（Dex）や塩類（salt）を用いると分配係数は2.5～10程度が達成できる。ペニシリンは弱酸基を含んでいる。この場合，分配係数はpHによって大きく変化する。ペニシリンは，pH 6の場合は水相，pH 4の場合は有機相に分配されることがわかる。図9.9（a）に，DexとPEGを溶媒として採用する水性二相分配法を示す。生物反応器で獲得した成分混合液を親水性高分子水溶液に懸濁させ，疎水性高分子水溶液と並流接触させて疎水性の目的成分を疎水性高分子水溶液側に回収している。稀少症例薬品タンパク質の分離を想定し，マイクロ分離器を制作し，ウシ血清アルブミン（BSA）を回収した研究報告[11]がある。

茶，コーヒーなどの飲料は，植物材料に湯を作用させて成分を抽出しており，固液抽出を応用した製品である。図（b）に，固液分離用の**ソックスレー抽出器**（Soxlet extractior）を示す。抽剤を入れたフラスコの上に固体試料を置いた多孔質濾過材を設定し，その上部に冷却管を置いた装置であり，フラスコを加熱し，抽剤を蒸発させて固体試料に蒸気として作用させ抽質を蒸気中に移動させる。蒸気は上部の冷却管で凝縮し，液となって滴下するため，フラスコ内部に抽質が濃縮される。

9.9 クロマトグラフィー

クロマトグラフィー（chromatography）は，固定相と呼ばれる物質の表面または内部に移動相と呼ばれる流体を通じ，固体分子と流体分子の大きさ，吸着力，電荷，質量，疎水性などの違いを利用して成分ごとに分離する手法である。

9.9.1 分配クロマトグラフィー

管内に充填物を挿入した液体クロマトグラフィー，ガスクロマトグラフィーが使用されている。液体クロマトグラフィーでは，表面が$-Si(OH)_2-$となるように化学処理されたシリカゲルの担体を用いることが多い。したがって，水層がシリカ表面，有機層が移動相に該当する。固定相と移動相との間で成分の分配が生じ分離が行われる。この場合の固定相と移動相の組み合わせを順相クロマトグラフィーという。シリカゲルをオクタデシルシラン（ODS）などの長鎖アルキルクロロシランで処理すると固定相は長鎖アルキル鎖で修飾され有機相への親和性が高まり，移動相は水層となる。この場合を逆相クロマトグラフィーと呼ぶ。逆相クロマトグラフィーでは疎水性の低い成分，極性の高い成分が先にカラムから流出する。疎水性有機化合物，ペプチド，核酸の分離に使用されている。

セルロースを担体とする順相の**薄層クロマトグラフィー**（thin layer chromatography，TLC），順相の**ペーパークロマトグラフィー**（PC，paper chromatography）は，分配クロマトグラフィーに分類される。セルロースの OH 基に水素結合した水が固定相となる。生物反応器から調製した試料を TLC や PC の下部にスポットして担体下面を溶媒に漬けると溶媒は下面から上方向に上昇し始め，スポット位置からは試料成分を同伴する。固定相が水層，移動相が有機層となるため，分配係数の大きな成分が速く上方向に移動する。着目成分を A とすると，成分 A の上昇距離 z を求め式 (3.5) を応用することで TLC 上で成分を分離することができる。

9.9.2 吸着クロマトグラフィー

吸着（adsorption）とは，固体と流体との界面において流体中成分の濃度が増加する現象を指している。吸着する成分を吸着質，吸着質を受け止める物質を吸着剤と呼ぶ。吸着では，流体中の吸着質 A が吸着剤界面に束縛され自由度がなくなるためエントロピーは低下する（$\varDelta S < 0$）。吸着が自発的に起こる（$\varDelta G = \varDelta H - T\varDelta S < 0$）ためには $\varDelta H < 0$ でなくてはならない。このため，吸着

1
2
3
4
5
6
7
8
9
10

は発熱反応であることがわかる。吸着力の差を利用するクロマトグラフィーが**吸着クロマトグラフィー**（adsorption chromatography）である。吸着クロマトグラフィイーの代表例が薄層クロマトグラフィーである。TLC では，硝子表面にシリカゲルが塗布された板を用いる。シリカゲルは，Si-OH 結合が多いため極性は高い。試料の中に含まれている極性の高い成分はこの OH 基に強く吸着し，極性の低い成分は吸着しない。TLC の上部には非極性物質，下部には極性物質が分布するため分離操作が可能となる。

カラムで吸着クロマトグラフィーを行う場合，固定相には無極性の活性炭，ポリスチレン，極性の高いアルミナ，シリカなどが採用される。溶媒が存在すると試料が溶媒和され，吸着現象が観察しづらくなることがある。このため，吸着クロマトグラフィーは，ガスクロマログラフィーとして使用されることが多い。

9.9.3　ゲル浸透クロマトグラフィー，ゲル濾過クロマトグラフィー

ゲル粒子を固定相とし移動相中に含まれる成分の分子サイズの違いを利用した分子篩クロマトグラフィーである。ゲル粒子は多孔質であり，粒子表面から内部に向けて孔径は小さくなっている。サイズの小さい分子は粒子内部に拡散するため分離カラムからの流出時間は長くなる。逆に大きな分子は粒子の内部に入りにくく短い滞留時間でカラムから流出する。有機溶媒を移動相とする分離手段を**ゲル浸透クロマトグラフィー**（gel permeation chromatography），水溶液を移動相とする分離手段を**ゲル濾過クロマトグラフィー**（gel filtration chromatography）と呼ぶ。分離できる分子量の範囲は，0.1 k ～ 10 M と広い特徴がある。天然高分子の分離，オリゴマーの分離などに使用されている。固定相へのタンパク質の吸着がないため，タンパク質は変性しにくく，また pH やイオン強度に影響されない利点がある。

9.9.4　イオン交換クロマトグラフィー

イオン交換クロマトグラフィー（ion exchange chromatography）は固定相にイオン交換樹脂などのイオン交換体を用い移動相中のイオン性化合物と固定相とのイオン結合の強弱に応じて成分を分離する操作である。陽イオン性化合物の分離には，負の電荷を有する陽イオン交換体（ジエチルアミノエチル（DEAE），$-(CH_2)_2N^+H(C_2H_6)_2$，$pK_a=9\sim10$；第 4 級アミノエチル（QAE），$-(CH_2)_2N^+R(C_2H_6)_2$，$pK_a>13$），陰イオン性化合物の分離には，正の電荷を有する陰イオン交換体（カルボキシメチル（CM），$-CH_3COO^-$，$pK_a=3\sim5$；ホスホ，$-O-PO_3^{2-}$，$pK_{a1}=1\sim2$，$pK_{a2}=6\sim7$；スルホプロピル（SP），$-(CH_2)_2SO_3$，$^-pK_a<1$）を固定相に採用する。アミノ酸，ヒドロキシ酸，タンパク質の分離に使用されている。陽イオン交換樹脂カラムを例にとると，カラムは試料を通じる前に pH 平衡を達成しておく。次いで試料を通じる。陰イオン性化合物は早く流出するが，陽イオン性物質は長く分離器内に滞留する。

9.9.5 アフィニティークロマトグラフィー

アフィニティークロマトグラフィー（affinity chromatography）とは，酵素と基質，酵素と阻害剤，抗体と抗原，核酸と相補的結合部位を有する核酸，ホルモンとレセプター，レクチンと糖鎖，アビジンとビオチンなど生化学物質の特異的結合性を利用して物質を分離する方法を指している。このクロマトグラフィーでは，親和性を発揮する一方の物質をデキストラン，アガロースなどの高分子化合物ゲルに固定化し，移動相中に含まれる他方の物質を結合させ分離目的を達成する（**図 9.10**）。

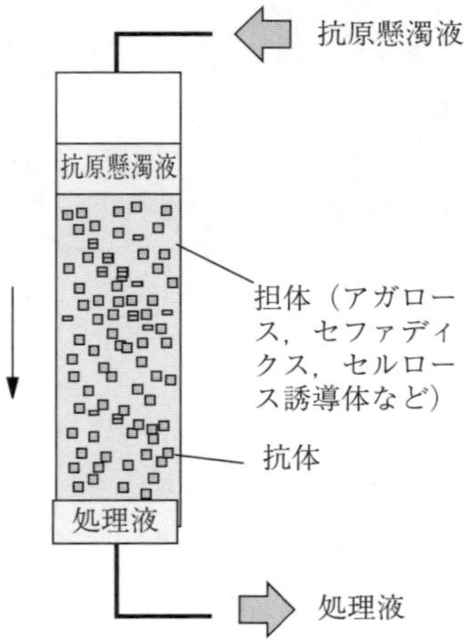
抗原懸濁液
抗原懸濁液
担体（アガロース，セファディクス，セルロース誘導体など）
抗体
処理液
処理液

図 9.10　抗原と抗体との親和力を応用したアフィニティークロマトグラフ

タンパク質分子はその表面で金属イオンを配位する性質を有している。ペプチド鎖を構成するアミノ酸残基の中でも特にヒスチジンは金属イオンとの配位結合形成に強く関わっている。**His タグ**（polyhistidine-tag）は，6 個程度の連続するヒスチジン残基から成るタグペプチドである。組換え DNA 実験によって目的タンパク質の末端にヒスチジン残基を複数付加させておき，pH 8 以上の条件でニッケル等の金属イオンを固定化した担体と接触させると，His タグとニッケルとが親和性が高いためにキレートし担体に結合するため目的タンパク質を分離することが可能である。結合を形成し他のタンパク質と分離した後にイミダゾールを添加すると担体から目的タンパク質が遊離し回収することができる。金属イオンとタンパク質との親和性は，銅，ニッケル，亜鉛，コバルトの順に弱くなる。イミダゾールによる脱離は，タンパク質の変性を避け得るといわれている。

【引用・参考文献】

1）Work LT, Kohler AS. 1940. Sedimentation of suspensions. Ind. Eng. Chem. 32: 1329-1334.
2）Roberts EJ. 1949. Thickening, art or sciences. Trans. AIME. 184: 61-64.
3）海野 肇, 中西一弘, 白神直弘. 1992. 生物化学工学, 講談社サイエンティフィック, 東京.
4）McCabe WL, Thiele EW. 1925. Graphical design of fractionating columns. Ind. Eng. Chem. 17: 605-611.
5）Kohl AL, Riesenfeld FC. 1960. Gas purification. McGraw-Hill. New York.
6）Ohtaguchi K, Yokoyama T. 1997. The synthesis of alternatives for the bioconversion of waste-monoethanolamine from large-scale CO_2-removal processes. Energy Converts. Mgmt. 38: S539-S544.
7）King CJ. 1980. Separation processes, second ed. McGraw-Hill Book Co.
8）池田菊苗. 1908. グルタミン酸を主要成分とせる調味料製造法. 特許第 14805 号
9）竹之内邦春, 坂田義樹. 1962. アミノ酸の結晶化. 化学と生物. 1: 146-151.
10）Walter H, Brooks DE, Fisher D. (eds). 1985. Partitioning in aqueous two-phase systems: Theory, methods, uses and applications to biotechnology. Academic Press. New York.
11）Kuwabara K, Ohtaguchi K. 2008. Size-effects in the separation of bovine serum albumin through an aqueous polymer two-phase systems on the micron-size devices. J. Chem. Eng. Jpn. 41: 114-120.

10. 応用技術

10.1　応用技術の概要

応用技術の概要は，表 1.1 に列挙した。バイオテクノロジーのためのプロセス工学は，エネルギー，医薬品，食糧品，環境保全など多分野に応用されている。個別応用技術の詳細は他書に委ねる。ここでは各分野の代表として，バイオエタノール，モノクローナル抗体，キシリトールの製造プロセスおよび活性汚泥法を選び出し紹介する。

10.2　バイオエタノール製造プロセス

10.2.1　バイオエタノールの概要

トウモロコシ，サツマイモ，麦，タピオカ，キャサバなどのデンプン質バイオマスは太陽光を受光し式 (6.13) に従い CO_2 からデンプン（ST）を合成する。サトウキビ，甜菜などの糖質バイオマスは光合成を行い式 (6.14) に従い CO_2 からショ糖（Su）を合成する。貯蔵糖としての糖質は，酸または加水分解酵素を作用させるとグルコース（G）に変換できる。デンプンを例にとると以下となる。

$$(\alpha-1,4\text{-glucosyl})_n + nH_2O \longrightarrow nG \tag{10.1}$$

グルコースに酵母を作用させると，EMP 経路をたどる場合には式 (6.20) によってグルコース 1 分子は 2 分子の Py となり，式 (6.32) に従って 2 分子のエタノール（EtOH）に変換される。**バイオエタノール**（bioethanol）は，産業資源としてのバイオマスから生成される内燃機関燃料のエタノールを指す。EtOH は次式に従いエネルギー源として活用できる。

$$\mathrm{EtOH} + 3\,O_2 \longrightarrow 2\,CO_2 + 3\,H_2O + \mathrm{heat} \tag{10.2}$$

ガソリンの完全燃焼は次式で表せる。

$$C_7H_{15.6} + 10.9\,O_2 \rightarrow 7\,CO_2 + 7.8\,H_2O + \mathrm{heat} \tag{10.3}$$

単位燃焼エネルギー当りの CO_2 発生量は，100 %エタノールでは 0.0644 $\mathrm{kg \cdot MJ^{-1}}$，ガソリンでは 0.0665 $\mathrm{kg \cdot MJ^{-1}}$ であることがわかる。

式 (10.2) に従ってバイオエタノール燃料を使用した場合，CO_2 が副生される。しかし，図 1.9 に示したように，その炭素は高等植物，藻類，藍色細菌が光合成によって大気中から摂取した CO_2 から提供されており，燃焼で生成する CO_2 よりも多量の CO_2 を固定化している。この原理に注目し，バイオエタノールは，気候変動枠組条約ではカーボンニュートラルな燃料として位置付けされており，燃焼させて CO_2 を排出させても CO_2 排出量には計上されないエネルギー源とみなされている。バイオエタノールは再生可能な自然エネルギーとして従来より注目されている[1),2)]。

表 10.1 は，原料別に見たバイオマスの各種収率比較を示している[3)〜5)]。バイオマス単位質量から獲得できるエタノール容積（＝エタノール収率）はトウモロコシが高く，370 $m^3 \cdot Gg^{-1}$ である。単位栽培面積当りのバイオマス収穫量（＝作物収率）はサトウキビが最も高く 5.0 $Gg \cdot km^{-2}$ である。単位栽培面積当りの年間エタノール収量はサトウキビ，甜菜，木材，ソルガムが高く，300 $m^3 \cdot km^{-2} \cdot y^{-1}$ を超えている。栽培面積当りの年間エネルギー収量はサトウキビが最も高く，135 $TJ \cdot km^{-2} \cdot y^{-1}$ と見積もられている。

表 10.2 は，燃料としての視点から，エタノールをメタノール，ガソリンと比較している。エタノールは，メタノールと比較し，密度がガソリンに近いために比較的ガソリンと混合しやすい。エタノールの沸点，オクタン価は，ガソリンと同等であり，発熱量，燃料に対する空気の量論比は，

表 10.1　バイオマスからのエタノール収率[3)〜5)]

原料	エタノール収率〔$m^3 \cdot Gg^{-1}$〕	作物収率〔$Gg \cdot km^{-2}$〕	栽培面積当りの年間エタノール収量〔$m^3 \cdot km^{-2} y^{-1}$〕	栽培面積当りの年間エネルギー収量〔$TJ \cdot km^{-2} y^{-1}$〕
サトウキビ	56.8, 70	5.0	519, 741	135
モラセス	280	NA	NA	—
キャッサバ	180	1.20	216	32.4
ソルガム	86 〜 326	3.50	126, 301	94.5
ジャガイモ	87.1 〜 125	1.50	188, 280	40.5
サツマイモ	129		178	
ヤシ	80	0.25	20.0	6.75
甜菜	83.3		385	
トウモロコシ	337, 370	0.60	213, 220	16.2
大麦	333		86.1	
小麦	303		69.2	
米	303		164	
ライ麦	299		50.5	
オーツ麦	242		53.3	
木材	160	2.00	320	54.0

表 10.2　燃料エタノールの物性

	燃料エタノール	燃料メタノール	ガソリン
分子式	C_2H_6O	CH_4O	$C_7H_{15.6}$
密度〔$kg\ m^{-3}$〕	789	793	720 〜 750
発熱量〔$MJ\ kg^{-1}$〕	29.7	22.3	46.5
空気／燃料量論比	9.0	6.5	14.6
沸点〔K〕	351.5	338	293 〜 483
オクタン価	106	112	91 〜 100

図 10.1　T 型フォード[6)]

メタノールと比較しガソリンに近いため，ガソリン用に開発された内燃機関を適用するときの課題難易度も極端には高くない。このためエタノールを内燃機関の燃料に使用する考え方が注目されている。ガソリンとバイオエタノールとを混合した燃料は，エタノール容積が X %である場合，EX と呼ばれている。

図 10.1 は，Henry Ford が開発した自動車 T 型フォード（Ford Model T）[6)] である。第 1 号車は，トウモロコシ由来のエタノールを燃料としていた。T 型フォードの最高時速は 64 ～ 72 $\mathrm{km \cdot h^{-1}}$ であり，燃費は 10 ～ 12 $\mathrm{km \cdot dm^{-3}}$ であった。T 型フォードは，1908 年に市場化され，基本的モデルチェンジなしで 1927 年までの間に 1.5 M 台製造されている。

10.2.2　栽培植物からのバイオエタノール生産

燃料用のバイオエタノールは，2007 年度に世界で 4.96 百万 $\mathrm{m^3}$ 製造され，そのうち 2.46 百万 $\mathrm{m^3}$ をアメリカ，1.90 百万 $\mathrm{m^3}$ をブラジルが製造している。日本は 10 位以下である。エタノールとガソリンを混合した燃料を使用する車を**エタノールフレックス燃料車**（ethanol flexible-fuel vehicles）という。2008 年にエタノールフレックス燃料車の普及は，アメリカでは 7.30 M 台（E 0-E 100，大半は E 70），ブラジルでは 6.20 M 台（E 20-E 100）に達している。

図 10.2 は，ブラジルにおけるサトウキビ単位栽培面積からのバイオエタノールおよび砂糖の製造プロセスを描いている。図の数値は，収穫面積 1 $\mathrm{km^2}$（＝100 ha）当りの値を示しており，2008/2009 年度のブラジルの統計量（サトウキビ収穫面積，7.36 万 $\mathrm{km^2}$；サトウキビ収穫量，569 $\mathrm{Tg \cdot y^{-1}}$；バイオエタノール生産高，27.5 百万 $\mathrm{m^3 \cdot y^{-1}}$；砂糖生産高，31 $\mathrm{Tg \cdot y^{-1}}$）[5)] を参照した。ブラジル全収穫面積は北海道本島の面積の 94.3 %に相当している。ブラジル全土には，439 のサトウキビ圧搾業者が分布し[7)]，各企業はサトウキビ畑を所有し，栽培，収穫，製糖，発酵，品質管理，流通販売をすべて行っている。1 企業は平均 168 $\mathrm{km^2}$ のサトウキビ栽培面積（＝(1.05)（宮古島面積））を保有し，6.26 万 $\mathrm{m^3 \cdot y^{-1}}$ のバイオエタノール生産，70.6 $\mathrm{Gg \cdot y^{-1}}$ の砂糖生産を担当している。図 10.2 では，収穫面積 1 $\mathrm{km^2}$ 当りのエタノール生産量は 374 $\mathrm{m^3}$ と表示されているが，サトウキビ糖汁から砂糖とバイオエタノールへのサトウキビ配分比率が管理され，サトウキビ収穫量の 49.6 %がバイオエタノール，50.4 %が砂糖に向けられている[8)]。このため，全部がバイオエタノール生産に向けられればバイオエタノール生産量は 741 $\mathrm{m^3 \cdot km^{-2} \cdot y^{-1}}$ と見積もれる。

製糖を含めたサトウキビ産業の雇用者数は 3 M 人でありバイオエタノール製造プロセスは，雇

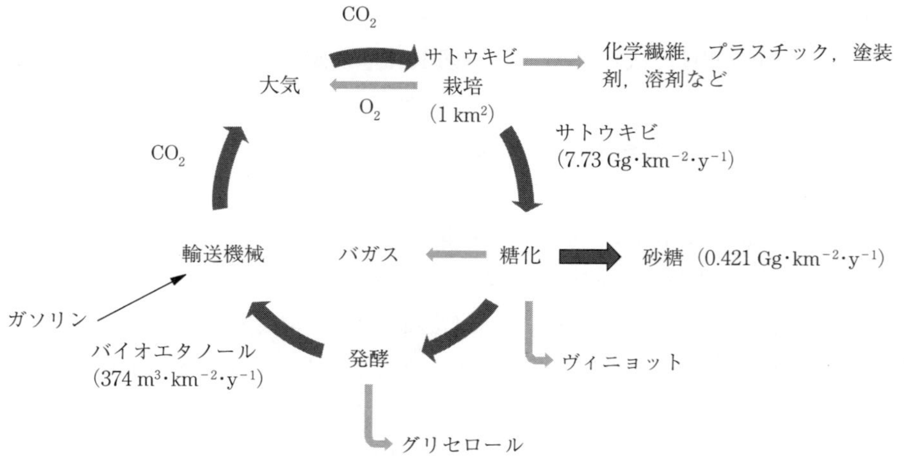
CO2
サトウキビ
栽培
(1 km2)
化学繊維，プラスチック，塗装剤，溶剤など
大気
O2
CO2
サトウキビ
(7.73 Gg·km−2·y−1)
輸送機械
バガス
糖化
砂糖（0.421 Gg·km−2·y−1）
ガソリン
バイオエタノール
(374 m3·km−2·y−1)
発酵
ヴィニョット
グリセロール

図 10.2 ブラジルにおけるサトウキビからのバイオエタノール製造プロセス

用確保に貢献している。製糖プロセスでサトウキビ圧搾残渣として副生するバガスの 60 %は，発電用ボイラー燃料として活用されている。バガス発電は年間 1.0 TWh を生産し，水力発電以外のブラジルの電力生産量の約半分を提供している。バガスの残り 40 %は，製糖・発酵プロセスの動力源蒸気ボイラー燃料として活用されている。ヴィニョットは，サトウキビ作付け肥料として利用されている。サトウキビは，化学繊維，プラスチック，溶剤，塗装剤などの化学工業原料としても使用されている[9)]。2013 年度のサトウキビ栽培面積は，9.2 億 km^2，サトウキビ収穫量は 713 Tg であり，5 年間で収穫目標は 25 %増えている[10)]。ブラジルにおけるバイオエタノール販売価格は 2013 年において約 30 円·dm^{-3} である[11)]。食糧資源と生物燃料の競合問題はブラジルにおいては配分比率管理によって回避されている。

アメリカに関してもトウモロコシを栽培する観点から図 10.2 と同様な図が描ける。2005 ～ 2006 年度のアメリカのトウモロコシ生産量の 17.6 %がバイオエタノール，残りが食糧，飼料に向けられている。ブラジルとは異なり，バイオエタノールの一部は輸入されている。

10.2.3 培養藍色細菌からのバイオエタノール生産

火力発電所から排出される CO_2 を利用する技術も開発されている。炭素の完全燃焼エネルギーは，406 kJ·mol^{-1} である。1 GW の火力発電所を 1 年間運転するに要する燃料の量は，石炭は 2.21 Tg·y^{-1}，LNG は 0.93 Tg·y^{-1}，石油は 1.46 Tg·y^{-1} である。燃料を石炭から LNG に変更すると CO_2 排出量は 58 %削減できる。火力発電所排ガス CO_2 濃度は 11 %程度である。大気圧を 0.101 325 MPa とすると，排ガス CO_2 分圧は 11.1 kPa である。表 1.4 を見ると，藍色細菌が登場した 2.7 Gya の大気中の CO_2 分圧は 10 kPa であり，藍色細菌が火力発電所排ガス処理に適していることがわかる。現在の大気中の CO_2 分圧は，2.7 Gya の CO_2 分圧の 4/1 000 であり，Calvin 回路の

Rubisco は CO_2 と親和性を発揮できず活性発現が困難である。しかし，2.7 Gy の進化の過程で藍色細菌は，細胞内 Rubisco 周辺に CO_2 濃縮機構（**図 10.3**）を獲得し光合成速度の 1 000 倍の速度で CO_2 を細胞内に濃縮できるようになった。これは C_4 回路と類似している。図の CA は，カルボニックアンヒドラーゼを指す。この酵素は以下の反応を触媒する。

$$CO_2 + H_2O \longleftrightarrow HCO_3^- + H^+ \tag{10.4}$$

CA は，チラコイド膜，カルボキシソームおよび細胞外に存在し，溶存 CO_2 と重炭酸イオンとの平衡反応を促進している。大気中の CO_2 は中性条件の水中では速やかに重炭酸イオンとなる。藍色細菌は CO_2 および重炭酸イオンを細胞内に摂取し濃縮する[12]。濃縮率は約 1 000 倍である。細胞内では CO_2 にチラコイド膜 CA が作用し CO_2 を重炭酸イオンとして濃縮する。Rubisco はカルボキシソームに囲まれている。重炭酸イオンはカルボキシソーム CA によって CO_2 となり Ribusco は重炭酸イオンではなく CO_2 を基質として糖化する。藍色細菌を活性化するためには，光合成用 CO_2 だけでなく CO_2 濃縮機構を作動させる必要がある。藍色細菌 *Synechococcus* sp. strain PCC 6301 の場合，光合成固定化 CO_2 量を 1 とすると夜間呼吸放出 CO_2 量は約 4，CO_2 濃縮機構で火力発電所排ガスから除去する CO_2 量は約 5 である。

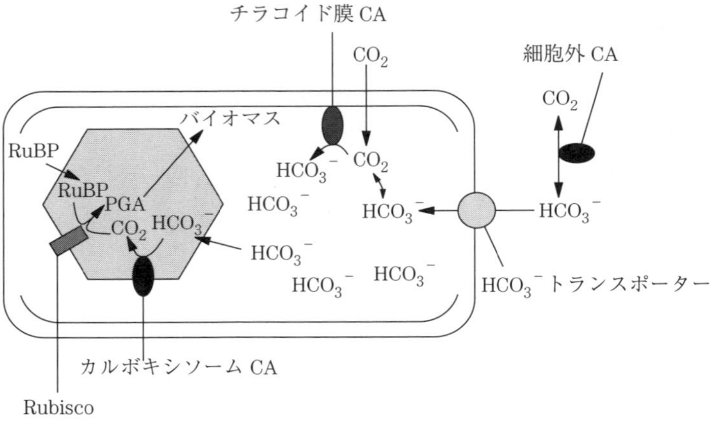
チラコイド膜 CA
CO2
細胞外 CA
CO2
バイオマス
RuBP
RuBP
PGA
CO2
HCO3−
HCO3−
CO2
HCO3−
HCO3−
HCO3−
HCO3−
HCO3−
HCO3−
HCO3− トランスポーター
カルボキシソーム CA
Rubisco

CA，カルボニックアンヒドラーゼ；Rubsco，リブロースビスリン酸カルボキシラーゼ；PGA，3-ホスホグリセリン酸；RuBP，リブロース 1, 5-ビスリン酸

図 10.3　藍色細菌の CO_2 濃縮機構

600 MW の LNG 火力発電所排ガス CO_2($2.38\ Tg \cdot y^{-1}$) を藍色細菌の CCM で高速除去すると同時にその一部を光合成で貯蔵糖に変換し，次いで，貯蔵糖を酸加水分解することでグルコースに変換し，これに酵母を作用させてバイオエタノールを生成するプロセスでは 95 %エタノールを 55000 $m^3 \cdot y^{-1}$ 生成し得ることが推算されている[12)~14)]。

10.3 モノクローナル抗体製造プロセス

10.3.1 免疫システム

血液とは，動物個体の体内を循環する体液であり，有形成分としての**赤血球**（red blood cell erythrocyte），**白血球**（white blood cell, leukocyte），**血小板**（platelet）（**図 10.4**）とこれらを浮遊させている液体成分である**血漿**（plasma）から成り立っている。動物の個体は，病原体などの自己とは異なる物質あるいは腫瘍細胞やウィルスに感染し形質転換した異常な細胞を認識すると特異的に当該異物を殺滅する機構を起動させる。この異物からの自己防御機構を**免疫システム**（immune systems）と呼ぶ。白血球の**リンパ球**（lymphocyto）がこの仕事を担っている。リンパ球は，T リンパ球（T lymohocyte），B リンパ球（B lymohocyte），NK（natural killer）細胞に大別される。未熟 T リンパ球は，骨髄から血液を介して胸腺に移動し成熟する。T リンパ球は細胞性免疫にかかわっている。B リンパ球は，**抗体**（anitibody）と呼ばれる**免疫グロブリン G**（immunoglobulin G，IgG）という糖タンパク質を合成し，体液性免疫にかかわっている。NK 細胞は T リンパ球でも B リンパ球でもないリンパ球で胸腺での方向付けとは無関係に腫瘍細胞を殺滅する機能を有する細胞である。

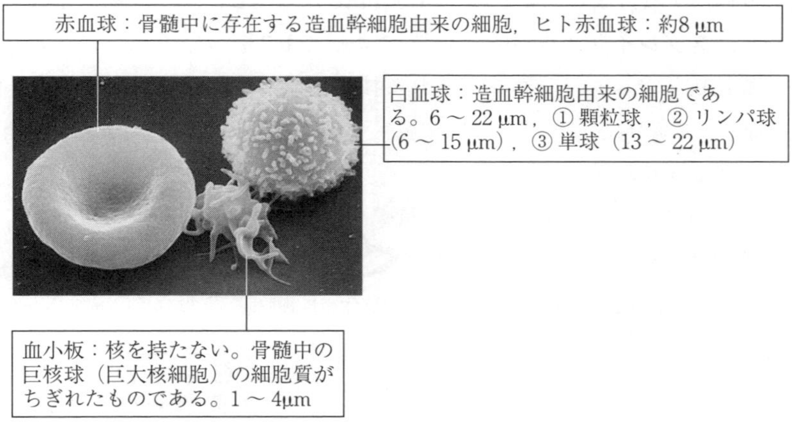
赤血球：骨髄中に存在する造血幹細胞由来の細胞，ヒト赤血球：約8 μm
白血球：造血幹細胞由来の細胞である。6 ～ 22 μm，① 顆粒球，② リンパ球（6 ～ 15 μm），③ 単球（13 ～ 22 μm）
血小板：核を持たない。骨髄中の巨核球（巨大核細胞）の細胞質がちぎれたものである。1 ～ 4μm

図 10.4 血液の有形成分

10.3.2 モノクローナル抗体と産生細胞の開発

図 10.5 は，抗体の構成を示している。すべての抗体は同じ Y 型の 4 本鎖構造を有しており，Y 字の上半分の V 字部分は ① Fab（fragment, antigen binding）領域，縦棒部分は ② Fc（fragment, crystallizable）領域，と呼ばれる。③ の重鎖，④ の軽鎖は，二つのポリペプチド鎖二つずつから成る基本構造となっている。抗原結合部位（⑤）に抗原が結合すると免疫反応が起動する。重鎖を結合させている ⑥ をヒンジ部という。

抗体は，生体に抗原を注入し当該生体の血液から獲得していたが，1975 年に Kohler，Milstein

は，抗体産生細胞と骨髄腫細胞（ミエローマ）とをポリエチレングリコールを媒介として細胞融合させ，抗体を産生させながら増殖を続ける融合細胞獲得に成功し**ハイブリドーマ**（hybridoma）と名付けた[15)]。動物を免疫し得られる抗血清は**ポリクローナル抗体**（polyclonal antibody）であり特異性，抗体価，供給量が低い点に難点があったが，ハイブリドーマを応用すれば，単一の抗原決定基を認識する**モノクローナル抗体**（monoclonal antibody，mAb）を継続して生産することが可能である。

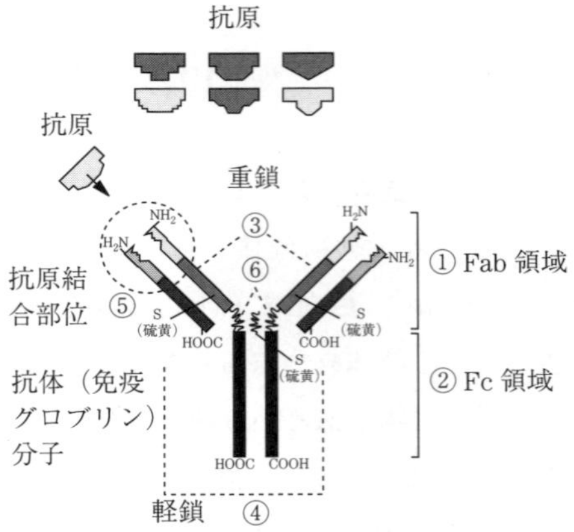
抗原
抗原
重鎖
① Fab 領域
② Fc 領域
③
④
⑤
⑥
抗原結合部位
抗体（免疫グロブリン）分子
軽鎖
S（硫黄）
HOOC
COOH

図 10.5　抗　体

各種 mAb は，語尾に -mAb を付けて表記することとなっている。きわめて半減期が長く安定性に富むのが特徴の一つである。抗原と結合した後に身体の免疫機構を利用するために増幅効果が期待できるという特徴もある。マウスの抗体はヒトに抗原認識されることもわかっている。1990 年代に CHO（Chinese hamster ovary）細胞内でマウスではなくヒトの免疫グルブリン遺伝子を発現させるプラスミドを直接形質転換する方法が開発され，CHO-mAb が登場し，この問題は克服されている。その後，**ファージディスプレイ**（phase display）[16)] によって 1 T 個の分子から成る莫大なクローンライブラリーから最適抗体がスクリーニングされる技術が登場し，最適 mAb を CHO 細胞で大量生産できるようになっている。さらに，ヒト抗体産生トランスジェニックマウスが開発され，直接ヒト抗体獲得が可能となっている。

図 10.6 は，ハイブリドーマの作製と mAb の生産，回収を描いている。細胞融合の親細胞株には骨髄腫細胞の HGRPT（hypoxanthine guanine-phosphoribosyl transferase）欠損株または TK（thymidine kinase）欠損株を使用する。これらの細胞は核酸合成の salvage 回路欠損株であるため HAT（hydroxanthine-aminopterin-thymidine）培地では生育できない。また mAb 産生リンパ球細胞は生体外では長期間生育できないため，両方の細胞が融合した株だけが salvage 回路を利用し生育できるため，細胞選抜が可能となる。

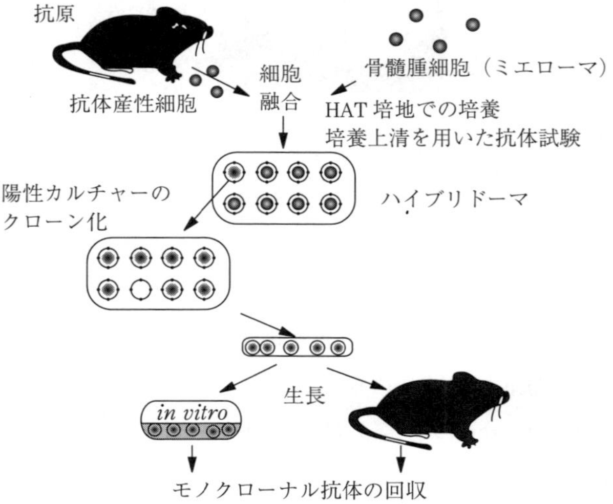
抗原
抗体産性細胞
細胞融合
骨髄腫細胞（ミエローマ）
HAT 培地での培養
培養上清を用いた抗体試験
陽性カルチャーのクローン化
ハイブリドーマ
生長
in vitro
モノクローナル抗体の回収

図 10.6　ハイブリドーマの作製とモノクローナル抗体の生産（mAb 製造分野では，マウス腹腔内生産は *in vivo* 生産，ハイブリドーマ細胞培養生産は *in vitro* 生産と呼ばれている）

10.3.3 免疫動物，生物反応器を用いた抗体生産

タンパク質，ペプチド，低分子化合物を抗原とし，マウス，ラット，ニワトリ，ヒツジ，ヤギ，ウサギなどに免疫しポリクローナル抗体を生産したり，抗原を提供することで mAb 産生細胞をクローニングしハイブリドーマ細胞を樹立したり，**ELISA**（enzyme-linked immunosorbent assay）抗体価測定を行い mAb 高産生細胞をスクリーニングしたり，これを培養し，マウス，ヌードマウスに移植，腹水作成の業務を受託する民間の事業が展開されている。ELISA は特異性の高い抗原-抗体反応を利用，酵素反応に基づく発色シグナル，発光シグナルを用いることで微量タンパク質を検出・定量化する手法である。図 10.6 の生体を用いた製造を検討する場合，倫理規定順守が大切であり，動物実験に関する 3R の原則を理解し，"動物実験の適正な実施に向けたガイドライン"[17] に沿った行動をとる必要がある。3R の原則とは，① replacement：生きた動物を使わなくても実験目的が達成できるなら，それらを優先させる，② reduction：使用動物数を削減する，③ refinement：動物の苦痛を理解し軽減に努める，である。動物の飼育技術については他書を参照されたい。

図 10.6 の細胞を用いた製造技術（*in vitro*）では，細胞壁を有しない CHO 細胞をいかに高濃度に生育させるかが問題となる。生物反応器の設計に関しては，① 剪断応力からの細胞の保護，② 増殖阻害物質の除去などが主要課題として挙げられる。図 8.6，図 8.11，図 8.15 〜図 8.17 にこれらの技術の代表例を示したので参照されたい。通常，回分反応器（液量は最大で 20 m^3）が使用される。mAb は培養液中に分泌生産され，濃度は 0.05 〜 0.8 $kg \cdot m^{-3}$ に達する。生物反応の後，細胞分離用のカラムなどを用いて細胞を分離し，上清を獲得する。大量の培養上清中に含まれる低濃度の mAb をロスなく捕獲するためにプロテイン A を用いたアフィニティクロマログラフィー（図 9.2）またはイオン交換クロマトグラフィーが使用され，吸着によって液から分離させる。IgG とプロテイン A との親和性は高いため，略 95 %程度の回収が可能である。プロテイン A に捕獲された IgG は，pH を 3.5 程度にまで下げるだけでカラムから溶出する。溶出液中の mAb は 10 $kg \cdot m^{-3}$ であり，12.5 〜 200 倍の濃縮が達成される。溶出液を pH 3.5 で 0.5 h 静置させるとウィルス不活性化が達成できる。捕獲濃縮液を pH 5.2 とし，DEAE を充填した陰イオン交換クロマトグラフィーを流通させて性成分を除去し精製する。次いで pH 7 とし，液を疎水性クロマトグラフィーに通じてプロテイン A，DNA，IgG 凝集物を分離し，mAb 精製液を獲得する。

10.4 キシリトール製造プロセス

10.4.1 キシリトールの概要

5 炭糖の糖アルコールであるキシリトールは，砂糖と同程度の甘味を有し，カロリーが低いダイエット食品添加剤である。インスリン非依存性であることから用途は広く，急性中耳炎予防効果，マウスのハイブリドーマ細胞作製に利用されている。キシリトールは，樺の木から発見されたが[18]，野菜，果実，穀類，キノコなどに多く含まれている。植物は 20 %程度のキシランを含んで

いる。キシランは5炭糖のキシロースを主要糖とする多糖である。植物をアルカリ処理した際に獲得できる分画の一つがヘミセルロースである。樺の木を酸で処理した液を用い，1960年代，フィンランドにおいて商業生産が開始している。

10.4.2　キシロースからのキシリトール製造

硬材のヘミセルロース分画を酸処理し，イオン交換によって酸と色素を除去し，キシロースを結晶化して分離し，次いでキシロースを，353～413 K，5 MPa で Ni，Rh，Ru 触媒に作用させて高圧接触還元によって水素添加し，キシリトールを獲得する技術（**図 10.7**）が1977年にアメリカで特許化された[19]。この技術が長期にわたってキシリトール市場を形成してきた。触媒として用いている金属 Ni，Rh，Ru は有限なレアメタルであり，キシリトールの価格に影響を及ぼしている。ヘミセルロースは，トウモロコシの芯，稲わら，麦わら，サトウキビ残渣にも含まれているため，中国，アメリカ，ドイツでは，農業廃棄物中のヘミセルロースを原料とする変換技術が開発され，稼働している。廃棄物処理を考慮しない場合，価格低減化には成功している。金属触媒水素添加法だけでなく，酵母のキシロース還元酵素の活性を利用してキシリトールを誘導する手法も開発されている。

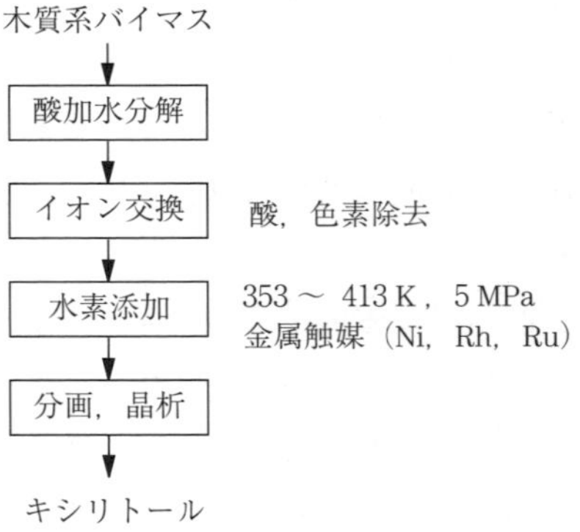
木質系バイマス
酸加水分解
イオン交換
酸，色素除去
水素添加
353～ 413 K，5 MPa
金属触媒（Ni，Rh，Ru）
分画，晶析
キシリトール

図 10.7　木質系バイオマスからのキシリトール製造プロセス[20]

10.4.3　グルコースからのキシリトール製造

デンプンを原料とし，(10.1) 式にしたがって，酸加水分解し生成するグルコースを原料とするキシリトール生産法も開発されている。酵母を用いてグルコースをアラビトールに変換し，次に酢酸菌をアラビトールに作用させてキシルロースとし，さらにキシリトール脱水素酵素を有する酵母を作用させてキシリトールを獲得する手法が開発されている[20]。グルコースに対するアラビトールの収率は，0.52に達している。単一の微生物を用いてグルコースをキシリトールに変換することは難しいが，収率0.027程度の菌（*Asaia ethanolifaciens* sp. nov. FERM BP6751）であればスクリーニング例が報告されている。酵母 *Saccharomyces cerevisiae* を遺伝子組換えし，グルコースからキシリトールを獲得する研究も進行中である。グルコースは，バイオエタノール原料として需用度が増している。グルコースに起点を置くキシリトール製造プロセスは，バイオエタノールと原料を競合する問題を抱えている。

10.4.4　乳糖からのキシリトール製造

植物ではなく動物由来の糖質を原料とする変換技術がわが国で開発されている。チーズ製造工程では乳糖を高濃度で含有するホエイが副生する。ホエイからはホエイタンパク質濃縮物（whey protein concentrate, WPC）が限外濾過によって回収されるが，ホエイ UF 透過液の乳糖をキシリトール原料とする技術が開発されている。食品製造プロセスで副生させるホエイは食品と同レベルの食の安全性を有しているため，農業廃棄物と比較すると食品添加剤原料としての位置付けは高いと考える。この方法では，乳糖に対して好浸透圧性酵母 *Kluyveromyces lactis* を作用させアラビトールを生成させ，次にアラビトールに対して酢酸菌 *Gluconobacter oxydans* を作用させ収率略 100 %でキシルロースに変換させ，さらにエタノール存在下，キシルロースに酵母 *Candida shehatae* を作用させキシリトールを獲得している。アラビトール生成時にカルチャー中にグルコース，ガラクトースが検出されないため，グルコースからの製造方法とは異なっている（2 章の文献 7），8)）。酵母は高濃度グルコース環境下では代謝制御信号を発し酸素消費が抑制されるが，乳糖が原料となった場合には，当該代謝制御は検出されない。ホエイからバイオエタノールを製造することも可能であるが，国内を走行する自動車の燃料を確保できるほどホエイの生産量は高くない。一方，キシリトールの需用量とホエイ由来キシリトールの生産量は比較し得るレベルとなっている。食品製造プロセスから排出されるホエイを原料としているため，澱粉に見られたバイオエタノール製造プロセスとの原料競合問題も起こりにくい利点がある。

10.5 活性汚泥法

10.5.1 活性汚泥法の概要

図 10.8 に，**活性汚泥法**（activated sludge process）の概要を示す。以下の生物反応器，分離器から構成される。① 前処理工程：生活排水，産業排水などを流通させる排水管から供給される汚染水（原排液）中の大きなゴミをスクリーンを通してまず除き，その後，最初沈殿池に送り，沈みやすい浮遊物を生汚泥として沈降させて除き，上層の有機化合物を含む排水を下流から返送される微生物を含む汚泥（返送活性汚泥）と合流させる。② 生物反応工程：返送活性汚泥と排水との混合液を通気式の連続培養生物反応器である曝気槽に供給し，浮遊性有機汚泥を通気し，好気性微生物を用いて有機化合物を分解する。③ 分離工程：生物反応器の処理水を最終沈殿池に通じ，活性汚

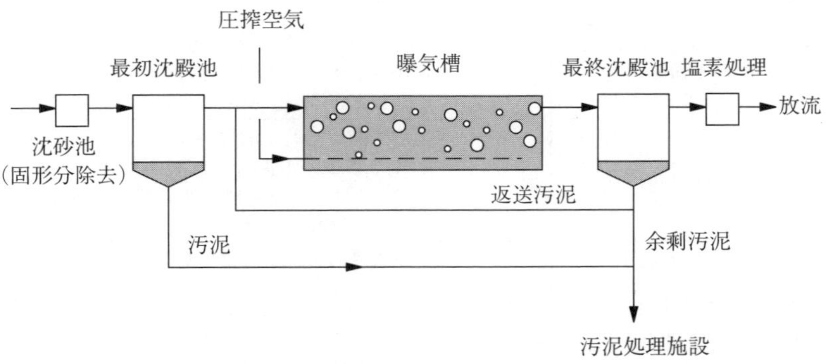
圧搾空気
最初沈殿池
曝気槽
最終沈殿池
塩素処理
放流
沈砂池
（固形分除去）
返送汚泥
汚泥
余剰汚泥
汚泥処理施設

図 10.8 活性汚泥法

泥と上澄み液に固液分離する。④ 返送工程：最終沈殿池で分離された活性汚泥は，微生物の増殖で増えた部分を余剰汚泥として除き，その他を返送汚泥とし，ポンプによって曝気槽の入口に戻し ① に組み込む。余剰汚泥は生汚泥とともに濃縮，脱水され燃焼処理される。⑤ 後処理工程：分離工程で得られた上澄み液を砂濾過，塩素消毒し，放流する。

活性汚泥の細菌は，凝集を促進する物質を細胞外に分泌し細胞の凝集物形成を促す。この凝集物を**フロック**（floc）という。活性汚泥法は滅菌を前提としないため，フロックを構成する細菌種は多様である。フロックを形成する細菌としては，*Zooglea* sp.，*Bacillus* sp.，*Pseudomonas* sp.，*Flavobacterium* sp. が同定され，細菌の 90 % は未同定である。活性汚泥は水よりも密度が高いため，沈降池の底部に沈降し濃縮する。

活性汚泥法の基礎となる研究は 1882 年に着手されている。アメリカ，イギリスで排水処理の実機が稼働したのは 1912 ～ 1915 年，日本で 1 号機が稼働したのは 1930 年，総合排水処理場が建設されたのは 1971 年である。活性汚泥法では次項の変数が管理される。

10.5.2　活性汚泥法の操作変数

表 10.3 は，活性汚泥法で計測される操作変数を示す。BOD-SS 負荷を 0.2 ～ 0.4 kg BOD·kg－MLSS^{-1}·d^{-1} となるように設計された活性汚泥法は，標準活性汚泥法と呼ばれる。MLSS 濃度は 1 500 ～ 2 000 g·m^{-3}，曝気槽水深は 4 ～ 6 m，HRT は 6 ～ 8 h，曝気槽を好気的に運転したときの

表 10.3　活性汚泥法の操作変数

操作変数	名　称	単位	備　考
SS	suspended solids	g·m^{-3}	浮遊物質濃度：単位容積の水に浮遊する粒子を 1 µm のガラス繊維濾紙で濾過し粒径 2 mm 以下の粒子の乾燥重量を測定；水の濁りを示す指標
MLSS	mixed liquor suspended solids	g·m^{-3}	活性汚泥浮遊物質濃度：単位容積の活性汚泥液に浮遊する粒子を 1 µm のガラス繊維濾紙で濾過し粒子の乾燥重量を測定；活性汚泥槽の汚泥濃度指標
SV	sludge volume	%	活性汚泥沈殿率：曝気槽出口付近の汚泥懸濁液を 1 L のメスシリンダーに 1 L 入れ，30 分静置した後の沈降汚泥容積の割合（SV30）を測定；活性汚泥槽の活性汚泥の状態を表す指標；一般に，MLSS＝（70 ～ 100）（SV30）
SVI	sludge volume index	-	汚泥容量指数：1 g の汚泥が占める容積を mL で表し SVI＝10 000 SV/MLSS で計算；適切な操作：SVI＝50 ～ 150；SVI>200 はバルキング；活性汚泥の沈降性指標
SRT	sludge retension time	d	汚泥滞留時間：活性汚泥槽内の汚泥を汚泥排出によって何日で新しい汚泥と入れ替えるかことができるかを示す指標；SRT＝（曝気槽・沈降槽・返送汚泥管の汚泥量）/（1 d 当りの余剰汚泥量）；一般に SRT＝3 ～ 6 d
HRT	hydraulic retention time	h	曝気槽の水理学的平均滞留時間
BOD	biological oxygen demand	g·m^{-3}	生物化学的酸素要求量：微生物呼吸消費 O_2 量
COD	chemical oxygen demand	g·m^{-3}	化学的酸素要求量：化学反応で消費された O_2 量
BOD-SS	BOD-SS loading	kg·kg^{-1}·d^{-1}	汚泥負荷：曝気槽内の活性汚泥微生物単位 MLSS 当りの有機物質 BOD

SRT を ASRT と呼ぶが ASRT は 3 ～ 6 d である。活性汚泥法で除去する有機化合物の 50 %以上は微生物となり余剰汚泥となる。日本の産業廃棄物の 2 ～ 3 割は余剰汚泥である。

【引用・参考文献】

1） Ohtaguchi K, Kobayashi T. 1991. Re-evaluation of biotechnologies. Sci. Technol. Jpn. July:21-24.

2） 太田口和久. 1999. 21 世紀のエネルギー：バイオマスの開発状況. 化学工学. 63: 144-146.

3） Charles Y, Brobby W, Hagen EB. 1996.: Biomass conversion technology. John Wiley & Sons, New York.

4） 大聖泰弘. 2004. バイオエタノール最前線, 工業調査会, 東京.

5） Shikida PFA. 2014. The economics of ethanol production in Brasil: A path dependence approach. http://urpl.wisc.edu/people/marcouiller/publications/URPL% 20Faculty% 20Lecture/10Pery.pdf

6） Shipler H. 1910. 1910 Model T Ford, Salt Lake City, Uthah. http://en.wikipedia.org/wiki/Ford_Model_T

7） 柴田明夫. 2012. ブラジルのバイオエタノールをめぐる動向. http://www.alic.go.jp/joho-s/oho07_000557.html

8） USDA（US Department of Agriculture）. 2012. Gain report, Washington DC. http://gain.fas.usda.gov/Recent%20GAIN%20Publications/Biofuels%20Annual_Sao%20Paulo%20ATO_Brazil_8-21-2012.pdf

9） 小林 久. 2006. ブラジルにおける燃料エタノールの生産・利用の現状と評価：LCA 手法によるサトウキビからの燃料エタノールの Well-to-Wheel 評価. 農業土木学会誌,. 74: 915-920.

10） IBGE（Instituto Brasileiro de Geografia e Estat?stica: ブラジル地理統計院）. 2013. Systematic survey of agricultural production. http://www.ibge.gov.br/english/presidencia/noticias/noticia_visualiza.php?id_noticia=2304&id_pagina=1

11） Foreign Agricultural Service. USDA. 2004. Price supply & distribution views, Washington DC. http://www.fas.usda.gov/psd

12） Ohtaguchi K. 2000. Soft energy path synthesis from carbon dioxide to biofuel ethanol through cyanobacterial biotechnology. Technol. 7S: 175-188.

13） Ohtaguchi K, Wijanarko A. 2002. Elevation of the efficiency of cyanobacterial carbon dioxide removal by monoethanolamine solution. Technol. 8: 267-286.

14） Mustaqim D, Ohtaguchi K. 1997. A synthesis of bioreactions for the production of ethanol from CO2. Energy. 22: 353-356.

15） Kohler G, Milstein C. 1975. Continous cultures of fused cells secreting antibody of predefined specificity. Nature. 256: 495-497.

16） Smith GP. 1985. Filamentous fusion phage: novel expression vectors that display cloned antigens on the virion surface. Science. 228: 1315-1317.

17） 日本学術会議. 2006. 動物実験の適正な実施に向けたガイドライン, 東京. http://www.scj.go.jp/ja/info/kohyo/pdf/kohyo-20-k16-2.pdf

18） Fischer E, Stahel R. 1891. Zur kenntnis der xylose, berichte dtsch chem gasellschaft. 24: 528-539.

19） Melaja AJ, Hamalainen L. 1977. Process for making xylitol. US Patent 4008, 285.

20） Ohnishi H, Suzuki T. 1969. Microbial production of xylitol from glucose. Appl. Microbiol. 18: 1031-1035.

付録（バイオテクノロジー関連用語）

生物化学工学（biochemical engineering）： 合葉らは，“生物化学工学とは，生物または生物の関与する有用な物質を経済的に取り扱うための工学である。生物化学工学者の使命は，微生物学者や生化学者の知識を実用に供することにあり，一般の工学的基礎をあわせ持たなければならない”（5 章の文献 22））と定義している。生物化学工学は，試験管レベルに生起する生物現象，あるいは自然環境と生物とのかかわりを解析し，得られた知識を化学工学の学術体系によって実学領域に展開し，発酵，醸造，食品製造，医薬品製造，環境技術に多くの貢献実績を重ねている。

生物工学（bioengineering）： アメリカでは一般に“the application of engineeering principles to solve problems in medicine, such as the design of artificial limbs or organs ; - called also biomedical engineering.”と特定されており，医用生体工学を指す。1974 年にポリエチレングリコールによる細胞融合，1975 年にハイブリドーマを用いたモノクローナル抗体（monoclonal antibodies, mAb）作成法が完成し，研究開発だけでなく工業製造プロセスに貢献している。最近では，“Bioengineers are focused on advancing human health and promoting environmental sustainability, two of the greatest challenges for our world. Understanding complex living systems is at the heart of meeting these challenges.”（http://bioengineering.stanford.edu/）と記述されているように，医用生体工学だけでなく環境技術への貢献も掲げられている。

遺伝子工学（genetic engineering）： 遺伝子を人工的に操作する技術。

ゲノミクス（genomics）： ゲノムは，gene と染色体を併せた造語である。ゲノミクスは，1980 年代に登場し，1990 年代のゲノムプロジェクトに沿って進展したゲノムに関する知識体系化を意図した学問分野である。2003 年に**ヒトゲノム計画**（Human Genome Project）が目標を達成し，網羅的ものの見方が具体化されている。患者個人の遺伝的性質と医薬品の作用とのかかわりを研究する**ゲノム薬理学**（pharmacogenomics），農業などに応用されている。

プロテオミクス（proteomics）： **プロテオーム**（proteome）は，タンパク質に全体を意味する語尾 -ome を付した用語であり，タンパク質全体を意味している。プロテオミクスは，タンパク質のかかわる科学を系統的・包括的にとらえようとする研究領域。プロテオームを対象として網羅的ものの見方をもとに疾患を律しているタンパク質を特定し，特定のタンパク質を診断の際の生体指標として用いるような応用分野が開拓されている。

バイオインフォマティクス（bioinformatics）： 統計学，計算機科学を分子生物学に応用し，生物科学の知識体系化に貢献しようとする専門分野（Hogeweg, 1978；Hogeweg and Hesper, 1978）である。生物情報科学とも訳される。**配列データベース**（sequence database），**タンパク質構造データバンク**（protein data bank），**代謝経路データベース**（pathway database），**DNA マイクロアレイデータベース**（DNA microarray database），**遺伝子オントロジー**（gene ontology），文献データベースなどの活用技術が開発されている。

遺伝子治療（gene therapy）： 異常な遺伝子を有することが原因となっている疾患に対し，治療用の遺伝子を組み換えたレトロウィルスを疾患細胞内に侵入させて欠陥克服を達成しようとする治療。1990 年，アメリカでアデノシンデアミナーゼ欠損症による免疫不全患者に初めて遺伝子治療が適用され，成功を収めている。

再生医学（tissue engineering）：　**ES 細胞**（胚性幹細胞，embryonic stem cells）とは，動物発生初段階の胚盤胞期の胚の一部に属する内部細胞塊より作製される幹細胞であり，理論上は *in vitro* で任意の細胞に分化でき，無限に増殖させ得る生物材料。**iPS 細胞**（人工多能性幹細胞，induced pluripotent stem cells）とは，ES 細胞の**分化万能性**（pluripotency）と自己複製能に類した特性を獲得した体細胞を指し，体細胞に数種類の遺伝子を導入することで誘導できる。再生医学とは，胎児期にしか形成されないヒトの組織が欠損した場合，クローン作製，臓器培養，ES 細胞・iPS 細胞などの多能性幹細胞の利用，自己組織誘導などの手段によって，その機能回復を図る医学分野。再生医学は再生治療への応用を意識した学問の分野。

ナノメディシン（nanomedicine）：　ナノレベルの構造体を製造し，医学，生命科学，生物科学などを融合させ高度医療を実現しようとする研究分野。

創薬（drug discovery）：　疾病，感作の制御機序を分子生物学，生理学的見地で解明し，創薬対象の特性を理解することで薬剤を発見，設計すること。疾患に対し標的タンパク質が選定され，多くの候補化合物に対し**ハイスループットスクリーニング**（high-throughput screening）を行い，新薬開発が行われている。

植物分子育種（plant molecular breeding）：　育種とは生物を遺伝的に改良することを指しており，植物分子育種は，植物のゲノム情報，遺伝子組換え技術を活用し農学に貢献している。植物ゲノム情報を有効に利用して従来の交配育種を計画的，効率的に行うマーカー選抜育種，または遺伝子組換え技術を用いた組換え育種を指す。

バイオレメディエーション（bioremediation）：　有害物質で汚染された土壌，地下水，河川，湖沼に対し，微生物，菌類，植物，酵素を適用して環境修復を行う技術。

バイオテクノロジーがかかわる専門領域の一端を記述したが，学問が対象とする生命現象の世界は広大であり，今後，上記領域に加えて**脳科学**（neuroscience），**認知心理学**（cognitive psychology）などを統合化した領域開拓が活発化すると考える。領域が広大であるため，バイオテクノロジーの専門知識を習得するには，生命現象の中で関心のある課題を設定し，基礎と応用に関して知識を開拓することが必要である。

索　　引

【な行】

【は行】

【ま行】

——著 者 略 歴——

1973 年　東京工業大学工学部化学工学科卒業
1975 年　東京工業大学理工学研究科博士前期課程修了
（化学工学専攻）
1978 年　東京工業大学理工学研究科博士後期課程修了
（化学工学専攻）
工学博士
1978 年　米国ミネソタ大学博士研究員
1980 年　東京工業大学助手
1986 年　東京工業大学助教授
1995 年　東京工業大学教授
現在に至る

プロセスバイオテクノロジー入門
Introduction to Process Biotechnology

2014 年 5 月 7 日　初版第 1 刷発行　★

検印省略

著　者　太田口　和久（おおたぐち かずひさ）
発行者　株式会社　コロナ社
代表者　牛来真也
印刷所　萩原印刷株式会社

112-0011　東京都文京区千石 4-46-10
発行所　株式会社　**コ ロ ナ 社**
CORONA PUBLISHING CO., LTD.
Tokyo Japan
振替 00140-8-14844・電話（03）3941-3131（代）
ホームページ　http://www.coronasha.co.jp

ISBN 978-4-339-06745-3　（中原）（製本：愛千製本所）
Printed in Japan